Welt ohne Notausgang

Gerd von Haßler

Welt ohne Notausgang

Provokative Antworten
auf die Frage,
ob die Menschheit
überlebt

Scherz

Meinen Kindern

Erste Auflage 1984.

Schutzumschlag von Graupner & Partner.

Inhalt

Prolog
oder
Die beste aller Welten

Die Welt ist ein großes Theater: Theatrum mundi – ein zweitausend Jahre alter Lieblingsbegriff der Dichter und Denker, der Handelnden und der Herrschenden, aber auch jener, die immer wieder davor warnen, uns und unser Leben auf der Erde allzu ernst zu nehmen. Gewiß, wir sind alle Akteure des Welttheaters und stehen somit auf die eine oder andere Weise, mal mehr, mal weniger im Rampenlicht. Aber wir sollten nicht vergessen, daß wir die Rollen, die wir «mit Leben erfüllen», und daß wir das Stück, in dem wir agieren, nicht selbst geschrieben haben.

Nicht immer sind wir in der Lage, den Sinn und die Aufgabe unserer Rolle ganz zu erfassen. Selten nehmen wir uns die Zeit, darüber nachzudenken, warum wir gerade dieses und nicht jenes sagen oder tun, warum wir uns gegenüber unseren vermeintlichen Freunden oder Feinden so und nicht anders benehmen. Oft halten wir uns für die Hauptdarsteller einer Szene und sind doch – ohne es zu wissen – gleichzeitig nur Statisten eines größeren Geschehens, bei dem wir meinen, Zuschauer zu sein. Das also sind wir alle: Zuschauer, Statisten und Hauptdarsteller in einem.

Vor einigen Jahrzehntausenden begann der Mensch handelnd und gestaltend mit Stein und Feuer in das Wachsen und Werden des Lebens auf der Erde einzugreifen. Er hatte genug Platz, sich zu entfalten, denn das Theater erstreckt sich über rund 150 Millionen Quadratkilometer. Inzwischen jedoch drängen sich auf diesem begrenzten Raum 4,7 Milliarden Menschen (von anderen Lebewesen gar nicht zu reden), und – es gibt keinen Notausgang.

Für manchen ein beklemmender Gedanke: Gefangen zu sein angesichts einer Gefahr, einer lebensbedrohenden Katastrophe; gefangen zu sein bis zum Ende der Vorstellung! Kein Wunder, daß vielen Menschen diese «Vorstellung» – im doppelten Sinn – nicht gefällt.

Wir sitzen alle – um ein ergänzendes Bild zu gebrauchen – im gleichen Boot. Ob uns der Kapitän ärgert oder ob uns das Essen nicht schmeckt, dieses Schiff steuert seinen Kurs, den die vorangegangenen Jahrhunderte der Entwicklung weitaus mehr mitbestimmen, als einige von uns glauben möchten. Die Geschichte der Menschheit kann uns lehren, wie wir diese Fahrt am besten «überleben», die wir alle (auch ohne offenkundig wie Galeerensklaven aneinandergekettet zu sein) gemeinsam durchstehen müssen: im Miteinander oder im Gegeneinander!

Schiff oder Bühne, eine Möglichkeit, anderswo als hier die Rolle unseres Lebens zu spielen, gibt es nicht für uns; und darum ist diese Welt, in der wir leben – wie es vor dreihundert Jahren der deutschen Philosoph Gottfried Wilhelm Leibniz formulierte – «die beste aller denkbar möglichen Welten». Viele haben das mißverstanden: Diese Welt sollte die beste sein? Ist sie nicht eher ein Narrenhaus, ein Kerker, ein Jammertal? Ist sie nicht einfach die Hölle?

Beim IV. Internationalen Leibnizkongreß im November 1983 in Hannover interpretierte der Gießener Philosophie-Professor Odo Marquard die Leibnizsche Idee als Hinnahme und damit Rechtfertigung oder «Bonisierung des Bösen» zugunsten eines Ganzen, in dem die menschliche Freiheit garantiert bleibt. Man kann aber auch, von neuerem ökologischen Wissen ausgehend, feststellen, daß es keinen idealeren Lebensraum für den Homo sapiens gibt als die

Erde, die – gleichgültig wie schlimm der Mensch sie zurichtet – für ihn daher noch immer die beste aller denkbar möglichen Welten sein wird. Zumindest bis zu einem utopisch fernen Tag, an dem jemand einen «besseren» Planeten oder eine andere Alternative zu unserem irdischen Lebensraum anzubieten hat.

Ob sich jemals solch ein «besserer» Ort irgendwo im Universum finden läßt, steht buchstäblich in den Sternen. Es wäre gewiß gegenwärtig nicht besonders sinnvoll, darauf spekulieren zu wollen. Nehmen wir also das Welttheater wie es ist, versuchen wir die Handlung, von der wir mitgerissen werden, zu verstehen, indem wir vor unseren Augen Revue passieren lassen, wie sie sich entwickelte.

Dazu sollten wir allerdings die roten oder schwarzen oder grünen Brillen, die uns den Blick verschleiern, von der Nase nehmen. Das Spiel nimmt so oder so seinen Lauf, und eigentlich sollte es des denkenden Menschen unwürdig sein, halbblind, mit Scheuklappen, darin herumzustolpern. Spielen wir unseren Part mit Anstand zu Ende. Schließlich stehen wir, freiwillig oder unfreiwillig, im Licht: Die Helden singen ihre Arien, die Komparserie stirbt.

Irgendwoher riecht es nach Feuer, aber diese Bühne – unsere Welt – hat keinen Notausgang.

Homo atomicus

Die «Krone der Schöpfung»?

Der Mensch als Spezies ist anatomisch und physiologisch vollkommen. Will man der Bibel glauben, muß er das vollkommenste aller Lebewesen sein, weil er ja das «Ebenbild Gottes» ist. In seinen Möglichkeiten und Fähigkeiten ist der Mensch allerdings entschieden mehr eingeschränkt als dieser – das weiß Gott. Aber offenbar nur er. Der Mensch selbst hält sich als «Krone der Schöpfung» wenn auch nicht für allmächtig, so doch zu allem fähig. Glücklicherweise trifft das – im guten wie im bösen – so generell nicht zu.

Wo ein Wille ist, ist auch ein Weg! lautet einer jener Sprüche, die wir als Kinder schon in der Schule lernten. Und dann lernten wir, daß dank der menschlichen Intelligenz ständiger Fortschritt die Welt stetig verbessert habe, und daß kraft dieser Intelligenz letztlich alles machbar sei.

Wenn das wirklich so wäre, sähe die Welt – wiederum im guten wie im bösen – heute anders aus. Wäre alles machbar, dürfte es längst auf dieser Erde keinen Hunger und keine Not mehr geben. Wäre der Fortschritt tatsächlich eine Einrichtung zur Verbesserung der Welt, müßten wir heute nicht bessere, sondern weniger Waffen zum Kriegführen und nicht weniger, sondern mehr Freizeit als die Steinzeitmenschen haben. Und wir dürften an dieser Stelle nicht feststellen müssen, daß alle Intelligenz bis heute eines der schlimmsten Leiden der Menschheit, die chronische Selbstüberschätzung, nicht überwinden, ja nicht einmal eindämmen konnte.

In Wahrheit hat sich der Mensch in geistig-moralischer Hinsicht wenig von seinen keulenschwingenden Vorfahren entfernt. In vielen seiner physischen und psychischen Reaktionen bewegt er sich noch immer (denken wir nur an sein «Revierverhalten») in der Urzeit. Dem einzelnen Menschen gelang es und gelingt es so wenig, seine persönliche Vergangenheit zu «bewältigen», wie den Völkern, aus der Geschichte der Menschheit zu lernen. Infolgedessen ist der Mensch dazu verurteilt, als Individuum seine Erfahrungen und als Gesellschaft seine Geschichte ständig zu wiederholen.

Der Herr schuf Wiederkäuer des Grases und des Geistes.

Folgt man mancherlei zeitgenössischen Darstellungen unserer weltpolitischen und -wirtschaftlichen Situation, gewinnt man den Eindruck, die Menschheit habe sich in eine völlig neue und erstmals aussichtslose Situation verrannt. In Wahrheit und geschichtlich betrachtet erleben wir lediglich die soundsovielte Wiederholung eines historischen Dramas, wie es sich ähnlich in mehr oder weniger regelmäßigen Abständen schon etliche Male abgespielt hat und – wenn sich im menschlichen Denken und Fühlen nichts Entscheidendes ändert – sich noch oft abspielen wird.

Die Zeit schreitet fort, die äußeren Umstände ändern sich – der Mensch kaum!

Genau das mag er – oder vermag er – nicht zu erkennen. Seine Fortschrittsgläubigkeit und seine Erinnerungsschwäche hindern ihn daran. Weniger als je zuvor will der informierte Zeitgenosse des ausklingenden 20. Jahrhunderts zur Kenntnis nehmen, daß sein Schicksal nicht allein von permanentem Fortschritt bestimmt wird, sondern auch von – vielleicht notwendigen – Rückschritten. Aber weil er schon als Kind eingebleut bekam: Immer vorwärts, nie zurück! meint er, auch den Weg in eine selbstzerstörerische Zukunft unbeirrt vorwärts gehen zu müssen: Lieber den Untergang der eigenen Spezies planen und gegebenenfalls auch durchführen als stehenbleiben.

Was soll man diesem Menschen sagen? Daß aus dem Segen des Fortschritts vielfach Fluch geworden ist! Daß immer mehr Katastrophen Menschen und Natur vernichten (Katastrophen, an denen er nicht unschuldig ist)! Daß die Menschen einander in immer größerer Zahl immer zynischer töten! Daß verzweifelte Mahner das «Schicksal der Erde» bereits für besiegelt und «die letzten Jahre der Menschheit» für angebrochen halten!

Auf diese und ähnliche Hinweise gibt es normalerweise zwei Reaktionen: Den Kopf schütteln und weitergehen – oder Asche auf das Haupt streuen und vor den unbezweifelbaren Symptomen der heillosen «Endzeit» erzittern. Natürlich gibt es auch zahlreiche Versuche, zwischen diesen beiden Positionen einen Kompromiß zu finden. Wer nicht vor der Wahrheit davonlaufen, aber auch nicht das Endzeitzittern für sich akzeptieren will, der kann sich mit dem Begriff «Wendezeit» ein Stück weiterhelfen. Oder er flüchtet sich in die Klage, die Welt einfach nicht mehr zu verstehen (als ob je ein Mensch die Welt wirklich verstanden hätte).

Dies alles sind – wie gesagt – Möglichkeiten der Reaktion auf die bedrückende Fülle zeitgemäßer Probleme, aber keine Beiträge zu ihrer Lösung. Tatsächlich kann man in den nächsten Jahrzehnten vielleicht für eine einzelne Frage eine Antwort finden, aber ein Patentrezept zur mehr oder weniger gleichzeitigen Lösung aller Probleme gibt es nicht. Eine gegenteilige Behauptung wäre lediglich ein weiteres Beispiel menschlicher Überheblichkeit – oder ist eine zweckdienliche Äußerung politischen Wunschdenkens.

Angesichts der Problemflut, die uns die Neuzeit mit ihren wissenschaftlich-technischen und politischen Revolutionen beschert hat, können es nur überzeugte Weltverbesserer oder alerte Politfunktionäre wagen, Generallösungen zu publizieren. Dieses Buch hat nichts dergleichen anzubieten. Es beschränkt sich darauf, den gegenwärtigen Zustand, in dem sich die Erde und die Völker befinden, in seiner Entwicklung darzustellen, zu analysieren und aus dem Verlauf der Menschheitsgeschichte zu erklären. Dabei werden manche Tabus verletzt, bisherige stillschweigende Sprachregelungen hinterfragt und einige neue Deutungen versucht.

Das Forschen nach der Wahrheit führt im ersten Ansatz nicht immer gleich zu dem erwünschten Ziel, aber die Beseitigung von Halbwahrheiten provoziert oft neue Fragen und neue Antworten, die uns der noch verborgenen Wahrheit näher bringen. Darunter vor allem der Einsicht, daß wir heute Lebenden unsere Existenz nicht allein dem stets wiederkehrenden Fortschritt verdanken, sondern ebenso den Rückschritten, die oft zu Phasen einer heilsamen Rückbesinnung wurden. Selbst wachstumsregulierende Vernichtungen – ob von Menschen oder von Naturgewalten ausgelöst – haben in der Geschichte mehrfach einen wesentlichen Beitrag zur Formung des Lebens geleistet. Sicher ein unbequemer, in all seinen Konsequenzen sogar ungeheuerlicher Gedanke, aber für uns kein Anlaß zur Klage, denn die Säugetiere und insbesondere die anpassungsfähige Spezies Mensch gehörten bisher stets zu den «Gewinnern» dieses nicht evolutionären, sondern erdrevolutionären Ausleseverfahrens.

Und warum soll, was sich in der Vergangenheit offensichtlich positiv auswirkte, in der Zukunft sich negativ auswirken? Man kann im Gegenteil mit großer Sicherheit davon ausgehen, daß die Menschheit noch lange nicht fertig ist, daß ihr einige Mutationen und Sprünge (wohl zwangsläufig immer mit einem gewaltigen Aderlaß verbunden) helfen sollten, den Zustand intellektueller Befähigung in Richtung moralischer Verantwortung zu vertiefen. Es wäre wahrhaftig ein Fortschritt, wenn der Mensch anhand neuer geistiger

Strukturen eines Tages statt Wissen anzuhäufen, Weisheit erwerben könnte.

Heute sind wir in der Lage, die physikalischen Erscheinungen der Himmelsmechanik aufzuzeichnen und zu erklären, aber wir belächeln offiziell die Astrologie bei ihren Bemühungen, aus überlieferten Symbolen Schicksale zu deuten. Es bedarf mehr als evolutionären Wachstums, den Menschen von morgen zu befähigen, die aus dem Kosmos auf das irdische Leben einwirkenden Gesetzmäßigkeiten zu erfassen. Und niemand kann sagen, wie weit es dann noch bis zum nächsten Schritt ist: die sich ergebenden Konsequenzen zum Nutzen der Allgemeinheit in Wort und Tat umzusetzen.

Wir müssen uns noch immer damit zufriedengeben, daß wir den Lauf der Welt nicht verstehen und in das Rad der Geschichte nicht eingreifen können. Der Mechanismus, der die Erde rotieren läßt und uns am Leben erhält, funktionierte bisher ohne unser Zutun. Überall dort, wo wir nun anhand fortschrittlicher wissenschaftlich-technischer Errungenschaften eingegriffen haben (wie in unsere naturgegebene Umwelt), machen sich jetzt gravierende Funktionsstörungen bemerkbar: Der Sand im Getriebe unserer technisierten Lebensgestaltung fängt hörbar an zu knirschen. Und das ist unbezweifelbar kein Beweis für unsere «Fertigkeit», sondern für das Gegenteil. Wir wollen den Besen kommandieren und haben kaum das Stadium des Zauber*lehrlings* erreicht.

Die Menschheit könnte die Erde keine Sekunde lang gegen kosmische Kräfte (etwa einen herabstürzenden Planetoiden) *in der Balance* halten, aber sie bildet sich viel darauf ein, die Erde inzwischen (mit Hilfe einiger Wasserstoffbomben) *aus der Balance* bringen zu können. Angesichts dieses Homo atomicus verfaßte George Bernard Shaw den Hilferuf unseres Zeitalters, indem er seine heilige Johanna am Ende des Stückes beten läßt: «O Gott, der du diese wundervolle Erde geschaffen hast, wie lange soll es denn noch dauern, bis sie bereit ist, deine Heiligen zu empfangen? Wie lange, o Gott, wie lange?»

Wir müssen wohl damit rechnen, daß diese Heiligen eines Tages zu uns kommen in Gestalt aller Schrecken dieser Welt. Sie werden «auf dieser wundervollen Erde» mit großer Sicherheit nicht palmwedelnd und mit frommen Sprüchen erscheinen. Nicht wenn Gottvater dann auch nur annähernd so ungeduldig ist, wie Shaw es war, als er die *Heilige Johanna* und dieses Gebet niederschrieb.

Das ärgerliche Phänomen: die Zeit

Unauffällig steckt sie hinter unseren Schwierigkeiten, aus der *Vergangenheit* zu lernen, mit den Sachzwängen der *Gegenwart* fertig zu werden und *Zukunfts*entwicklungen richtig vorauszusehen: die *Zeit*! Sie ist ein ärgerliches Phänomen, das uns jede Sekunde, jede Minute, das uns stündlich, täglich zu schaffen macht. Sie steht nicht, sie fließt: schneller, als wir wollen, und langsamer, als uns lieb ist, in einem steten Gleichmaß, auf das wir keinen Einfluß nehmen können. Die Zeit entzieht sich allen unseren Bemühungen, sie zu beherrschen. Wir können Länder erobern und in den Weltraum vorstoßen, in das Innere der Erde hineinhorchen und die uns umgebende Natur vergewaltigen, aber was können wir mit der Zeit? Nichts – außer gelegentlich festzustellen, was die Stunde geschlagen hat!

Wir können uns Gedanken über die Zeit machen und hübsche Gedichte über sie verfassen, ihr so gewaltige Monumente wie Stonehenge und physikalische Puzzlearbeiten wie die Atomuhr widmen. Wir können, im Bemühen pünktlich zu sein, ihr mit fliegendem Atem hinterherhecheln, können versuchen, sie durch «Einsparen» zu betrügen, und sind dabei selbst die Betrogenen (noch nie hat ein Mensch durch «gesparte Zeit» die Zeit für sich gewonnen). Sie entwindet sich allen unseren Wünschen, sie zu umarmen, mit der Unnahbarkeit einer Göttin oder – wem das zu altertümlich ist – mit der Nonchalance einer unwilligen Geliebten. Ohne Lächeln, ohne Bösesein, mit geradezu peinlichem Desinteresse, mit schmerzender Gleichgültigkeit.

Da stehen wir dann, wir armen Toren, drängen uns unter Anspannung aller unserer Geisteskräfte in die schwindelerregenden Dimensionen der Lichtjahre entfernten Galaxien, graben und bohren uns durch die Milliarden Jahre der Erdzeitalter und versuchen der Zeit auf den Bögen der Relativitätstheorie näherzukommen. Am Ende sind wir zwar etwas schlauer als zuvor, aber Zeit haben wir verloren. Mehr als ein alter Steinzeitjäger, der sie nur langsam verrinnen ließ, während er, am flackernden Feuer hockend, seinen Kindern die ewig alten, ewig gleichen Geschichten der weiten Wanderungen seines Clans erzählte.

Erzählen von einst, erinnern an das Gestern – das ist die einzige Möglichkeit, die wir haben, die Zeit einen Satz lang, eine Legende lang festzuhalten, sie für die kleine Ewigkeit eines Traums in unsere Gegenwart zurückzuholen. Gewiß, es ist nur eine ausgedachte Möglichkeit, aber immer noch besser als der Selbstbetrug, der von «Zeitersparnis durch Fortschritt» spricht und einen Flug von zwei Stunden gegenüber einer zwei Wochen währenden Reise mit Pferd und Wagen als Gewinn notiert.

Ein Gewinn? Zwei Stunden, die gerade ausreichen, einer hübschen Stewardeß «Guten Tag» und «Auf Wiedersehen» zuzulächeln und dazwischen eine Handvoll Wolkenfetzen am Kabinenfenster vorbeiwischen zu sehen. Dann entdeckt man an einem schönen Tag plötzlich, wie tief unten die Wasser eines Küstenstreifens im Sonnenlicht glitzern; ein Anblick, bei dem man verweilen möchte. Aber aus dem Lautsprecher kommt bereits die anonyme Aufforderung, sich zur Landung festzuschnallen. Ein Gewinn?

Dagegen zwei Wochen zu Pferd durch eine Landschaft

voller Abenteuer: tausend wechselnde Eindrücke, und niemand hindert einen, stehenzubleiben und rundum zu sehen, bis das Auge müde wird. Und doch werden auch Pferd und Wagen schon seit Jahrtausenden benutzt, um schneller vorwärtszukommen. Der Begriff «Eilpost» stammt nicht aus unserer Zeit, und schon im Volkslied heißt es: «Ich möchte so gerne noch bleiben, aber der Wagen, der rollt.» Mit der Zeit ist es wie mit der Liebe: Man muß sie verschwenden, um sie zu besitzen. Um wahrhaft Zeit zu gewinnen, müßte man sich ihr ohne Räderrasseln und Düsenlärm auf andere, sachtere Weise als bisher nähern.

Dazu müßte man sie aber wohl mehr um ihrer selbst willen lieben und weniger um jener Dinge willen, die einem wichtig erscheinen (viel wichtiger als die Zeit, die man für sie aufwenden muß) und die man darum alle in der kurzen Spanne zwischen Geburt und Tod – keine Zeit, keine Zeit – erledigen möchte. Beklagten wir uns vorhin über die abweisende Kühle der geliebten Zeit? Sind wir nicht selbst erschreckend kalte Liebhaber? Wir möchten die Zeit haben, ja, aber lieben wir sie wirklich – und nicht nur als Mittel zum Zweck?

Wir gehen mit der Zeit, die uns als Lebensspanne beschieden ist, nicht liebevoll, sondern rationell um. Wir «nutzen» sie: um Karriere zu machen, um möglichst viel «Glück» in jene Stunden zu packen, die angeblich dem Glücklichen nicht schlagen, um soviel wie möglich an materiellem Gewinn – Zeit ist Geld – aus ihr herauszuholen. Und wie der «liebevolle» Ehemann, der beim Frühstück Zeitung liest, registrieren wir nebenbei, wie es Erich Kästner in einem seiner Gedichte treffend sagt: «Die Zeit vergeht, was soll sie anderes tun?»

Kaum einer nutzt die Chance, mit seinen Erinnerungen, mit dem Wissen von vergangenem Geschehen, die Zeit immer wieder zu sich zurückzuholen. Traditionen sind langweiliger Krimskrams, Geschichte ist die verschüttete Milch von gestern. Wir lehnen es ab, aus der Geschichte zu lernen, und zitieren eilfertig den dümmsten Satz, der je formuliert wurde: «In der Geschichte wiederholt sich nichts.» Natürlich sind die Tage Cäsars vorüber, da seine römischen Legionäre an der bretonischen Küste die atlantiküberquerenden Hochseesegler der Kelten bestaunten. Aber es gibt immer wieder Legionäre, die an neuen Küsten neue Dinge bestaunen. Solange Menschen Geschichte machen, ist sie eine Kette unaufhörlicher Wiederholungen.

Wir werden uns in anderem Zusammenhang noch ausführlich mit der Tatsache beschäftigen, wie uns fehlendes Geschichtsbewußtsein den Blick für die Zukunft trübt. Die Zeit läßt sich von uns nicht amputieren. Ihre auf künftiges Geschehen weisende Hand bleibt jedem verborgen, dem sich nicht zuerst Gegenwart und Vergangenheit enthüllte.

Geschichtswissenschaft wurde zum Tummelplatz für Ideologen, geschichtliche Wahrheiten werden seit Jahrhunderten verbogen zu politischen Zwecklügen. Als im Übergang vom 17. zum 18. Jahrhundert der neapolitanische Philosoph Giovanni Battista Vico forderte, der Geschichte den Rang einer objektiven Wissenschaft einzuräumen (bei Anwendung ähnlicher Kriterien wie in der Mathematik), lachte man ihn aus. Hatte doch schon ein halbes Jahrhundert zuvor der große Denker René Descartes, Naturforscher und Schöpfer der analytischen Geometrie, die Historie kurzweg aus dem Bereich verbürgter Wahrheitserkenntnis ausgeschlossen. Und studiert man heute zeitgenössische Interpretationen geschichtlicher Ereignisse, muß man ihm oft recht geben.

Doch der Mensch, der zwar die Geschichte, aber nicht die Zeit verbiegen konnte, rächte sich an ihr auf seine Weise: Er mystifizierte sie!

Ein Beispiel dafür sind die «Endzeit»-Vorstellungen zu Beginn eines neuen Jahrtausends. Als es auf das Jahr 1000 christlicher Zeitrechnung zuging, verschenkten Kaufleute ihre Waren, um unbeschwert in das nun anbrechende Reich

Gottes eingehen zu können. Die Bevölkerungen ganzer Städte stiegen auf die nächstgelegenen Höhen und Berge, um dem Himmel schon ein wenig näher zu sein. Kaiser Otto III. verlor über der Vorstellung, daß der «Weltenbrand» und das Jüngste Gericht unmittelbar bevorstehen, den Verstand – und dann läuteten die Glocken das neue Jahr ein. Die Menschen kehrten in die Städte zurück, die Kaufleute mußten von vorn beginnen und der Kaiser weiter regieren. Das Jüngste Gericht hatte offenbar seinen Termin verpaßt.

Eigentlich kein Wunder, denn das vorausgesagte Weltenende war nach einem Kalender «berechnet» worden, der erst knapp 200 Jahre alt war. Natürlich hatte er nur für die Christenheit Gültigkeit, aber selbst in deren Gebieten war er noch lange nicht überall eingeführt. Mancherorts rechnete man die Jahre immer noch von der Gründung Roms (753 v. Chr.) und nicht von Christi Geburt ausgehend. Es gab damals im Abend- und im Morgenland beinahe so viele verschiedene Zeitrechnungen wie Völker. Wie sollte sich – bei ruhiger Überlegung – der Weltuntergang da zurechtfinden. Aber wer überlegt schon in Ruhe, wenn die Magie der Zahl vom Verstand Besitz ergriffen hat.

Des Menschen Rache an der Zeit, sie zu mystifizieren, war für ihn selbst zur Falle geworden.

Jetzt hatten Sektierer, Propheten, Weltverbesserer, Astrologen und Zahlenmystiker von der Zeit Besitz ergriffen und spielten auf dem Kalendarium wie der Rattenfänger von Hameln auf seiner Flöte. Und die Menschen liefen wie die Kinder hinter jeder magischen Jahreszahl her – wobei Jahrtausendwenden selbstverständlich eine herausragende Rolle spielen – an den Abgrund eines neuen Weltenendes, und sie laufen heute noch . . .

Und weil sie nicht gestorben sind – ist es jetzt das Jahr 2000, das den Untergangspropheten neue Hochkonjunktur beschert und den Blick für jene realen Bedrohungen verstellt, die weniger mit Jahreszahlen als den «Sünden der Väter» zu tun haben. Die aber haben nichts Mystisches an sich, sondern werden von jeder Zivilisation neu aus der Hybris geboren. Wann immer Menschen, sprich: Völker, sich für die Herren der für sie überschaubaren Welt hielten, wann immer sie glaubten, sich mehr leisten zu können, als die Natur gewöhnlich dem Menschen zugesteht, war der Tag des partiellen Untergangs nie mehr weit. Das aber funktionierte unabhängig von Jahreszahlen und aller Zahlenmystik nach jenem simplen Gesetz, nach dem ein Krug nur so lange zum Brunnen geht, bis er bricht.

Dieses Gesetz hat schon mehr als einmal als wichtiges Regulativ dem Leben auf unserem Planeten – damit auch dem menschlichen Leben – neue Chancen geboten. Untergang und Tod eines Teils bedeuten oft die Existenz des Ganzen. Das Unglück eines Volkes war für die Gesamtheit der Welt bislang so aufregend wie eine Überschwemmung am Orinoko für eine Herrenpartie auf dem Rhein. Durch die moderne Technologie mit ihren weltüberspannenden Verkehrs- und Kommunikationsnetzen wurde diese Situation nur insofern verändert, als die Weltbevölkerung von großen Naturkatastrophen oder einem großen Krieg schneller informiert – und gegebenenfalls zu Hilfeleistungen befähigt – ist, als noch vor hundert Jahren.

Aber auch herkömmliche Technologien genügten schon, ganze Kontinente mit den Schrecken des Krieges zu überziehen. Selbst der Zweite Weltkrieg hat nicht viel mehr Völker in echte Mitleidenschaft gezogen als etwa die Mongolenstürme des 13. Jahrhunderts. Einen bleibenden Schaden für die Welt oder auch nur die Menschheit haben derartige Ereignisse bisher wohl nicht verursacht. Eher scheinen Zerstörungen und die gelegentliche Ablösung degenerierter Formen der Herrschaft Wege für neues Wachstum freigemacht zu haben.

Kulturhistoriker beklagen sicher zu Recht die schnelle Zerstörung der mittel- und südamerikanischen Reiche durch die Konquista, in der breiten Öffentlichkeit aber denkt heute kaum jemand darüber nach, welche kulturellen Werte damals vernichtet wurden. Millionen Menschen starben bei solchen Gelegenheiten, und doch wuchs die Menschheit unaufhörlich weiter. Die Zeit geht über derartige Ereignisse hin, als hätten sie nichts zu bedeuten. Wie ein anderes Beispiel zeigt, erregen sich spätere Generationen mehr über den Tod der schönen Kleopatra als über den Untergang des alten Ägypten.

Dämmert ein solches Ende über eine Zivilisation herauf, haben die Betroffenen – zumindest die mit dem Instinkt für geschichtsträchtiges Geschehen Begabten – das Gefühl, die Zeit läuft ihnen davon (im alten Ägypten sicher nicht anders als heute in Europa). Das ist wie beim Blick auf einen Wasserfall: Kurz vor der Kante fließt das Wasser viel schneller als noch 50 Meter davor. Alvin Toffler beschreibt in seinem Buch *Der Zukunftsschock* den «Bruch mit der Vergangenheit», der unserer Zeit einen ähnlichen Beschleunigungsschub verleiht. Fast unvermittelt entwerten wir jahrhundertealte Traditionen, und überlieferte Gewohnheiten gelten plötzlich für nichts. Alles verändert sich immer schneller, aber für viele Zeitgenossen ist das Tosen des Wasserfalls, auf den wir zutreiben, offenbar noch nicht zu hören.

Toffler und andere Zeitkritiker rufen dazu auf, diese von ihnen registrierte Beschleunigung, die sie fälschlich allein dem Fortschritt zuschreiben, mit allen nur denkbaren Mitteln zu bremsen. Gleichzeitig aber ist ihnen wie jedermann bewußt, welche dramatischen Folgen ein solcher Bremsvorgang auslösen würde. Man kann einen Fluß, der auf einen Wasserfall zuströmt, nicht plötzlich stoppen. Und selbst wenn es technisch möglich wäre, den Fluß über Nacht zu stauen – unübersehbare Fluten würden das gesamte Hinterland überschwemmen, Dörfer und Städte würden in den Wassern versinken.

Ebenso würden Dörfer und Städte untergehen, wenn wir

versuchen wollten, die technische Entwicklung aufzuhalten, Industriezentren abzubauen, Kommunikation und Information auf den Stand des 19. Jahrhunderts zurückzuschrauben. Hungersnöte von unvorstellbarem Ausmaß wären das Ergebnis, müßte die Landwirtschaft im Jahr 1985 wieder mit den relativ bescheidenen Mengen der Pestizide und Düngemittel von 1950 auskommen. Die Entmotorisierung der Land- und Forstwirtschaft ließe innerhalb kürzester Zeit riesige Flächen Brachland entstehen, um die sich niemand mehr kümmern könnte. Allein nur die Einschränkung des gegenwärtigen Luft-, See- und Kraftfahrzeugverkehrs wäre Ursache genug für den Zusammenbruch ganzer Industriezweige.

Und doch: Toffler und seine Unheil prognostizierenden Kollegen haben recht. Auch der von ihnen erkannte «Bruch mit der Vergangenheit» ist schon ein Zusammenbruch, ist das Ende einer Ära, ist der Fall, über den die Wasser tosend in den Abgrund schießen. Natürlich wollen wir dem nicht hilflos entgegentreiben. Wir wollen, wir müssen die «Beschleunigung» aufhalten! Nur – wir können es nicht.

Aber in letzter Minute haben wir wenigstens ein neues Wort erfunden – soll niemand sagen, es ermangle uns an beschreibender Kreativität –, das dem Zustand unserer Handlungsunfähigkeit beredten Ausdruck verleiht: «Sachzwang!»

Ein neues Wort im Duden

Das Wort «Sachzwang» ist eine Neuschöpfung der letzten zehn Jahre. Der Duden brachte es das erste Mal in seiner Ausgabe von 1980. Zwang kennt der Mensch, seit es nebeneinander Stärke und Schwäche, Überlegenheit und Unterlegenheit gibt, das heißt also von Anbeginn an. Durch Obrigkeit und Gesetze wurde später der Zwang institutionalisiert, aber auf die Idee, daß auch Sachen, tote Gegenstände, einfach durch ihr Vorhandensein und durch die Macht des Faktischen Zwang ausüben können, kam offenbar bisher kein Mensch. Zumindest nicht in der Weise, daß er das Bedürfnis empfunden hätte, dafür einen eigenen Begriff zu prägen. Das blieb unserer Zeit vorbehalten.

Wie Mephistopheles in Goethes *Faust* dem Schüler so schön erklärt: «. . . wo Begriffe fehlen, da stellt ein Wort zur rechten Zeit sich ein.» In diesem Fall, um uns begreiflich zu machen, daß wir Gefangene der Dinge sind, die wir schaffen und mit denen wir uns umgeben. Zwar kamen schon die alten griechischen Philosophen zu der Erkenntnis, daß wahrhaft frei nur der sein kann, der nichts besitzt, aber zu einer allgemeinen Nutzanwendung ließen sich weder deren Zeitgenossen noch spätere Generationen begeistern. Und als zur Zeit der Völkerwanderung eine Mehrheit von Besitzlosen in Abhängigkeit von (Land-)Besitzenden geriet, da nahm den im Grunde richtigen Gedanken ohnehin niemand mehr ernst.

In den folgenden Jahrhunderten blieb die Masse der Menschen von den Besitzenden abhängig, und deren Abhängigkeit von ihrem Besitz wurde nie so deutlich, daß man ein eigenes Wort dafür gebraucht hätte. Das änderte sich, als mit der Industrialisierung erstmals auch die ärmeren Schichten des Volkes Besitz – einen «sozialen Besitzstand» – erwarben. Je unabhängiger der Mensch vom Menschen wurde, desto mehr rückte seine Abhängigkeit von Dingen in den Vordergrund.

Diese wird, die neue Wortprägung beweist es, instinktiv erfühlt, auch wenn viele – Politiker, Gewerkschaftler, Grüne – sich noch scheuen, sie bewußt zur Kenntnis zu nehmen oder gar offen einzugestehen. Da wird mit Nachdruck die «Erhaltung des sozialen Besitzstands» und im gleichen Atemzug die Abschaffung oder zumindest Reduzierung von Atomkraftwerken, Industrie und ausufernden Verkehrsbauten gefordert, als ob nicht Wohlstand und Umweltzerstörung so untrennbar verbunden wären wie die beiden Seiten ein und derselben Münze.

Der Sachzwang eines russischen Großgrundbesitzers, sich seine Güter erhalten zu müssen (um seinen Leibeigenen gegenüber als Herr und in Petersburg als Grandseigneur auftreten zu können), war weitgehend seine persönliche Angelegenheit. Weder wurden die Gutsarbeiter brotlos, wenn ein Besitzer seine Güter verlor, noch minderte es den Wohlstand der anderen, wenn einer von ihnen seine Felder verkommen ließ. Wird jedoch heute durch Gerichtsbeschluß der Bau eines Flughafens oder eines Atomkraftwerks gestoppt, kommt es zu Massenprotesten der Bauarbeiter und Gewerkschaften, und die Regierenden müssen erwägen, durch Gesetzesänderung solche «Fehlleistungen» für die Zukunft auszuschließen. Die Sachen, die immer nur die Besitzenden zwingen können, zwingen die Massen (und ihre demokratisch gewählten Regierungen), wenn die Massen besitzen!

Im gleichen Maße, in dem wir alle in den Industrieländern in Ost und West am breitgestreuten Wohlstand partizipieren, sind wir Abhängige der Sachen. Den erworbenen Wohlstand nicht verlieren zu wollen heißt, sich dem Diktat der Dinge zu unterwerfen. Wir können – wie einst so auch heute noch – jederzeit einen Menschen entmachten, aber wir können das gleiche nicht mehr mit unserem Verkehr, mit unserer Industrie, mit all den schönen Dingen, die unser Leben im wahrsten Sinne des Wortes vergiften, aber ohne die wir – die Masse des Volkes – morgen arm und elend wären. Die Dinge haben uns fest im Griff. Darum wurde der «Sachzwang» erst in unserer Zeit – und nie zuvor – als neues Wort «erfunden».

Der einzelne, der sich wie Diogenes in seine Tonne zurückzieht, konnte sich und kann sich auch den Sachzwängen entziehen, die Masse des Volkes blieb und bleibt immer der Abhängigkeit, wenn nicht der von Menschen, so der von Sachen unterworfen. Solange diese ein Pflug, eine Mistgabel und zwei Ziegen sind, läßt sich die dingliche Abhängigkeit leicht ertragen; mit Küchenmaschinen, Elektroherden, Zentralheizung und Auto wird es schon schwieriger, auch wenn der einzelne es nicht bemerkt, solange die Energieversorgungsbetriebe, Reparaturwerkstätten, Serviceunternehmen und sonstigen Dienstleistungen funktionieren. In welche Abhängigkeit alle diese immer komplizierter werdenden technischen Sklaven uns gebracht haben, ist für die meisten Menschen erst dann erkennbar, wenn die Energieversorgung (Strom, Erdöl, Kohle) in einem Katastrophenfall für lange Zeit ausfällt.

Selbst wenn der eine oder andere von uns versuchen möchte, sein Leben nicht von «toten Gegenständen beherrschen» zu lassen, es sind inzwischen viel zu viele, um ohne sie mit allem noch allein fertig zu werden. Die meisten von ihnen sind unauffällig, klein, handlich, bequem, und ihre Zahl ist schier unübersehbar. Und die Unüberschaubarkeit ging inzwischen mit der partiellen technischen Unfähigkeit des Menschen eine unheilvolle Ehe ein.

Wir stehen darum heute in unserem Haushalt wie in der Politik, in der Wirtschaft nicht anders wie in Wissenschaft und Technik vor so vielen neu heraufbeschworenen Problemen, daß es uns wie einem Mann geht, der mit der linken Hand einen Aufsatz schreiben und mit der rechten gleichzeitig eine Mathematikaufgabe lösen soll. Wir können es nicht, unser Gehirn ist dafür nicht geschaffen. Wir können immer nur eine Aufgabe (wenn sie nicht zu schwierig ist) nach der anderen lösen. Wo zu viele Fragen zur selben Zeit Antworten erheischen, wird die Wahrheit für diese zwangsläufig zur Lüge für jene, und in jeder Lösung ruht bereits der Keim für eine ganze Handvoll neuer Probleme.

So wurde aus dem Sachzwang, noch bevor wir uns so richtig mit ihm auseinandersetzen konnten, ein verflixter Plural: «Die Sachzwänge!» Damit multipliziert sich jede Entscheidung zu Entscheidungen und jede Fehlentscheidung zu Fehlentscheidungen. Und darum ist es genauso illusorisch zur Bewältigung der Gegenwartsprobleme auf technische und andere «elegante» Lösungen zu hoffen wie 1945 auf Hitlers Wunderwaffen für den Endsieg.

Ganz davon abgesehen, daß die meisten Probleme heute nicht nur mit der Unübersichtlichkeit und der Kompliziertheit ihrer Verflechtungen, sondern auch noch mit speziellen Tabus befrachtet sind, hat es in der Geschichte noch nie bei existenziellen Bedrohungen Auswege gegeben, mit denen man jedermann oder demokratische Mehrheiten hätte befriedigen können. In solchen Fällen war der Preis immer Schweiß und Blut. Und nicht weil es die Willkür irgendwelcher Herrschenden so wollte, sondern weil sie geistig nicht weniger überfordert waren als ihre Völker.

Die allgemeine psychische Unterentwicklung der Menschheit ist ein Tatbestand, der gern übersehen wird. Trotzdem hat diese Menschheit bis heute überlebt. Aber vielleicht ja nicht trotz, sondern aufgrund ihrer teilweisen geistigen Beschränktheit? Eine bewußt provozierende Frage, die uns zu einer wichtigen Erkenntnis führen soll:

Ohne die weltweite Katastrophe vor 11 000 Jahren hätten wir – wie ich anhand von Berechnungen der Bevölkerungsstatistiker bereits 1981 in meinem Buch *Wenn die Erde kippt* berichtete – schon im sechsten Jahrtausend vor der Zeitenwende eine Weltbevölkerung von 6,5 Milliarden Menschen zählen müssen. Tatsächlich aber lebten zu dieser Zeit nicht viel mehr als 17 Millionen Menschen auf der Erde. Ihre Zahl verdoppelte sich bis zum Beginn der Bevölkerungsexplosion im 16./17. Jahrhundert nur in großen Abständen von etwa 1000 bis 2000 Jahren.

Seit 11 000 Jahren haben also außer gelegentlichen Naturkatastrophen, Seuchen und Hungersnöten vor allem auch Kriege und Pogrome einer Übervölkerung verhindert, die unseren Planeten unbewohnbar gemacht hätte. Demzufolge existieren wir heute nicht nur, weil die Menschheit sich immer wieder geschickt verschiedenen Lebensbedingungen angepaßt hat, sondern auch dank jener Regulative, die sich grausam und mörderisch auswirkten, aber dadurch die Zahl aller Lebewesen auf Erden bis zum 19. Jahrhundert in erträglichen Grenzen gehalten haben. Es gibt, das ist nicht zu bestreiten, jeglicher Intelligenz widerstrebende Eigenschaften der Lebewesen, die das *Überleben* der Arten ebenso sichern wie ihr *Überhandnehmen* verhindern.

Zu den effektivsten dieser nach zwei Seiten wirkenden Eigenschaften zählen Kampfgeist und Egoismus. Wieviel mehr wir auch Friedensliebe, Gemeinsinn und Selbstlosigkeit hochschätzen, damit wurde bisher das Leben der Arten nicht im Gleichgewicht gehalten. Die Moralgesetze haben sich im menschlichen Bereich zwar von Zeit zu Zeit als Balsam bewährt, der die schlimmsten Auswirkungen der vorherrschenden Aggressivität lindern konnte; sie haben jedoch – nimmt man alles in allem – die Geschichte der Menschheit bis heute weder geprägt, noch einen bestimmenden Einfluß auf die Entwicklung des Lebens ausüben können.

Es gehört zur zwiespältigen Konstruktion des Menschen, die Moralgesetze erdacht zu haben und ihre Einhaltung zu fordern, während er mit dem anderen Teil seines Wesens passiv und aktiv dem Konzept der Natur – somit auch Tod und Vernichtung betreibend und erleidend – seit Jahrtausenden unverändert verhaftet blieb. Leo Tolstoi schrieb dazu in *Krieg und Frieden*: «Gewiß haben jene recht, die den Krieg den Ur- und Naturzustand des Lebens nennen. Insofern der Mensch eine Kreatur ist, lebt er durch Kampf, lebt er auf Kosten anderer, fürchtet und haßt er Rivalen . . . Friede ist etwas, das wir nicht kennen, was wir nur suchen, aber nicht finden und für immer in Besitz nehmen können. Friede ist ein Ideal.»

Man muß kaum daran erinnern, daß Fluch und Flucht, Aggression und Angst auch in der biblischen *Genesis* als Urphänomene eine bedeutende Rolle spielen, wie sie eben *genetisch* in der Natur des Menschen liegen. Er ist ein Revier- und Brutverteidiger und will vor allem anderen, daß er und seine Art überleben. Dementsprechend ist die Laufbahn des einzelnen kein Friedenspfad und die Geschichte der Menschheit keine Friedens-, sondern eine Kriegsgeschichte: die Beschreibung fortgesetzten Kampfes. Kampf ist offenkundig das erfolgreichste Regulativ der Natur und somit im Prinzip nicht un-menschlich, sondern auch für den Menschen als einem natürlichen Wesen system-immanent.

Wie alle anderen Arten hat auch der Mensch gewisse Tabus entwickelt, die seine Aggression gegen die eigene Gattung in vertretbare Bahnen lenken sollte. Der Intellekt hat viele dieser Tabus überspielt, hat aus Totschlag Mord und aus dem Morden von frühen Zeiten an ein einträgliches Geschäft werden lassen. Damit entfällt zwar der Anspruch, einem «natürlichen» Verhaltensmuster zu gehorchen, aber es bleibt die Tatsache, daß der Mensch als sein schlimmster und fast schon einziger Feind mit genau jenem Intellekt, mit dem er sich mehr Lebenschancen sicherte als alle anderen Kreaturen, auch die millionenfachen Selbstvernichtungen inszenierte, die wiederum als notwendiges Regulativ naturgewollt sein könnten.

Dem Tatbestand mehr als die Möglichkeit einzuräumen, hieße allerdings schon wieder der Hybris verfallen; als ob ohne den Menschen nichts ginge, nicht einmal seine Dezimierung. Die jedoch dürfte gewiß auch ohne gegenseitiges Morden von jenem Tag an funktionieren, an dem die Menschen so zahlreich geworden sind, daß ihnen Nahrung, Wasser und – buchstäblich – die Luft knapp wird. Von daher besteht also keine glaubwürdige Veranlassung, die in den meisten Religionen der Welt vorgeschriebenen Friedensgebote immer wieder zu brechen.

Es hieße sich Sand in die Augen streuen, die auf erfolgreichen Aggressionshandlungen aufbauende Entwicklung der Geschichte unterschlagen zu wollen. Es gibt nun mal die unleugbare Bindung des Menschen an die Natur und ihre harten Gesetze, denen er sich bisher ausgerechnet dort, wo es um Grausamkeit und Vernichtung ging, nie ernsthaft entziehen wollte oder konnte. Diesen Tatbestand aufzuzeigen heißt jedoch nicht, jegliche menschliche Untat zu entschuldigen. Die Intelligenz des Menschen erlegt ihm eine moralische Verpflichtung auf, der er bis heute in keiner Weise gerecht wurde. Die Realität der ihm eingeborenen primitiven Instinkte kann und darf ihn nicht seiner höheren Verantwortung entheben.

Die Sachzwänge unserer Zeit basieren vor allem anderen auf Problemen einer fehlgeleiteten Intelligenz. Seine Selbstüberschätzung hat den Menschen zu lange Zeit glauben lassen, er könne sich ungestraft über die Natur erheben, auf die er sich wegen seiner moralischen Unfähigkeit gern beruft. Aber die Natur wird ihn zurückholen. Entweder wirft sie ihn dann genau auf jenen Platz, auf den er sich (ein animalisches Instinktwesen) entschuldigend selber stellt oder sie räumt ihm die Stellung ein, die er sich unter Anspannung seiner besten geistigen Fähigkeiten in bescheidener Selbstbeschränkung erwirbt: als ein Geschöpf Gottes, das mehr seiner Verantwortung als seinen Ansprüchen lebt.

Mögen die geistigen Fähigkeiten und der Wille des Menschen gegenwärtig auch an der Komplexität der auf ihn einstürmenden Sachzwänge scheitern, so einfache Spielregeln wie Recht und Unrecht, Gut und Böse zu unterscheiden, sollte er wohl allmählich beherrschen können.

Es gibt keinen vernünftigen Grund mehr, daran zu zweifeln, daß uns die nahe Zukunft existenzgefährdenden Belastungsproben unterwerfen wird. Die vergeudeten Vorräte gehen zur Neige, die Nahrung wird knapp. In jenen Tagen verschwinden die Sachzwänge schnell wieder hinter den menschlichen Problemen, und alles heute Unüberschaubar-Komplizierte wird dann schlicht oder uninteressant. Denen, die in dieser Zeit überleben wollen, wird die simpelste und doch für die Menschheit vielleicht folgenschwerste Entscheidung abverlangt werden. Was soll zuerst kommen – das Fressen oder die Moral?

Abschied vom Dualismus?

Der Mensch, vor eine Wahl gestellt, bemerkt zwangsläufig, daß jedes Ding (mindestens) zwei Seiten hat: einen Vor- und einen Nachteil, eine Licht- und eine Schattenseite. Dieses Schema heißt *Dualismus* und entspringt der Erkenntnis, daß alle Materie generell von zwei gegeneinanderwirkenden, für sich allein nicht vorstellbaren Kräften bestimmt wird.

Dichter und Philosophen haben diesen Sachverhalt in vielerlei Varianten zum Ausdruck gebracht: Goethe läßt seinen Faust über die zwei Seelen in seiner Brust meditieren, Tolstoi widmete sein bereits erwähntes Hauptwerk *Krieg und Frieden* schon vom Titel her dem dualistischen Prinzip, und vor 2500 Jahren hat Lao-tse sein Werk *Tao-te-king* mit der klaren Feststellung eingeleitet:

> Wer da sagt: Schön, schafft zugleich: Unschön.
> Wer da sagt: Gut, schafft zugleich: Ungut.
> Bestehen bedingt Nichtbestehen.
> Verworren bedingt Einfach.
> Hoch bedingt Nieder.
> Laut bedingt Leise.
> Jetzt bedingt Einst.
> Bedingt bedingt Unbedingt.

Es bietet sich an, die schlichte Reihung des Lao-tse aus eigener, gegenwartsbezogener Erfahrung fortzusetzen:

> Fortschritt bedingt Rückschritt.
> Wohlstand bedingt Armut.

Aktion bedingt Reaktion.
Ost bedingt West.
Leben bedingt Tod.

Bei allen diesen Sentenzen erkennen wir plötzlich, wie sich die Gegensätze in der gegenseitigen Bedingtheit berühren, wie die Grenzen bei genauerem Hinsehen fließend werden. Wo endet «Hoch» und wo beginnt «Nieder»? Und wie verschieben sich die Grenzen je nach dem Standpunkt, den ich einnehme? Mit am deutlichsten wird die Verkettung bei «Jetzt bedingt Einst»: Alles, unsere Errungenschaften wie unsere Versäumnisse, reicht aus diesem «Jetzt» in das «Einst» zurück, wo es wie wir selbst seine Wurzeln hat. Das Heute war die unbekannte Zukunft unserer Ahnen (deren Weitblick und Vorsorge nicht minder zu wünschen übriglassen als unsere), wie unsere Gegenwart das «Einst» unserer Nachkommen sein wird.

Das Prinzip des Dualismus weitet das Leben zweidimensional aus, macht es übersichtlich und nimmt, wo es sie mit seiner Philosophie der Bedingtheiten umfängt, den Gegensätzen die Gegnerschaft. Die Weisheit eines Lao-tse gibt dem Dualismus den Frieden. Wie angenehm ließe sich nun – dies erkennend – mit ihm leben. Aber es ist uns nicht gegönnt. Der Fortschritt mit seiner Vielzahl von Sachzwängen bescherte uns ein neues Prinzip: den *Pluralismus*. Der überrollte den guten alten Dualismus, ihn in ungezählte Teile sprengend, mit denen wir jetzt leben sollen.

Es ist nicht auszuschließen, daß die Menschheit eines Tages dieser Forderung entsprechen kann, daß sie jenes dem Pluralismus gerecht werdende komplexe Denken lernt, das uns heute noch schwerfällt. Die in der Geschichte vielfach bewährte menschliche Anpassungsfähigkeit läßt uns hoffen. Aber eines ist dabei nicht zu übersehen: Anpassung funktionierte nie im Schnellverfahren, sondern war immer ein langer Prozeß. Das bedeutet für unsere Zeit – die keine Zeit mehr hat –, daß wir von dorther keine Hilfe erwarten dürfen. Wir gegenwärtig Lebenden versinken inzwischen, mit unserem dualistisch geschulten Verstand vergeblich nach einem Rettungsring Ausschau haltend, in den Wellen des Pluralismus.

Etwas weniger kompliziert ausgedrückt: Wer statt mit einem Bumerang mit Atombomben um sich wirft, sollte sich nicht mehr entschuldigend auf die Instinkte des Steinzeitmenschen berufen müssen. Die Gehirnwindungen eines Technokraten des 20. Jahrhunderts schaden den Menschen mehr als sie nützen, solange darin neben der halbverdauten Relativitätstheorie die unveränderten Denkimpulse seiner keulenschwingenden Vorfahren ihren Platz behaupten.

Tatsache ist, daß der Mensch heute in der Lage ist, nicht nur die eigene Art, sondern auch noch alle anderen Kreaturen in einem ungeheuren Feuerorkan von Atomexplosionen von dieser Erde zu vertilgen. Und dann?

Dann würde nicht einmal die schöne dualistische Sentenz «Tod bedingt Leben» weiterhelfen, dann hätten sich die Eigenschaften Aggressivität und Egoismus einmal zuviel als Regulativ ausgetobt und der menschliche Verstand hätte seinen Fortschritt vom Faustkeil zur Atombombe endgültig ad absurdum geführt. Bevor wir jedoch nun laut lamentierend von dieser schönen Welt und unserem guten alten Dualismus Abschied nehmen, um uns dem Pluralismus und der fortschreitenden Selbstzerstörung in die trostlosen Arme zu werfen, sollten wir uns doch noch einmal in Ruhe umsehen.

Und siehe da – das Leben mit seinem unerschöpflichen Einfallsreichtum demonstriert neue, der Zerstörungstendenz zuwiderlaufende menschliche Eigenschaften und Aktivitäten, und in seinem unüberwindlichen Konservativismus offeriert es den dualistischen Ausgleich positiver Bemühungen gegen negative Entwicklungen: Weltweite Kommunikation schließt auch weltweites Verhandeln ein; die Existenz und der Einfluß internationaler Hilfsorganisationen wie überhaupt die Hilfsbereitschaft über alle Grenzen und Kontinente hinweg stellen dem Kriege auslösenden Haß immer neue Barrieren entgegen. Und ganz unbezweifelbar wächst im Osten wie im Westen die Einsicht, daß wir bei der Zerstörung unserer Welt alle im gleichen Boot sitzen.

Nachweisbar hat die Möglichkeit schneller überstaatlicher Kommunikation in den Jahrzehnten nach dem Zweiten Weltkrieg mehr als einmal verhindert, daß Krisen und begrenzte Kriege zu Weltkriegen eskalierten. Die Blockade Berlins durch die Sowjetunion, die Kubakrise, der Koreakrieg, der iranisch-amerikanische Konflikt nach der Geiselnahme von Teheran – jeder einzelne dieser Anlässe hätte die Welt noch von einem halben Jahrhundert in einen Weltkrieg verwickelt und noch 1945 eventuell den Einsatz einer Atombombe auslösen können. Nichts davon ist in den vergangenen 35 Jahren geschehen.

Das heißt nun nicht, daß der Dritte Weltkrieg nicht mehr stattfinden wird, und es bedeutet leider auch nicht, daß die eine oder andere Macht im Kriegsfall nicht doch der Versuchung nachgibt, durch den Einsatz einer Atombombe «ein Zeichen» zu setzen. Aber so einseitig und unkontrolliert wie 1939 und mit der Illusion, den Gegner und die ganze Welt überrennen zu können, beginnt ein nächstes Drama der Menschheit gewiß nicht mehr. Die Entwicklung von technischen Mechanismen mit bisher unbekannter Zerstörungskraft hat zur Kreation von psychischen Mechanismen geführt, die unübersehbar der Vernichtungsenergie entgegenwirken.

Zu diesen psychischen Mechanismen gehört insbesondere die Furcht vor der Selbstzerstörung, die im Augenblick einer der trostreichsten Faktoren im Weltgeschehen ist. Da erweist sich der Egoismus, der seit jeher menschliches Handeln entscheidend beeinflußte, ausnahmsweise einmal als lebenserhaltend für beide Seiten, für die jeweils eigene Bevölkerung wie für die des «Feindes» – und damit letztlich für die gesamte Menschheit.

Das Schreckliche an der Atombombe ist auch das Gute an ihr: Ihre vernichtende Wirkung kann nicht ausschließlich auf das Territorium des Gegners, ihre Anwendung nicht auf die eigene Macht beschränkt werden. Seit Hiroshima und Nagasaki wurde diese Waffe daher nicht mehr eingesetzt. Der Schock wirkt nach. Daß eine halbe Million Menschen für diese Therapie sterben mußten, ist grausam. Und doch wäre es ein geringes Opfer, wenn dadurch Milliarden in der Gegenwart und Zukunft vor dem gleichen Tod bewahrt werden.

Das Schreckliche bedingt das Gute! Wir sollten uns diesen Dualismus erhalten.

Irgendwo ein leises Unbehagen

Fassen wir zusammen: In dieser besten aller denkbar möglichen Welten ist der Homo atomicus keineswegs die beste aller denkbar möglichen Erscheinungen: ein zwiespältiges Wesen von noch nicht ganz zu Ende gelebter Steinzeit, dem Roboterdasein des frühen Industriezeitalters kaum entronnen, der Verantwortung und dem geistigen Höhenflug des Weltraumzeitalters in seiner Psyche äonenweit entfernt, aber mit 4,7 Milliarden seinesgleichen schicksalhaft verbunden auf der Fahrt in eine unbekannte Zukunft.

Keiner weiß, wohin die Reise geht, aber Reisende werden es täglich mehr.

Jeder einzelne Mitbürger in den westlichen Industrieländern freut sich der unbezweifelbaren Annehmlichkeiten des Lebens, die da zu genießen sind, und fürchtet den Tag, an dem die Rechnung für diese Annehmlichkeiten präsentiert wird. Jeder weiß, daß dieser Tag bevorsteht, und jeder betet sich in nachdenklichen Minuten die Ausreden vor, die er dann gebrauchen will: Daß es eigentlich mit dem Wohlstand gar nicht so weit her war, und daß man vieles, was man eigentlich haben wollte, sowieso nie bekommen hat. Ja, früher, da war das alles anders als heute. Die Leute waren schon mal so weit, daß sie den Hut zogen und sich höflich gegrüßt haben, bevor sie sich den Degen durch die Brust rannten. Und heute – da muß man doch froh sein, wenn man noch heil über die Straße kommt. Und den Hut zieht da keiner mehr. Im Gegenteil . . .

Zu solchem Schluß gekommen, wäre beinahe die Welt für den Wohlstandsbürger des 20. Jahrhunderts wieder in Ordnung – wenn da nicht irgendwo noch so ein leises Unbehagen wäre. Irgend etwas ist offensichtlich doch nicht in Ordnung, aber was?

Ist es die Hybris, über die wir sprachen, die chronische Selbstüberschätzung, die den Menschen bis heute daran hinderte, wirklich aus der Geschichte zu lernen? Weil jede neue Generation ja ohnehin alles besser weiß als die von gestern. Ja, es ist die Hybris. Die ewige Unbelehrbarkeit, die sich durch die Jahrhunderte zieht wie der rote Faden durch das Tauwerk der englischen Marine.

Zumindest teilweise. Natürlich darf man sie nicht jedem Menschen vorwerfen. Und selbstverständlich ist das, was viele sagen, nicht das, was jeder sagt. Man kann die Menschen nicht über einen Kamm scheren. Und wenn zwei das gleiche sagen, ist es noch lange nicht das gleiche. Denn jeder hat es ja anders gemeint. Aber was beunruhigt dann jenen, der sich zu Recht von dem Vorwurf der allgemeinen Selbstüberschätzung freisprechen kann? Der sich redlich schaffend bemüht und pünktlich seine Termine einhält? Der weiß, daß es ihm weit über Verdienst gutgeht, besser als seine Eltern und Großeltern es je hätten erträumen können?

Ist es die Zeit, die ihm davonläuft, die ihm «untr den Nägeln brennt»? – Gewiß, das Leben hat heute mehr Tempo als früher: Frühstück in Hamburg, Mittagessen mit Geschäftsfreunden in Düsseldorf. Einen Tag später in Rom. Die Gesprächsnotizen gehen inzwischen per Tonband ans Sekretariat. Der Vortrag ist noch nicht ganz unterschrieben, da rollen die ersten Waren schon an. Vor 100 Jahren, da war die Fahrt von München nach Berlin noch eine Weltreise.

Ja, es ist die Zeit. Es ist der Beschleunigungsschub – der Fluß wenige Meter vor dem Wasserfall.

Viele spüren diesen Schub. Manche, Jüngere, genießen ihn, andere möchten sich ihm entziehen und können es nicht. Der Strudel des immer schneller werdenden Lebens reißt sie mit. Aber nicht alle. Wer vor seinem Schreibtisch sitzt und langsam, sorgsam – so wie es der Beamtensorgfalt entspricht – den Aktenberg durcharbeitet, der sich vor ihm auftürmt, den drängen andere Dinge als die Zeit. Da werden Entscheidungen verlangt, und jede Entscheidung, die man trifft, ist zum Nachteil: für den einen oder für den anderen. Es sind Menschen, beides Menschen, die unter den Folgen der Entscheidung leiden werden, entweder der eine oder der andere. Jeden von ihnen trifft es zu Unrecht, denn eigentlich müßte man gegen die Sache entscheiden. Aber gegen die Sache kann man nicht entscheiden. Die Sache verbietet es.

Sind es also die Sachzwänge, die uns bedrängen? Oder der Pluralismus, mit dem wir nicht fertig werden, weil wir noch nicht gelernt haben, «komplex» zu denken (und es auch nicht so schnell lernen werden)? Sind es die immer neuen Probleme, die uns Wissenschaft und Technik mit jeder neuen Erkenntnis, jeder neuen Erfindung bescheren? Ist es – um die Fragen auf einen Punkt zu bringen – die Atombombe, die uns wie eine Faust im Nacken packt und uns schüttelt, daß wir davonlaufen möchten und es doch nicht können?

Ja, es sind die Sachzwänge.

Ja, es ist der Pluralismus.

Ja, es sind die Probleme, die paradoxerweise mit jeder neuen Erkenntnis mehr statt weniger werden.

Ja, es ist die Atombombe.

Dies alles ist es und ist es wieder nicht. Weil – wie wir gesehen haben – jeden Menschen ein anderes Unbehagen quält.

Es ist ja nicht so, daß jeder sich vor der Atombombe fürchtet. Viele unserer Zeitgenossen halten sich unter dem Schirm der gegenseitigen Abschreckung für sicher und einen Atomkrieg für das unwahrscheinlichste Ereignis der nächsten Jahrzehnte.

Es ist ja nicht so, daß jeden die Probleme, die durch Technik und Wissenschaft aufgeworfen werden, hautnah berühren. Im Gegenteil: Die meisten Zeitgenossen sind überzeugt, daß Wissenschaft und Technik alle Probleme lösen werden.

Es ist ja nicht so, daß jeder dem Pluralismus mit großen Bedenken gegenübersteht. Pluralismus – was ist das überhaupt?

Es ist ja nicht so, daß die Sachzwänge in die Gedankenwelt jedes Menschen so eingegangen wären wie in den Duden. Gewiß, sagen viele, man kann nicht immer tun und lassen, was man will, aber wann konnte man das schon?

Es ist ja nicht so, daß jedermann das Tempo unserer Zeit als bedrängend empfindet. Ist es nicht herrlich, im Urlaub nach Teneriffa zu fliegen, oder nach Kanada, oder nach Marokko? Ein paar Stunden und man ist in einer anderen Welt, weit weg vom Bürostreß und Alltag. Was soll daran schlecht sein?

Es ist ja nicht so, daß niemand die Geschichte studiert, um aus ihr zu lernen. Viele unserer Mitbürger fühlen sich frei von der Hybris des Besserwissers und bekennen offen, daß sie wahrscheinlich unter ähnlichen Umständen nicht anders handeln würden, als zum Beispiel 1933 ihre Väter (die in großer Zahl Hitler zustimmten) und 1914 ihre Großväter (die mit Begeisterung in den Krieg zogen) gehandelt haben.

Es ist also so, daß die meisten Menschen heute ein Unbehagen fühlen, daß der Gedanke, irgendwann für irgend etwas bezahlen zu sollen, fast jeder schon einmal beschäftigte, daß sie aber alle ihre eigenen Gründe für ihr Unbehagen haben. Jeder Mensch ist ein Individuum, und jedes Individuum hat das Recht auf seine eigene Angst. Die kennt er, die ist ihm vertraut, aber er wehrt sich dagegen, auch noch die Ängste der anderen zu seinen eigenen zu machen.

Aus dieser Abwehrreaktion heraus erfand man inzwischen ebenfalls ein neues Wort:

«Panikmache».

Panikmache?

Zumindest ein Vermächtnis

Das Wort «Panik» geht zurück auf den bocksfüßigen und gehörnten Hirtengott Pan, der den alten Griechen als Urheber plötzlicher und unerklärlicher Schrecken galt. Heute spricht man von einer Panik, wenn lebensbedrohende und dabei ausweglos erscheinende Umstände Menschen oder Tiere zu kopflosem, widersinnigem Handeln veranlassen.

Jedermann weiß, daß derartige Reaktionen mehr schaden als nützen, trotzdem scheinen sie in gewissen dramatischen Situationen unvermeidbar. Da werden Möglichkeiten zur Rettung nicht wahrgenommen oder sogar blockiert: Wo jeder dem anderen helfen sollte, wird jeder des anderen Feind; und später durchgeführte Untersuchungen offenbaren oft ein dramatisches Fehlverhalten einzelner, insbesondere aber jener Menschen, die in Massen zusammengedrängt «unmenschlich» reagieren.

Gründliche Analysen, mit genügend zeitlichem Abstand und in Ruhe erstellt, zeigen nicht nur, wie die Situation, die zu der Panik führte, wirklich war, sondern erklären oft auch die Ursachen, machen deutlich, warum es nur so und nicht anders kommen konnte und wie das Verhängnis eventuell zu vermeiden gewesen wäre. So wertvoll solche Untersuchungen sind, um zum Beispiel für künftige Theaterbrände genügend Notausgänge vorzusehen, so tragisch ist die Tatsache, daß ihnen immer erst ein Unglück vorausgehen muß.

Da unsere Welt jedoch weder Notausgänge hat noch je bekommen wird, nützen spätere Analysen nicht einmal unseren Nachkommen etwas, während eine detaillierte Kenntnis der gegenwärtigen Gegebenheiten für diejenigen, die nicht kopflos handeln wollen und sollen, von erheblichem Nutzen sein könnte.

Halten wir in diesem Zusammenhang zwei Tatsachen fest:

Erstens die Beschwörungen führender Staatsmänner, sich durch schlechte Nachrichten nicht in Panik versetzen zu lassen, und ihre Warnung vor denjenigen, die als «Panikmacher» diese Nachrichten mehr als erwünscht verbreiten. Beides deutet unübersehbar darauf hin, daß irgendwo Gefahren drohen, die von vielen erfühlt, aber nur von wenigen konkret erkannt werden können.

Zweitens, daß ein zeitliches Vorziehen der Analyse zwar die Katastrophe als Denkmodell voraussetzt, um ihre Ursachen und Wirkungen untersuchen zu können, letztere jedoch lediglich anhand von Tatsachen registriert, sie also weder «erzeugt» noch «herbeiredet».

Um uns trotz dieses hypothetischen Verfahrens nicht von der Realität zu entfernen, und um das, was sich ereignet und wie es sich ereignet, in seinen wahren Zusammenhängen erkennen und den Ablauf tatsächlichem Geschehen entsprechend schildern zu können, hilft uns der Blick in die Vergangenheit. In der uns bekannten Geschichte wiederholt sich nämlich – entgegen der weitverbreiteten Lehrmeinung – fast alles (zumindest dort, wo Menschen als «gestaltende» Faktoren mitwirken), ja, es ist geradezu frappierend, wie sich die Bilder räumlich und zeitlich weit auseinanderliegender Ereignisse mitunter gleichen.

Unsere Zeit aus der scheinbaren Distanz eines ferneren Jahrhunderts betrachtet, läßt uns die gegenwärtige Lage sicher wesentlich objektiver beurteilen als eine durch Tagesereignisse verstellte Sicht aus dem Heute und Jetzt. Da aber in Wahrheit kein Mensch sich gänzlich aus seiner Gegenwart lösen kann, entsteht das Paradoxon, daß diese Bemühungen gleichzeitig zu einem Vermächtnis für unsere Nachkommen werden, die so mit unseren Augen ihre Vergangenheit als Gegenwart erleben, um zu erkennen, wie Menschen unausweichlich vollziehen, was spätere Generationen vielleicht als Fehler verurteilen.

Geschichte entsteht ja nie erst unter Berücksichtigung der Randbemerkungen einiger später lebender Historiker und Oberstudienräte, sie vollzieht sich «alltäglich» in schicksalhafter Unabänderlichkeit, diktiert von jenem *Zeit-Geist*, in dem die Ängste und Hoffnungen, die Gedanken und Empfindungen der *Zeit-Genossen* zusammenfließen.

Es ist nicht zu übersehen, daß die menschliche Fehlerhaftigkeit gegenwärtig einem – vorsichtig formuliert – bedrohlichen Höhepunkt zusteuert, aber einige werden das Verhängnis überleben. In dem von unzähligen Katastrophen erfüllten Drama des Lebens auf unserem Planeten hat sich die Art der Säugetiere über Jahrmillionen hinweg als überlebensfähig erwiesen (und neben den Ratten besonders die Zweibeiner mit ihrer Anpassungsfähigkeit und Intelligenz).

In seinem Buch *Die letzten Jahre der Menschheit* weist Theo Löbsack zu Recht darauf hin, daß sich das menschliche Gehirnvolumen seit dem Verschwinden des Neandertalers, also seit etwa 30 000 Jahren, nicht mehr erweitert hat. Aber dieses Volumen genügte ja offensichtlich, um zusammen mit der Beweglichkeit, Zähigkeit und Robustheit des Homo sapiens unter anderem vor 10 000 Jahren einen dramatischen Klimaumbruch (von der Eiszeit zur Warmzeit) und eine begleitende globale Naturkatastrophe (die als Sintflut in die Überlieferungen der Völker einging), sowie bis heute alle Kriege und Seuchen zu überstehen.

Die wenigen Jahrhunderte, in denen sich unsere Zivilisation und Technik entwickelten, werden diese über Jahrtausende hinweg lebenserhaltenden Kräfte und Fähigkeiten der Menschheit wohl kaum aufgezehrt haben. Daher dürfte ihr Überleben trotz aller Folgen der Technisierung und Industrialisierung wahrscheinlicher sein als ihr nach diesen «letzten Jahren» angekündigtes Ende. Man kann mit Löbsack darin übereinstimmen, daß eine lineare Fortentwicklung unserer gegenwärtigen abendländischen Zivilisation – und ihre weltweite Verbreitung – den Untergang der Menschheit bedeuten würde. Genau diese lineare Fortentwicklung aber wird es in Zukunft so wenig geben wie in der Vergangenheit (auch wenn sich das einige Wachstumsideologen nicht vorstellen mögen).

Und ebenso werden bei der voraussehbaren kriegerischen Auseinandersetzung zwischen Ost und West kaum alle vorhandenen Atombomben gezündet werden. Die bestehende Möglichkeit des sogenannten Overkills (des Übertodes) ist eine der Absurditäten unserer Zeit. Zweifellos würde bei einem derartigen Atomkrieg – wie es Jonathan Schell in seinem Buch *Das Schicksal der Erde* aufzeigt – jegliches Leben auf unserem Planeten vernichtet werden, aber damit würde der Krieg selbst sinnlos.

Das jedoch wäre für jede Machtpolitik tödlich. Man kann Generälen und Staatschefs sicher nachsagen, daß sie im Frieden wie im Krieg mit allen nur denkbaren Tricks arbeiten, bluffen und betrügen, skrupellos ihre Ziele zu erreichen trachten und Menschenleben dabei für nichts achten; doch sie werden immer Wert darauf legen, ihren eigenen machtpolitischen Vorstellungen entsprechend, sinnvoll zu handeln. Sinnlosigkeit ist für sie kein Ziel. Weltverachtenden Nihilismus können sich nur Philosophen, Dichter und sonstige Künstler leisten, Politiker bauen sich ihre Denkmäler mit anderen Weltanschauungen – mit solchen, die sie für positiv und zukunftsträchtig halten.

Ob uns *Der Dritte Weltkrieg* wie in dem gleichnamigen Buch des ehemaligen NATO-Generals Sir John Hackett nur zwei Atombombenexplosionen bringen wird oder einige mehr – das Leben wird danach weitergehen. Edward Kennedy, US-Senator und zeitweiliger Präsidentschafts-Kandidat, vermutete für diesen Fall: «Die Lebenden werden die Toten beneiden.» Das dürfte wohl zutreffen. Aber drei Generationen später könnten selbst diese Schrecken eine verblassende Erinnerung sein. Und – das sollten wir dabei in unsere Überlegungen einbeziehen – es besteht eine nicht zu leugnende Chance, daß die Menschen dann in einer weniger überfüllten, und schon daher weniger aggressiven und besseren Welt leben werden als heute.

Diese Feststellung ist weder eine Verniedlichung des unausdenkbar Schrecklichen, noch eine Entschuldigung, und gewiß keine Befürwortung eines Atomkriegs. Es ist lediglich ein Hinweis auf das, was sich noch in diesem Jahrhundert ereignen kann. Fast alle, die uns diese Schrecknisse wie Menetekel an die Wand malen, haben allerdings auch Vorschläge parat, wie wir dem drohenden Unheil entkommen können.

Bei Jonathan Schell – in seiner grausigen Szenerie einander überlagernder Atompilze – findet der Weltuntergang darum nicht statt: weil wir «wie jemand, der ein todbringendes Gift eingenommen hat und im letzten Augenblick aus seiner Betäubung erwacht und das Gift ausspeit, unsere Ängste und unsere Verdrängungen überwinden, unsere halbherzigen Ausflüchte beiseite schieben und aufstehen, um sämtliche Atomwaffen vom Antlitz der Erde hinwegzufegen».

«Bis jetzt haben sich alle vorgeschlagenen Wege und Mittel zur Schaffung des Friedens als unwirksam erwiesen», erkennt dagegen der belgische General Victor Werner in seinem Buch *Die letzte Warnung*. «Seit mehr als 50 Jahren verhandelt man über die allgemeine Abrüstung; derweil aber sammeln sich Arsenale stets fürchterlicherer Waffen zu beiden Seiten des Eisernen Vorhangs an. Feierlich beschworene Verträge wie der Briand-Kellogg-Pakt, der jeden Krieg als ungesetzlich erklärte, wurden gebrochen. Weder Wohlverhalten noch Recht, noch Abrüstung haben die Massaker aufhalten können.»

General Werners Idee zur Lösung der gegenwärtigen Weltprobleme: «Die beiden mächtigsten Staaten der Welt betragen sich so, als seien ihre Bürger jeden Augenblick vom Tode bedroht; es scheint, könnte man ihre beiderseitige Angst beschwichtigen, dann hätte man einen bedeutsamen Schritt in Richtung auf einen negativen Frieden getan.» Werner bekennt freimütig, dieses Konzept sei weder ideal noch endgültig, aber immerhin eine Möglichkeit, «wie man dem kollektiven Selbstmord, der in der Luft liegt, aus dem Weg gehen kann».

In *Weltkrieg wider Willen?* steuert Dieter S. Lutz seine Erkenntnis bei, «daß schon heute der bisherige Grad strategischer Stabilität erst wieder durch den Verzicht – zumindest einer der beiden Seiten – auf nukleare Erstschlagswaffen und Entwaffnungssysteme hergestellt werden kann».

«Die Atomwaffen müssen abgeschafft werden, bevor sie uns abschaffen», sagte schon 1961 Präsident John F. Kennedy. Aber abgeschafft hat er sie auch nicht. Also müssen wir weiter mit ihnen leben und sterben. Dazu aber vermittelte uns Kennedy noch kurz vor seiner Ermordung in Dallas einen bedeutsamen Trost:

Der Frieden sei, so erklärte er, weder unmöglich noch irreal. Anderes zu glauben, sei defätistisch und gefährlich, denn eine solche Ansicht führe unausweichlich «zu dem Schluß, daß der Krieg unvermeidlich ist; daß der Untergang der Menschheit besiegelt ist; daß wir in der Gewalt von Kräften sind, die wir nicht kontrollieren können».

«Wir dürfen», sagte Kennedy, «diese Ansicht nicht akzeptieren. Unsere Probleme sind von Menschen gemacht. Deshalb können sie von Menschen gelöst werden.»

Hier irrte Kennedy.

Die Probleme scheinen zwar von Menschen gemacht, weil sie der menschlichen Natur entsprechen. Aber hat der Mensch sich selbst gemacht? Ist er nicht viel mehr Teil einer Entwicklung, die wie ein ewiger Wellenschlag ihre Höhepunkte, aber eben auch ihre Tiefpunkte hat? Lag es wirklich auch nur einen einzigen Tag lang in der Hand eines Menschen, lag es in Kennedys Hand, die Probleme, mit denen wir heute konfrontiert sind, zu verhindern? Sind wir nicht tatsächlich in der Gewalt von Kräften, die wir nicht kontrollieren können? Konnte Kennedy jene Kräfte kontrollieren, die seinen vorzeitigen Tod herbeiführten?

Vielleicht könnten wir solche Fragen eines Tages im Sinne menschlicher Machbarkeit und Allmacht beantworten und uns wirklich zum Herrn über alle Natur aufschwingen (vorläufig bilden wir uns nur ein, sie zu beherrschen), wenn wir lernen würden, statt linear so komplex zu denken, wie Fritjof Capra es in seinem Buch *Wendezeit* fordert. Aber leider hat der deutsche Psychologie-Professor Dietrich Dörner inzwischen in langen Testreihen festgestellt, daß die meisten Menschen unfähig sind, komplex zu denken und entsprechend zu reagieren. Selbst die Intelligentesten zeigten bei einem sogenannten «Bürgermeisterspiel» Schwierigkeiten, mehrere gleichzeitig auftauchende und einander überlagernde Probleme so in der Balance zu halten, daß die Folgen nicht dramatisch wurden.

Der 1983 verstorbene amerikanische Futurologe Herman Kahn sah in seinem mit dem Journalisten Michael Redepenning zusammengestellten Ausblick auf *Die Zukunft Deutschlands* die Lösung der Probleme in der «schwungvollen Ernsthaftigkeit, mit der Japan die Kommunikations- und HiTech-Möglichkeiten von morgen angeht und gleichzeitig entschlossen die postindustrielle HiTech-Volkswirtschaft auf den Weg bringt».

Ähnlich einfach findet die Bewältigung der Zukunft auch bei Martin Neuffer statt, der alle durch die Übervölkerung der Erde entstehenden Probleme *(Die Erde wächst nicht mit)* wie folgt löst: «Hinwendung und Liebe als Motor, Auflösung in überschaubare, persönlicher Einzelverantwortung zugängliche Teilprobleme als Verfahren – das scheinen mir die wesentlichen konstruktiven Elemente zur Überwindung der Angst und Herausbildung einer neuen politischen Kultur zu sein, mit der wir die Menschheitskrisen meistern können.»

Carl Friedrich von Weizsäcker setzt dagegen bei seiner Analyse der *Wege in der Gefahr* nicht auf Hinwendung und Liebe als Problemlöser Nummer eins, sondern auf die Vernunft, die insbesondere allen Meinungsmachern ans Herz gelegt sei, denn «wenn alle Agenten sich von Vernunft leiten ließen, wären alle in diesem Buch besprochenen politischen Probleme lösbar».

Hans A. Pestalozzi empfiehlt im Vorwort zu der Anthologie *Frieden in Deutschland*: «Überleben werdet ihr nur ohne Waffen. Überleben wird aber nur, wer Widerstand leisten kann. Widerstand leisten können nur jene, die schon vorher Widerstand geleistet haben. Widerstandsfähig war nie die schweigende Mehrheit. Widerstandsfähig sind nur die Rebellen. Die schweigende Mehrheit – die Angepaßten – passen sich unverzüglich auch einem neuen Herrscher an. Rebellen bleiben Rebellen. Wollt ihr überleben? Dann rebelliert! Hier und jetzt!»

In dieser Aufforderung zur Rebellion steckt allerdings ein bemerkenswerter Widerspruch: Wer sich noch neuen Herrschern anpassen kann, der muß ja wohl überlebt haben. Das aber sind nach Pestalozzis Bekundung eben nicht die Rebellen, sondern die Anpassungsfähigen einer «schweigenden Mehrheit» (was übrigens ja auch den nachprüfbaren geschichtlichen Tatsachen entspricht).

Junge Menschen durch bewußte Täuschung zu einem – zumindest außerhalb der westlichen Demokratien tödlichen – Fehlverhalten zu animieren, ist wohl kaum zu verantworten. Das Abenteuer der Rebellion endete und endet meistens in einem Desaster. Selbst wenn man die ersten Christen als waffenlose Rebellen bezeichnen will – was nur unter Vorbehalten möglich ist –, zeigt die Geschichte der Märtyrer außerdem auch noch das Gegenteil des Satzes: «Überleben werdet ihr nur ohne Waffen!» Und die zu Tausenden ums Leben gekommenen Bauern der Revolten des 16. Jahrhunderts stehen als Zeugen gegen die Aufforderung «Wollt ihr überleben? Dann rebelliert! Hier und jetzt!»

Bei allem Verständnis für die innere Not, die viele Erwachsene angesichts der Fehlentwicklungen der letzten Jahrhunderte fühlen – eine ahnungslose Jugend für sich und seine Ideen in ein Feuer zu schicken, in dem sie verbrennen muß, ist mit Sicherheit die schlechteste aller empfohlenen Lösungen für unsere Probleme.

Zur Bewältigung jener Zukunft, in die wir und unsere Kinder hineinwachsen, wird es – das zeichnet sich deutlich ab – keine Patentrezepte geben. Weitaus mehr als in der Vergangenheit ist der Mensch in seiner persönlichen Verantwortung gefordert (die meisten merken es nur noch nicht), und jeder wird sich seinen ganz individuellen Weg durch die Sintflut der über ihn hereinbrechenden lebensbedrohenden Ereignisse suchen müssen.

Niemand sollte sich angesichts millionenfach unterschiedlicher Schicksale privilegiert fühlen, der große Ratgeber für alle zu sein. Es gibt vieles, wogegen Widerstand zu leisten, und ebenso vieles, wofür einzutreten ist. Das eine oder das andere zu tun oder zu lassen, liegt in der Entscheidung des einzelnen, denn in der Geschichte der Völker wie der Familien gibt es für Irrtümer und Fehler keine Generalamnestie.

Vom Weltraum bis ins Paradies

Vor den Problemen und Krisen unserer Zeit retten sich viele Menschen mit ihren Träumen und Gedanken, mit ihren Hoffnungen und Wünschen in den Weltraum. So Arthur Koestler, dem es, wie er sagt, eine unerträgliche Vorstellung wäre, «daß wir in dieser Unendlichkeit die einzigen Wesen mit Bewußtsein sind und daß, wenn wir verschwänden, das Bewußtsein aus ihr verschwinden würde». Im anderen Fall aber könnte den hybriden Homo sapiens «das Wissen, daß es in unserer und in anderen Galaxien Milliarden von Lebewesen gibt, die unvergleichlich weiter sind als unsere arme kranke Spezies, zu jener Demut und Selbsttranszendenz führen, die die Quelle jeder religiösen Erfahrung ist».

Und so, vom Universum her, bahnt Koestler dann in seinem Buch *Der Mensch, Irrläufer der Evolution* mit entsprechender Weltraumkälte die Lösung der irdischen Probleme an: «Die kranken Zivilisationen, die von biologischen Irrläufern gezeugt wurden, werden früher oder später zu ihren eigenen Scharfrichtern werden und von ihren verseuchten Planeten verschwinden. Die Zivilisationen, die dieses und andere Tests der geistigen Gesundheit überleben, werden sich zu einer kosmischen Elite von Halbgöttern entwickeln oder haben es bereits getan.»

Wen diese Ausbeute an Vorschlägen zur Lösung unserer Weltprobleme nicht befriedigen sollte, der studiere weitere jener Bücher und Schriften (von denen es Hunderte gibt), in denen sich sachkundige Autoren mit dem Atomkrieg oder dem Krieg überhaupt, der Umweltvergiftung, der Arbeitslosigkeit, der Sozialisierung und Bürokratisierung, dem Welthunger und allen anderen Problemen auseinandersetzen. Auch deren zusätzliche Lösungsvorschläge stimmen nicht fröhlicher.

«Stünde die Frage, wie sie nicht steht», schrieb Rudolf Augstein, «lieber rot als tot? – Im Interesse meiner Kinder wüßte ich, was ich täte.» Den Rest überließ der *Spiegel*-Herausgeber seinen Lesern, sich zu denken. Dabei deutet sich in der Fragestellung – ob man lieber kommunistisch werden oder sterben möchte? – eine der wenigen praktikablen Lösungen unserer Probleme an: Lassen wir doch einfach die ganze Welt kommunistisch werden: Die Proletarier aller Länder sollen sich endlich vereinigen, das Paradies der Werktätigen Wirklichkeit werden.

Das bedeutet: Keine Grenzen mehr. Elend und Armut gleichmäßig über die ganze Welt verteilt. Es gibt nur noch zwei Klassen, die Menschen und die Funktionäre (letztere als Stammväter einer neuen Adelshierarchie). Man bedarf keiner Atomwaffen mehr und nur noch einer begrenzten Rüstung für die sowjetische Weltpolizei und Eingreiftruppe. Kein Mensch hat mehr Angst vor einem Krieg, alle haben «nur» noch die Denunziation einer Hausmeisterin und die Mißgunst der Arbeitskollegen zu fürchten. Kein Mensch ist mehr frei, aber drei Teller Suppe pro Tag sind dem Unfreien sicher.

Zwei Dinge hätte diese Lösung allen anderen voraus: Sie wäre keine Speziallösung für ein einzelnes Sachproblem, die hundert andere vernachlässigt, oder gar deren Lösungen entgegensteht. Und sie wäre ohne allzugroße Schwierigkeiten durchführbar. Es bedarf dazu keiner Weltkonferenzen mit einstimmigen Beschlüssen und keines Aufstandes der Massen. Jedes demokratisch regierte Land kann, wenn es die Mehrheit seiner Bevölkerung will, aus dem westlichen Bündnis ausscheren. Wenn Griechenland und die Bundesrepublik Deutschland jeder für sich den Beschluß fassen würden, aus der NATO aus- und dem Warschauer Pakt beizutreten, könnte nicht einmal ein Protest des Europaparlaments in Straßburg oder ein Veto der Europäischen Gemeinschaft in Brüssel etwas daran ändern.

Ein solcher Schritt würde – speziell wenn er von Bonn ausginge – eine Lawine auslösen. Italien, Frankreich und andere europäische Länder würden wahrscheinlich bald folgen, und vermutlich schon innerhalb eines Jahrzehnts wäre der Präsident der Vereinigten Staaten von Amerika in der peinlichen Lage eines Festungskommandanten, dem man sein Glacis, sein Vor- und Schußfeld gestohlen hat. Das Klügste, was ihm zu tun bliebe: Mit fliegenden Fahnen und schmetternden Fanfaren ebenfalls zum Kommunismus überzugehen.

Armes Moskau!

Man stelle sich vor, der Kreml müßte mit seinem Staatskapitalismus und seiner zentral gesteuerten Wirtschaft, die nicht einmal die Probleme innerhalb Rußlands bewältigt, die gesamte Weltwirtschaft dirigieren. Man stelle sich vor, der Kommunismus müßte sein 100 Jahre altes Versprechen vom Paradies auf Erden endlich einlösen, weil es ja offiziell keine Feinde mehr gäbe. In Wahrheit allerdings sähe sich Moskau wohl zumindest in zwei Dritteln der Welt Situationen wie heute in Polen und Afghanistan gegenüber.

Man stelle sich vor, Rußland müßte seine zuverlässigsten Truppen aus den ärmsten Teilen der Union als Besatzungssoldaten in die – zumindest anfangs ja noch reichen – befreundeten Länder des Westens schicken, kein halbes Jahr, und diese Truppen wären hoffnungslos korrumpiert. Man stelle sich vor, sowjetische Soldaten müßten überall in der Welt Polizei spielen. Kein halbes Jahrhundert, und das russische Volk wäre dieses Spiels müde und andere – Kubaner, Italiener, Chinesen, Amerikaner, Deutsche – müßten diese Rolle übernehmen. Am Ende sogar (wie einst die Germanen in Rom) in Rußland selbst.

Und der Kommunismus? Den gäbe es bald nicht mehr. Die Welt sozialistisch zu machen, wäre das sicherste Mittel, den Sozialismus ad absurdum zu führen. Es wäre ein lustiges Mittel, und die Welt könnte noch tausend Jahre darüber lachen. Doch genau das will sie nicht. Charlie Chaplin wurde als Komiker groß, weil seine Rollen so traurig waren. Darum wird auch die Auseinandersetzung zwischen Ost und West eines Tages den tragischen und nicht den komischen Weg gehen. Moskau braucht die eine Lösung, die wirklich eine wäre, nicht zu fürchten. Die Sowjetunion kann weiterhin mit allen Mitteln und Waffen um die Weltherrschaft kämpfen – um sie nie übernehmen zu müssen.

Ausgerechnet in unserer Zeit

Kennt man die Probleme unserer Welt und die meisten Lösungsvorschläge, dann drängt sich unvermeidbar der Eindruck auf, daß die Erdbevölkerung auf eine ausweglose Situation zusteuert. Auf diese Erkenntnis reagieren die meisten Menschen – soweit sie informiert sind –, indem sie solche unheilvollen Gedanken verdrängen und sich einreden, unsere Welt wäre viel zu gut organisiert und technisch zu perfekt, als daß wirklich Bedrohliches passieren könnte. Im Grunde genommen aber empfinden sie Angst.

Angst ist ein Teil des Selbsterhaltungstriebs und somit etwas völlig Natürliches. Normalerweise kann man Angst überwinden, indem man ihre Ursachen beseitigt oder sich einer Gefahr entzieht. Wer sich nicht in einen dunklen Keller traut, der macht Licht oder schickt einen Mutigeren hinunter. Angst zu leugnen bedeutet dagegen, daß man sich nicht zutraut, ihre Ursachen beseitigen zu können, man hat also *Furcht vor der Angst* – und zwar in unserer Zeit aus drei Gründen:

Erstens liebt der Satte keine Veränderung. Umgeben von der Welt des Hungers erscheint ihm jede Veränderung (die zur gleichen Zeit von den Hungernden ersehnt wird) gefährlich. Bemühungen, den Status quo zu erhalten, sind jedoch zum Scheitern verurteilt, da die Geschichte keine Verharren kennt.

Da nützt es auch nichts, gleichsam beschwörend alle Guttaten aufzuzählen, die man vermeintlich einmal anderen zukommen ließ. Nach dem seltsamen Naturverständnis der Bürger der Industriestaaten rechnet dazu auch, daß sie der Natur ins Handwerk pfuschten: unter anderem, indem sie Völker «zivilisierten» und ernährten, die auf sich allein gestellt wesentlich weniger zur Bevölkerungsexplosion beigetragen hätten. Demzufolge leben heute mehr Menschen auf der Erde, als unser blauer Planet verträgt. Dadurch wiederum kulminieren einige Probleme zwangsläufig zur Katastrophe.

Zweitens mag kaum jemand den notwendigen Zusammenhang zwischen Wachsen und Vergehen, zwischen Aufbau und Zerstörung sehen. Die Menschen berufen sich gern auf Gott, wo sie Leben zeugen oder bewahren, um ihn – und ihre Mitwirkung – zu leugnen, wo ihrem Schatten der Tod folgt. Trotz aller religiösen Anstrengungen hat sich der Mensch mit dem Tod nie besonders anfreunden können. In der Vergangenheit nahm ihm lediglich die Gewohnheit (bedingt durch hohe Kindersterblichkeit, unheilbare Krankheiten und Verletzungen) den Charakter des Außergewöhnlichen und Schrecklichen. Shakespeare konnte ihn im *Hamlet* noch als eine Form des Schlafes sehen:

> Sterben – schlafen – nichts weiter!
> Und zu wissen, daß ein Schlaf
> Das Herzweh und die tausend Stöße endet,
> Die unseres Fleisches Erbteil. – Ein Ziel,
> Aufs innigste zu wünschen. Sterben – schlafen . . .

Heute begegnet man den Erscheinungen des Todes vorzugsweise mit Verdrängung. Und weil jedermann klar ist, daß Katastrophen der bevorstehenden Größenordnung massenhaftes Sterben bedingen, gehören auch sie zu jenen Tabus unserer Zeit, die man nicht einmal denken, geschweige denn ansprechen mag.

Was aber macht der, den die ins Unterbewußtsein verdrängte Angst nicht zur Ruhe kommen läßt? Was macht ein Mensch ohne Gottvertrauen, der sich unlösbaren Problemen und kommendem Unheil hilflos ausgeliefert sieht? «Was macht man», fragt Jörg Drews (*Die Zeit* 19/83), «wenn man sich zwischen Zynismus, Melancholie und Zuversicht nicht entscheiden kann?»

Drittens sind Menschen und Völker an Schicksalslinien gebunden, die sich wenig nach den Abmachungen wohlmeinender Konferenzteilnehmer oder den Wünschen der Planer richten: Das Großdeutsche Reich, das die Nationalsozialisten für ein Jahrtausend schaffen wollten, existierte kaum sieben Jahre; aus den Verbündeten von Jalta wurden die Feinde des kalten Krieges; und eine der tausend anderen Linien durchkreuzt bis heute die Absicht, den Nahen Osten zu befrieden.

Bei aller Verflochtenheit lassen sich manche Schicksalslinien eine Strecke weit erkennen, aber niemand weiß vorher, wo, wann und mit welcher Intensität sie sich überschneiden werden. Mit anderen Worten: An den großen Linien der Geschichte kann der Mensch wenig ändern. Selbst die Mächtigsten der Vergangenheit – mochten sie Alexander oder Cäsar, Napoleon, Lenin oder Hitler heißen – reichten nie über den Rang bevorzugter Handlanger des Fatums hinaus (was keinen von der Verantwortung für sein Tun entbindet).

Um in dem Gewirr der Linien des gegenwärtigen Geschehens Zusammenhänge zu erkennen, muß man weit zurückblicken. Das aber ist nicht opportun, da es unserer gewohnten Blickrichtung zuwiderläuft: Dem «Eroberer» entspricht der vorwärts, auf das Nächstliegende gerichtete Blick. Ob die Konquistadoren des 16. und 17. oder die Unternehmer des 19. und 20. Jahrhunderts: Felsenfest von ihrer Mission überzeugt und über Leichen gehend, erkämpften sie sich ihre Erfolge. Durch sie wurde in unserer Welt, die den Erfolg als Maßstab nimmt, bis heute die Blickrichtung bestimmt.

Jetzt aber sieht sich der informierte Zeitgenosse mit Aussichten konfrontiert, die ihm als eine unbegreifliche Anhäufung aller Übel dieser Welt erscheinen. Und weil er die in der Vergangenheit «verborgenen» Zusammenhänge nicht begreifen kann, gerät er in eine geistige Konfusion, die man durchaus als einen Zustand der Panik bezeichnen kann. Viele unserer Mitbürger benehmen sich wie Kinder, die meinen, nicht gesehen zu werden, wenn sie selbst nichts sehen. Sie schließen ihre Augen vor dem Bevorstehenden und sind – drängen sich doch einmal erschreckende Bilder in ihr Bewußtsein – überzeugt, einem einmaligen, nie dagewesenen Verhängnis ausgeliefert zu sein.

Ähnlich empfanden wahrscheinlich die Karthager, als die römischen Kohorten, und später die Römer, als die Germanen ihre Welt zerstörten; die Ritter mögen nach Einführung der Schußwaffen das gleiche gefühlt haben, und heute liegt dieser Gedanke für viele Zeitgenossen nahe, weil sie meinen, die Menschheit könnte für die Atomenergie noch nicht reif genug sein. Die Menschheit war nie reif genug für den Umgang mit ihren neuesten technischen Errungenschaften.

«Die Lage war noch nie so ernst», hämmerte Konrad Adenauer seinen Wählern ein und artikulierte damit ein archaisches Unbehagen angesichts der Bedrohtheit des Lebens. Seine Aktualität bezieht dieses Unbehagen aus den «überwältigenden» Möglichkeiten der neuen und tatsächlich nicht beherrschten Atomtechnik. (Wobei anzumerken wäre, daß es bis heute für keine Technik allgemein verbindliche moralische Regulative gibt, wir also so gesehen noch nicht einmal die Armbrust beherrschen).

Nur die Technik der Bedrohung ist neu, nicht diese selbst. Weltuntergangsschilderungen finden wir schließlich schon in den Sintflut-Überlieferungen und – für die Zukunft fixiert – in den Offenbarungen des Johannes. Es gibt da möglicherweise ein Ur-Wissen, auf dem alle von Zeit zu Zeit aufbrechenden Ur-Ängste basieren.

Anderseits beweist gerade dieses Ur-Wissen unsere Lebensfähigkeit: Selbst erdgeschichtliche Katastrophen, wie vor 11000 Jahren die Sintflut und vor 30000 Jahren das Ende der Neandertaler (Funde in Lößablagerungen wie bei Eigsheim im Elsaß lassen vergangene Dramen erkennen), haben die Menschheit nicht vernichtet. Und alle Zusammenbrüche einzelner Zivilisationen – so schrecklich sie für die Betroffenen gewesen sein mochten – waren nie «welterschütternd».

Nehmen wir allein das Jahr Null, die Tage vor Christi Geburt: Wieviel große Kulturen waren bis dahin bereits zugrunde gegangen! Das Reich der Sumerer existierte nicht einmal mehr als Erinnerung. Von Kreta, dem minoischen Reich, gab es nur noch einige vergessene Ruinen. Und was war vom großen Mykene geblieben? Ein paar Verse in den Gesängen Homers.

Dann das gewaltige Babylon: Seine Steine bedeckte der Sand der Wüste. Das Reich der Hethiter in Anatolien – untergegangen wie Troja, Etrurien nur noch eine Landschaft vor den Toren Roms, das reiche Phönizien eine Station auf dem Siegeszug Alexanders. Vom Großreich Persien nur Trümmer. Das einst strahlende Griechenland eine römische Provinz und das keltische Gallien eine Kolonie. Karthago untergegangen in Feuer und Blut und Ägypten ein sterbender Riese.

In den folgenden Jahrhunderten teilten dann germanische Völker das Imperium Romanum unter sich auf. Neue Reiche, neue Kulturen entstanden und sanken in Staub: Das Reich Karls V., in dem «die Sonne nicht unterging», das Frankreich Ludwigs XIV., den man den «Sonnenkönig» nannte, und das britische Imperium, das noch zu Beginn dieses Jahrhunderts wenn nicht die Welt so doch den Welthandel beherrschte. Vor unseren Augen zerbröselte es in den vergangenen Jahrzehnten wie ein trockener englischer Kuchen.

Keine dieser Entwicklungen ließ sich aufhalten. Zu tief waren die Ursachen in der Geschichte und im Wesen der Menschen begründet. Daß nun ausgerechnet uns ähnliches – das Ende einer Ära – bevorstehen soll, kann man als beklagenswert bezeichnen, aber zu behaupten, daß darum die Zukunft der Menschheit oder gar das Schicksal der Erde auf dem Spiel stehe, verrät nur etwas von jenem Größenwahn, der den Homo sapiens noch immer als den absoluten Herrn der Welt sieht.

Um es noch einmal zu sagen: Der Zusammenbruch einer Zivilisation – auch der abendländischen – wäre kein Weltuntergang! Und selbst globale Katastrophen gehören zur Erdgeschichte wie Hagelschauer zum Monat Mai. Sie kamen und kommen für die Menschheit stets unverhofft. Nicht, weil sie nie *vorauszusehen wären*, sondern einfach weil sie nicht *vorausgesehen werden*. Nur Noahs pflegen sich rechtzeitig darauf einzustellen. Aber Noahs gibt es immer nur wenige. Weil nur wenige Menschen weit genug in die Vergangenheit zurückschauen, um entsprechend weit vorausschauen zu können.

Die Menschen – sagen Psychologen – leben, denken und empfinden, wie sie bauen und wohnen: Vom ausklingenden Mittelalter bis zum vorigen Jahrhundert wurden in den Städten Europas Häuser gebaut – auf tiefen Fundamenten mit gewaltigem Mauerwerk –, die noch heute und sicher noch weitere Jahrhunderte stehen. Dagegen werden heute Häuser gebaut (sogar vielgeschossige Hochhäuser), die schon nach zwei Jahrzehnten wieder abgerissen werden. Häuser ohne Vergangenheit und ohne Zukunft – no future –, die Abbilder des Menschen: Aus der Gegenwart für die Gegenwart lebend, oder – wie ein altes Haus voller Erinnerungen – eingebunden in die Geschichte, ein Glied in der Kette, die aus der Vergangenheit weit über menschliches Vorstellungsvermögen hinaus in die Zukunft reicht.

«Ich gehe meinen Weg», lautet ein alter Text, «nach den Gesetzen der Natur, bis ich niedersinke und ausruhe, nachdem ich meinen Atem in das Element ausgehaucht habe, aus dem ich täglich Atem hole, und auf den Boden niedergesunken bin, aus dem mein Vater die Zeugungskraft und meine Mutter das bißchen Blut und die Amme das bißchen Milch schöpften, aus dem ich täglich so viele Jahre gespeist und getränkt wurde, der mich trägt, während ich ihn trete und zu so vielerlei Dingen mißbrauche.»

Das schrieb vor fast 2000 Jahren ein Mann, der den Untergang seiner Welt deutlicher voraussah als viele seiner Zeitgenossen und sich ihm dennoch, der Pflicht gehorchend, mit ganzer Kraft entgegenstemmte: der Philosoph auf dem römischen Kaiserthron, Marc Aurel.

Keiner fordert mehr zum Vergleich mit den gegenwärtig Regierenden (und Beschwichtigenden) heraus als Marc Aurel, der klug genug war, die Angst zu kennen, und stolz genug, sie nicht zu leugnen: «Bald klopft der Tod bei dir an, und noch immer bist du nicht schlicht und natürlich, nicht seelenruhig, nicht frei von Angst . . .»

Den Angstmachern keine Chance?

«Eine Mixtur aus echten Problemen, verwoben mit Scheinproblemen und garniert mit emotionalem Beiwerk gibt den Stoff, mit dem Untergangsstimmung gemacht wird», erkannte im Frühjahr 1983 der bayerische Landespolitiker Erwin Huber. Und in der Tat, es sind uns in den vergangenen Jahren eine Menge solcher «Mixturen» in gedruckter Form verabreicht worden.

Spielen da Autoren in unzulässiger Weise mit Katastrophen, die es in Wirklichkeit nicht gab, nicht gibt und nie geben wird; mit Gefahren, die uns in Wahrheit gar nicht bedrohen, die vielleicht als Gruseleffekte in einem Science-fiction-Roman zulässig sind, aber in ernstgemeinten Büchern über unsere nächste Zukunft nichts zu suchen haben? Das sind Fragen, die zweifellos einer sorgfältigen Prüfung wert erscheinen. Man wird allerdings die abwiegelnden Äußerungen von Politikern, Wissenschafts- und Wirtschaftskommentatoren sowie einer Reihe optimistischer Futurologen der gleichen gewissenhaften Prüfung unterziehen müssen.

Allein die Tatsache, daß auch in offiziellen Verlautbarungen die Sorge um «eine höchst unsichere und wenig stabile Zukunft» (*Nord-Süd-Kommission*, Januar 1983) durchklingt, gibt einer solchen Untersuchung ihre Bedeutung. Selbst der Präsident der Vereinigten Staaten, Ronald Reagan, hält es, wie sein israelischer Gesprächspartner Thomas Dine nach einem Empfang am 18. Oktober 1983 zu berichten wußte, «für durchaus möglich, daß sich die Welt gemäß der Offenbarung des Johannes dem Jüngsten Gericht und der Entscheidungsschlacht von Armaggedon zwischen Gut und Böse nähert». Reagan soll wörtlich gesagt haben: «Ich ertappe mich dabei, daß ich mich frage, ob wir die Generation sind, die erlebt, wie die Apokalypse auf uns zukommt. Ich weiß nicht, ob Sie in letzter Zeit eine dieser Prophezeiungen wahrgenommen haben. Aber glauben Sie mir, sie beschreiben ganz gewiß die Zeit, die wir jetzt erleben.»

Für die Bundesrepublik bestätigte eine Emnid-Umfrage schon Ende 1981 eine pessimistische Grundstimmung der Bundesbürger: Die Deutschen hielten es für möglich oder sogar für wahrscheinlich, daß die nahe und ferne Zukunft dunkler wird als die Gegenwart. Und ähnlich hört man es auch von Reagans bislang so optimistischen Landsleuten. Nicht einmal die Hälfte der erwachsenen Bürger der USA (44 Prozent) mochte im Jahr 1983 noch daran glauben, daß es ihren Kindern einmal bessergehen könnte. Und 38 Prozent der Befragten rechneten sogar mit einem «merkbaren Rückgang des Lebensstandards» *(Washington Post)*.

Abgesehen von derartigen Aussagen wurde eine wichtige zusätzliche Beobachtung bis heute nicht mit wünschenswerter Deutlichkeit festgehalten: Es gibt nicht nur die angeblich künstlich angeheizte Angst vor Katastrophen, es gibt etwas viel tiefer aus dem Unterbewußtsein Wirkendes, eine Sehnsucht nach einem radikalen, notfalls alles zerstörenden Wandel unseres Lebens. Der Slang der Straße fand hierfür bereits eine treffende Formulierung: «Bock auf Katastrophe».

Von daher gesehen, erscheint es gar nicht mehr erstaunlich, wie bereitwillig manche mehr oder weniger begründete Negativ-Prognosen heute aufgenommen werden. Der Würzburger Theologe Rhaban Lammeyer machte sich die Mühe, die verschiedenen, bis zum Jahr 2000 vorausgesagten Weltuntergänge zusammenzustellen. Er kam auf elf. Die einzige Gemeinsamkeit ist die zunehmende Weltuntergangsstimmung, ansonsten haben Sekten und Astrologen ihre eigenen Untergangsvorstellungen und -termine: Je einen 1984, 1986, 1987, 1988, 1993, 1998, drei 1999 und zwei im Jahr 2000.

Der *Spiegel* sammelte Anzeigen wie «Im Krisenfall für die persönliche Sicherheit Beteiligung an Fluchtschiff geboten. Angebote unter . . .» (aus *Welt am Sonntag*), «3. Weltkrieg – Tag X. Wer hat Vorsorge getroffen für den Ernstfall? Suche Erfahrungsaustausch und/oder Tips von Gleichgesinnten» (aus *Süddeutsche Zeitung*). Und in der *Spiegel*-Serie «Die deutsche Depression» (4/82) wird – rhetorisch – gefragt: «Wer könnte schon noch so tun, als sehe er nicht, daß Bäume und Pflanzen eingehen – 822 Arten sind gefährdet –, daß die Autobahnen und Landstraßen täglich von toten Tieren gesäumt sind – im Jahr bringen Autofahrer 150 000 Hasen zur Strecke und 70 000 Rehe –, daß Hexachlorcyclohexan die Muttermilch vergiftet und Arsen die Schulsportsplätze der Kinder – mit 200 Giften haben die Menschen die Natur so gründlich verpestet, daß sie auch in hundert Jahren nicht zu reinigen ist –, daß wir unsere Steuern auch für die Vernichtung von Lebensmitteln zahlen –, im Wirtschaftsjahr 79/80 hat die Europäische Gemeinschaft 250 Millionen Mark aufgewendet, um zur Stabilisierung der hohen Preise Obst und Gemüse zu vernichten, aus dem Markt zu nehmen.»

Wieviel von dieser «Mixtur aus echten Problemen, verwoben mit Scheinproblemen» ist nun Angstmacherei und wieviel berechtigte Sorge? Sicher gut gemeint ist der Hinweis von Politikern fast aller Farbschattierungen, daß Angst nur lähmt und sachgerechte Lösungen behindert. Aber auch dazu gibt es einige nicht leicht zu beantwortende Fragen: Wie sehen diese Lösungen aus? Dienen sie nur der Sache oder auch dem Menschen? Wann werden sie wirken? Wie werden sie wirken? Und natürlich sollte man auch über die Politikerfrage nachdenken, wie es vor diesem Hintergrund wohl möglich sein soll, der Jugend ein positives Leitbild zu vermitteln.

In seiner Neujahrsansprache 1983 sagte Bundeskanzler Helmut Kohl: «Ihre Sorgen sind auch meine Sorgen, wir wollen und können diese Probleme meistern.»

Leise rieselt das Gift

Ökologie ist die Lehre vom Haushalt der Natur. Der deutsche Zoologe Ernst Haeckel definierte vor etwa hundert Jahren seine Wortschöpfung aus dem Griechischen (*oikos* = Haus, *logos* = Lehre) als die «Wissenschaft von den Beziehungen der Organismen zur umgebenden Außenwelt, wohin wir im weiteren Sinne alle Existenzbedingungen rechnen können». Mit *logos* wird allerdings auch die Gesetzmäßigkeit angesprochen. Und ein Haus-Gesetz ist mehr als nur eine Lehre vom Haushalt. So wie die Natur mehr ist als ein Teil der Welt: sie ist das Ganze, ein gewaltiger Komplex, für den eigene unverbrüchliche Gesetze gelten, die niemand auf Dauer ungestraft übertritt.

Gegenseitige Anpassung und gemeinsame Unterwerfung

unter das Gesetz sind Existenzgrundlage innerhalb dieses Systems. Die Existenzgrundlage verändern zu wollen, heißt: sie zu zerstören.

Haeckels Zeitgenosse Karl Marx ging, wie alle Fortschrittsgläubigen seiner Zeit, von einer unbegrenzten Fülle und Qualität der Natur aus. Das war ein tragischer Irrtum. In Wahrheit sind weder die Güter der Erde unbegrenzt, noch ist die Belastbarkeit der Natur grenzenlos. Marxens Freund und Mäzen Friedrich Engels hatte in dieser Beziehung offensichtlich den besseren Instinkt. Er schrieb 1876: «Schmeicheln wir uns indes nicht zu sehr mit unseren menschlichen Siegen über die Natur. Für jeden solchen Sieg rächt sie sich an uns.»

Hundert Jahre später ist die Stunde dieser Rache nahe: In ihrem Buch *Das globale Gleichgewicht* kommen Dennis und Donella Meadows vom Massachusetts Institute of Technology anhand ausführlicher Studien und Berechnungen zu dem Schluß: Geht in den nächsten Jahrzehnten alles so weiter, wie in den vergangenen, beginnt spätestens um das Jahr 2030 aufgrund der sich bis dahin ständig vermehrenden Weltbevölkerung und der entsprechenden Umweltverschmutzung ein unaufhaltsames Sterben. Die zu dieser Zeit auf 10 bis 12 Milliarden angewachsene Menschheit wird zwangsläufig auf etwa ein Sechstel reduziert. Und zwar innerhalb von 20 Jahren. Kommentar der Meadows: «Eine Katastrophe, wie sie sich noch nie ereignet hat.»

Um korrekt zu sein, müßte man jedoch sagen: wie sie sich in der Vergangenheit *selten* ereignet hat. Aber im Augenblick ist zweifellos die nächste Zukunft bedeutsamer als ferne Menschheitsgeschichte. Insbesondere für die Angehörigen der westlichen Industrieländer, die von den Meadows «als Hauptverursacher der Katastrophe» benannt werden. Sie würden, wie die Untersuchungen des Massachusetts Institute ergeben haben, zweifellos «von der tödlichen Situation am schlimmsten betroffen», denn «sie wären am wenigsten fähig, infolge der in ihnen herrschenden Verflechtungen eine solche Zerstörung der Umwelt und der Nahrungsmittelversorgung zu überstehen».

Ob die Chance jedoch sehr groß ist, das Desaster in einem halben Jahrhundert fern der Industrieländer irgendwo in der Südsee zu überleben, bleibt zumindest fraglich. Niemand weiß, wie es bis dahin in den Meeren und in der Atmosphäre aussieht. Mostafa Tolba, Biologe und Direktor des UN-Umweltprogramms, nannte im Mai 1982 auf der UN-Konferenz in Nairobi die wichtigsten globalen Probleme der kommenden Jahrzehnte:

Erstens, die zunehmende Weltbevölkerung (sechs Milliarden bereits bis zum Jahr 2000).

Zweitens, das Vordringen der Wüsten um jährlich 60 000 Quadratkilometer.

Drittens, das Schwinden von Frischwasservorkommen.

Tolba unterschlug keineswegs positive Entwicklungen, vor allem nicht die Zunahme an Wissen. Allerdings hat das vermehrte Wissen, wie er hinzufügte «neue Gebiete der Sorgen» aufgedeckt. So bleiben – und dies ist seine Schlußfolgerung – der Menschheit nur zwei Möglichkeiten: die gemeinsame Abkehr vom bisherigen Weg, oder «so weiterzumachen wie bisher und sich zur Jahrhundertwende einer Umweltkatastrophe gegenüberzusehen, die eine so vollständige und unwiederrufliche Verheerung zeugen wird wie ein atomarer Holocaust».

Damit unterscheidet sich Tolbas Prognose, wie man sieht, von den Aussagen des Massachusetts Institute nur um Jahre, nicht aber im Grundsätzlichen.

Wir wissen, daß die angesprochene Katastrophe durch die Umweltgifte ausgelöst wird, die gegenwärtig von der Industrie und den modernen Verkehrsmitteln freigesetzt, aber auch von der Landwirtschaft als Schädlings- und Unkrautbekämpfungs- und Düngemittel in Böden und Gewässer gebracht werden. Wie sehen nun die Chancen aus, daß die

Ausführungen Tolbas ernst genommen und die chemischen Giftstoffe in unserer Umwelt auf allerschnellstem Wege drastisch reduziert werden?

Eine unmißverständliche Antwort finden wir, wenn wir uns die Ausführungen vom 3. Internationalen Ernährungskonvent in Stuttgart und die daraufhin erfolgten Maßnahmen – die gleich Null sind – vor Augen halten. Dort hieß es: «An der Zunahme der allergischen Hautkrankheiten, der vegetativen Neurosen, der Erkrankung der Nieren, des Herzgefäßsystems und der Leber sind erwiesenermaßen die vielen Chemikalien in hohem Maße beteiligt. Wir müssen daher mit allem Nachdruck fordern, daß die chemischen Mittel zur Schädlingsbekämpfung durch biologische ersetzt werden.»

Das war im Oktober 1957.

In den vergangenen zehn Jahren starben Millionen Fische in den Gewässern Europas und Nordamerikas an saurem Regen, abgelassenen Industriegiften und Sauerstoffmangel. Erzeugt wird saurer Regen überall dort, wo etwas in großen Mengen verbrannt wird, insbesondere durch Verbrennung von Erdölprodukten, von Stein- und Braunkohle sowie bei der Verarbeitung schwefelhaltiger Erze. Die dabei freiwerdenden Gase steigen in die Atmosphäre und verbreiten sich von dort als Schwefelverbindungen im Regen über alle Länder und Meere.

Der erste Hinweis auf «Salz und Schwefel» in Tau und Regen stammt aus dem England des Jahres 1727! Aber obwohl inzwischen mehr als zweieinhalb Jahrhunderte vergangen sind und immer wieder neue Forschungsergebnisse die Schädlichkeit des «Säureregens» unbezweifelbar nachgewiesen hatten, wurde von Politik und Wirtschaft nie ernsthaft in Erwägung gezogen, seine Verursachung zu stoppen. Erst jüngste Erkenntnisse über die Beeinträchtigung menschlicher Gesundheit und insbesondere das nicht mehr zu übersehende Waldsterben setzten Überlegungen und Bemühungen in dieser Richtung in Gang.

Regenwasser war noch bei unseren Großeltern der Inbegriff reinsten Wassers, mit dem man unbedenklich seinen Durst löschen konnte. Inzwischen kann man auch in bezug auf die Reinheit des Regenwassers nicht mehr sicher sein. Zweifellos wird sich Wasser, solange es in der Sonnenwärme verdunstet, immer wieder regenerieren, ohne überall Schadstoffe aufzunehmen, so daß es stets irgendwo noch eine Handvoll trinkbares Wasser geben wird. Nur wird eines Tages die Frage lauten: wo?

Professor Dr. Heinz Bernhard, Obmann des Hauptausschusses Wassergüte und -aufbereitung im Deutschen Verein der Gas- und Wasserfachmänner zeigte sich erschreckt, «daß die Bevölkerung über breitgestreute Publikationsorgane in einem Maße informiert wird, das besorgniserregend ist». Wohlgemerkt, nicht etwa Wasserverschmutzung und Wassermangel selbst fand er besorgniserregend, sondern die rückhaltlose Information derer, die von diesem Wasser leben. Darunter jene 20 Millionen Menschen, die ihr Trinkwasser – natürlich nach Aufbereitung – aus dem laut Landesamts-Bericht «kritisch belasteten bis stark verschmutzten» Rhein beziehen.

Die Feststellung, daß sich in der Weser, der Elbe und in osthessischen Grenzgewässern nicht nur Chloride, sondern auch Bromidkonzentrationen, Quecksilber, Kadmium und Blei finden, ist fast schon so selbstverständlich wie der Hinweis, daß es sich dabei meist um gesundheitsschädigende Mengen handelt. Die Elbe ist oberhalb Hamburgs und unterhalb von Stade «so vergiftet, daß die wenigen Fische, die in diesem Wasser noch überlebt haben, nicht zum Verzehr verkauft werden dürfen» (*Stern* 24/82). In die Elbe werden unter anderem eingeleitet: Arsen, das auf Dauer tödlich wirkt; Quecksilber, das Geschwülste im Nasen-Rachen-Bereich verursachen kann; Kadmium, das Magen, Darm und Knochenmark angreift; und das nervensystemlähmende Blei.

In der fränkischen Gemeinde Sommerach mußte 1982 an die Haushalte kostenlos Mineralwasser ausgegeben werden, weil das Trinkwasser einen lebensgefährlichen Nitratgehalt aufwies. Nitrat bildet sich aus dem Kunstdünger, der insbesondere beim Mais- und Zuckerrübenanbau in großen Mengen ausgebracht wird. Wenn dann starker Regen fällt, wird der im Boden angesammelte sowie der durch Verrottung der organischen Substanzen freiwerdende – inzwischen durch Bakterien zu Nitrat umgewandelte – Stickstoff in das Grundwasser verfrachtet. Zulässige Höchstmenge sind 90 Milligramm Nitrat pro Liter Wasser. In Sommerach wurden 145 bis 250 Milligramm pro Liter festgestellt.

Nitrat schränkt beim Menschen die Sauerstoffzufuhr ein. Die Blutkörperchen transportieren zu wenig Sauerstoff, und vor allem Babys und Kleinkinder können daran innerlich ersticken. Im Oktober 1982 ergab eine Untersuchung von Leitungswasser in Bayern, daß der Gehalt an Nitrat und halogenisierten Kohlenwasserstoffen in zwei Fällen gefährlich und in elf Fällen bedenklich war. Für Bayerns damaligen Innenminister Gerold Tandler war das «kein Grund zur Beunruhigung», da es sich nur um «zeitweilige oder gelegentliche Überschreitungen» handle. Und Landwirtschaftsminister Hans Eisenmann beschwichtigte: «Überhöhte Nitratwerte im Trinkwasser sind lokal begrenzt.»

1982 prozessierten im Rheinland und in Hessen Regierungsbehörden gegen Chemiefirmen, um durch Richterspruch feststellen zu lassen, daß durch Säuren und ähnliche Chemieprodukte verunreinigtes Wasser kein Abwasser, sondern Abfall und somit auf Giftmülldeponien sicher zu verwahren sei.

Nehmen wir an, bei einer Firma entstehen unter anderem jährlich 30000 Tonnen Salzsäure als Abfallprodukt, und diese Säure wird regelmäßig mit Wasser aus den Rohrleitungssystemen hinaus in den Rhein gespült (wodurch dieses Spülwasser natürlich verunreinigt wird). Was kommt nun wohl im Rhein an? Das Abfallprodukt Salzsäure oder nur verunreinigtes Spülwasser?

Das ist keineswegs eine rein theoretische, sondern eine gewichtige juristische Streitfrage, bei der es um viel Geld und die zukünftige Verhaltensweise der Firmen geht. Abfallbeseitigung ist nämlich teuer, während verunreinigtes Wasser kostenlos in Bäche und Flüsse eingeleitet werden darf. Müßte die chemische Industrie für die Beseitigung ihres flüssigen Abfalls horrende Summen bezahlen, sie würde sicher ernsthafte Überlegungen anstellen, ob – um bei diesem Beispiel zu bleiben – 30 000 Tonnen Salzsäure wirklich nicht anders verwertet oder beseitigt werden können.

Die Richter des Verwaltungsgerichts Köln mochten solche Überlegungen der beklagten Firma nicht zumuten. Denn juristisch gesehen ist eben auch ein mit Salzsäure verunreinigtes Wasser nichts anderes als Abwasser. So geurteilt im November 1982. Und fleißig sprudeln die Giftquellen weiter in unsere Bäche und Flüsse, verseuchen unsere Gewässer und die Weltmeere.

Schon 1954 konstatierte eine von 32 Nationen gebildete Kommission die deutliche Verschmutzung der Weltmeere, erkundete die Ursachen und forderte bestimmte Maßnahmen zur Abstellung dieses Übels.

Indessen werden außer Ölrückständen der Schiffe und Industriegiften auch radioaktive Abfälle in die Ozeane gekippt. 1967 wurde das auf schwach- und mittelaktive Atomenergieabfälle beschränkt. Aber dabei blieb es, denn «nach dem heutigen Stand der Wissenschaft ist es nicht möglich, verbindliche Aussagen über die Wirkung radioaktiver Substanzen auf die Ökologie des Meeres zu machen» (Untersuchungskommission der OECD-Staaten 1977).

Zu den Lippenbekenntnissen zur Reinhaltung von Luft und Wasser gehört auch die London-Konvention von 1972, in der sich die Vertreter von 80 Staaten – darunter in erster Linie die Industrienationen – auf die Formulierung einigten:

«Alle gangbaren Schritte sollen unternommen werden, die eine Verschmutzung der Meere verhindern, welche durch das Einleiten von Müll entsteht.»

Inzwischen lagern sich allein in der Nordsee jährlich mehr als 22 Millionen Tonnen teilweise hochgiftiger Abfälle als Schlamm ab. Davon allein 4000 Tonnen Blei aus dem Rhein. Und niemand stoppt die Giftzufuhr, keine Internationale Konvention und kein Sachverständigenrat für Umweltfragen. Dessen langjähriger Vorsitzender, der Bonner Ökologe Professor Dr. Hartmut Bick, träumt nur in gelegentlichen Interviews davon, daß sich die Nordsee in Jahrzehnten wieder regenerieren könnte, wenn . . .

Wo die Motorsägen röhren

Ein Mensch braucht in 24 Stunden etwa ein Kilogramm Nahrung, zwei Liter Wasser und 700 Liter Sauerstoff. Aber auch mit letzterem kann es knapp werden. Die Gefahr zunehmenden Sauerstoffmangels wird von Wissenschaftlern «als alarmierende Möglichkeit eingeschätzt, deren Konsequenz nicht weniger düster sich ausnimmt als die Drohung weltweiten Hungers oder atomarer Vernichtung» (Walter Greiling).

Zwar ist Sauerstoff das verbreitetste Element auf der Erde, aber nur 1180 Billionen Tonnen davon sind in der Luft für den Atem von gegenwärtig vier und bald sechs Milliarden Menschen verfügbar. Jüngsten Berechnungen nach kommen etwa 43 Milliarden Tonnen Sauerstoff jährlich hinzu (durch Fotosynthese), aber man weiß nicht genau wieviel davon allein durch die Verwesungsprozesse von organischem Material verbraucht wird. Immerhin stellte man fest, daß bei der Verwitterung von gefallenem Laub im Osten der USA mehr Sauerstoff verzehrt wurde, als der gleiche Wald lieferte.

In den Industrieländern benötigen die Menschen zur Zeit mehr Sauerstoff, als alle Pflanzen produzieren. Professor La Mont C. Cole, Präsident der Ecological Society of America, berechnete den Sauerstoffbedarf der USA im Jahr 1966 mit etwa 4,44 Milliarden Tonnen. Im gleichen Jahr lieferten sämtliche Pflanzen auf der Fläche der USA kaum mehr als zwei Milliarden Tonnen Sauerstoff. Wenn uns die Atemluft trotzdem bis heute noch nicht knapp geworden ist, so liegt das daran, daß über den Ozeanen 1000 Kilometer hohe Luftsäulen stehen, deren Sauerstoff durch die Meereswinde den Ländern zugeführt wird.

Das ist zweifellos ein gewaltiges Sauerstoffreservoir. Dennoch bleibt die Tatsache, daß auch dieses Reservoir begrenzt ist. Von ihm zehren eine wachsende Weltbevölkerung und entsprechend zunehmend Verkehr und Industrie, während gleichzeitig durch die Abholzung riesiger Waldflächen und die Verwüstung von bisher Pflanzen tragenden Böden die Produktion neuen Sauerstoffs von Jahr zu Jahr eingeschränkt wird. Der Sauerstoff wird weniger, der Kohlendioxydgehalt der Luft höher. Er war in dem halben Jahrhundert bis 1980 um 10 Prozent gestiegen; bis zum Jahr 2000 wird er sprunghaft um weitere 25 Prozent steigen. Der Fortschritt wird – im wörtlichsten Sinne – «atemberaubend».

Die Sorge um unsere Wälder und die Wälder der ganzen Welt ist also mehr als eine «wachstumsfeindliche Attitüde». Ohne Wälder geht der Menschheit irgendwann die Luft aus. Aber die Wälder sterben.

1980 sprach man vom Tannensterben, 1981 vom dahinsiechenden Wald, 1982 – nachdem feststand, daß die seit 1976 beobachtete Entwicklung außer Tannen, Fichten und Kiefern auch die Buchen ergriffen hatte – vom sterbenden Wald. «Der Wald steht schwarz und schweiget», schrieb einst Matthias Claudius in einem seiner schönsten Gedichte. In der Zeitschrift *Bild der Wissenschaft* hieß die Titelzeile im Dezember 1982 «Der Wald steht schwarz und leidet». Und

Chefredakteur Wolfram Huncke notierte als Ergebnis einer ausführlichen Diskussion mit Wissenschaftlern, Forstbeamten, Politikern und Vertretern der Industrie: «Was das Sterben unserer Wälder betrifft, so sind der Worte zuviel, der Handlungen aber zuwenig.»

Immerhin brachte die Diskussion einige objektiv anerkannte Tatbestände. Allein in der Bundesrepublik – das Waldsterben im übrigen Europa und in Nordamerika stand nicht zur Debatte – waren von den rund 74 000 Quadratkilometern Waldfläche mindestens 5900 (etwa 8 Prozent) geschädigt. Dabei sind, wie immer bei Durchschnittswerten, manche Gebiete weniger, manche mehr betroffen. Für Baden-Württemberg erklärte Landesforstpräsident Dr. Max Scheifele: «41 Prozent unserer Tannen sind krank!»

Beobachtet wird die Entwicklung sogenannter «Rauchblößen» bereits seit etwa 100 Jahren. Ursprünglich nur parallel zur Entstehung großer Industriegebiete (zum Beispiel an Ruhr und Saar, in Oberschlesien und Mitteldeutschland) festgestellt, hat sich das Waldsterben im letzten Jahrzehnt «alarmierend ausgeweitet». So die Formulierung von Forstdirektor Karl Friedrich Wentzel aus Hessen. 1983 galten vom hessischen Fichtenbestand 53 Prozent als «kränkelnd» und 10 Prozent als «unrettbar krank».

In Mitteleuropa waren zu dieser Zeit schon weit über 10 000 Quadratkilometer (eine Million Hektar) Wald vernichtet oder schwer geschädigt. Die holzverarbeitende Industrie der Bundesrepublik befürchtete bei einem Übergreifen der Schäden auf ein Drittel des Waldbestandes den Verlust von vielen der 750 000 Arbeitsplätze in Sägewerken, Möbelfabriken, Papiermühlen und anderen ihrer rund 66 000 Betriebe. Tatsächlich war bereits in zahlreichen Waldstücken von der Lüneburger Heide bis zum Allgäu jeder dritte Baum angegriffen. Bayerns Forstverwaltungen meldeten 1983 die Hälfte ihrer Tannenbestände, dazu 7,5 Prozent der Kiefern und 6,2 Prozent der Fichten als zerstört bis geschädigt.

Die Schuld am Waldsterben gab man eine Zeitlang allein dem Regenwasser, das heute auch schon in industriefernen Regionen mit Essigsäure-Graden aus den Wolken fällt. Dabei ist bei fast allen Umweltschädigungen der saure Regen nur eine von mehreren Ursachen. Der Münchner Forstwissenschaftler Professor Peter Schütt nennt das Waldsterben eine «Komplexkrankheit», aber mit Sicherheit «eine vom Menschen indizierte Krankheitserscheinung . . . Jahrzehntelange Luftverunreinigungen haben ein ausbalanciertes, damit auch intaktes Ökosystem so geschwächt, daß es die Fähigkeit verloren hat, zusätzliche Belastungen ohne weitere Schäden abzupuffern».

Nach Ansicht des Göttinger Professors Bernhard Ulrich ist «in Mitteleuropa der Eintrag von Säuren heute etwa hundertmal größer als er von Natur aus wäre». Nach Ulrichs Ansicht deutet das Baum- und Waldsterben darauf hin, «daß die Abwehrmechanismen sowohl einzelner Individuen als auch die ganzer Ökosysteme einer solchen Dauerbelastung nicht gewachsen sind».

Nun will die Bundesrepublik mit einem neuen Gesetz den Ausstoß von Schwefeldioxyd drastisch reduzieren (auf 400 Milligramm je Kubikmeter Abgas). Allerdings nur bei Kraftwerken. Und nur bei solchen, die neu gebaut werden. Und bei den neu zu bauenden Kraftwerken wiederum nur bei solchen, die eine festgelegte Kapazität der Stromerzeugung übersteigen.

Aber es gibt nicht wenige Wirtschaftler, Technokraten und Politiker, denen diese – gegenüber der Energiewirtschaft – gewiß mehr als behutsamen Maßnahmen noch übertrieben erscheinen. Denn schließlich, so Dr. Jochen Seeliger vom Gesamtverband des Deutschen Steinkohlebergbaus in Essen, bestätigen ja keineswegs alle Wissenschaftler die Aussagen der Professoren Schütt und Ulrich.

Außerdem werden, so meint Dr. Seeliger, die Kraftwerke doch ohnehin in einer Art Regenerationsprozeß im Zeitraum von etwa 15 Jahren durch neuere und bessere ersetzt. Und die könnten ja – wenn der Gesetzgeber darauf besteht – mit Entschwefelungsanlagen ausgestattet werden. Etwa um das Jahr 2000 würden dann zumindest in der Bundesrepublik einige große Kraftwerke kaum noch Schwefeldioxyd in die Atmosphäre blasen. Wäre das nicht genug an praktisch demonstriertem gutem Willen?

«Nie tut man so vollständig und gut das Böse, als wenn man es mit gutem Gewissen tut», schrieb im 17. Jahrhundert der französische Religionsphilosoph, Mathematiker und Physiker Blaise Pascal. Und wahrhaftig: Das Unschuldsgefühl nimmt mitunter groteske Formen an. Denn es sind ja keineswegs nur Industrie und Verkehr, die ihre Schadstoffe mit Hilfe von Wind und Regen in die Landschaft verfrachten. Auch Forstverwaltungen sind nicht zimperlich im Umgang mit Verbrennungsmotoren.

Die technische Entwicklung und vor allem die Entwicklung der Löhne und Gehälter läßt dem Forstbeamten heute in den meisten Fällen gar keine andere Wahl: Die Forstwirtschaft muß – soweit das im Wald möglich ist – genauso rationalisieren und automatisieren wie jeder andere Betrieb. Bemerkenswert ist jedoch, daß viele Förster das durchaus nicht als tragisch empfinden, sondern sich der Motorisierung der Waldarbeit gegenüber absolut aufgeschlossen zeigen.

Die gleichen Förster fahren dann – selbstverständlich mit dem Auto und mit einer Autokolonne von Wissenschaftlern und Politikern hinter sich – in die sterbenden Wälder, um die Baumschäden drastisch vor Augen zu führen. Und im Nachbarrevier röhren zur gleichen Zeit die Motorsägen, während die gefällten Bäume von schweren Traktoren über die aufgewühlten Waldwege abgeschleppt werden.

Natürlich verpesten die Motorsägen und Traktoren mit ihren Abgasen die Waldluft genauso wie das Auto des Försters und die Wagenkolonne der Wissenschaftler und Politiker. Außerdem werden dem Wald mit den massenweise abtransportierten Baumwurzeln und -stämmen die im Holz aufgenommenen und gespeicherten Nährstoffe, Spurenelemente und Mineralien entzogen. Diese fehlen den nachwachsenden Baumgenerationen, was deren Widerstandskraft schwächt und den Ausgleichsmechanismus des Ökosystems schädigt.

So wurden die Forstbeamten zwangsläufig – und manche sogar ohne sich darüber Gedanken zu machen – zu tatkräftigen Mitverursachern des Waldsterbens. Aber jeder, ob Förster oder Waldarbeiter, ob Industriemanager oder Betreiber eines Heizkraftwerks, ob Landwirt, Traktor- oder Autofahrer, jeder von ihnen verweist darauf, daß er ja nur ein winziges bißchen Umweltgift produziert. Und keiner will wahrhaben, daß die Natur nach dem Prinzip des Wasserkrugs funktioniert, der irgendwann bis zum Rand gefüllt ist. Dann genügt ein einziger Tropfen, ihn zum Überlaufen zu bringen. Während die Experen noch darüber streiten, ob der Krug eher als randvoll, oder als nicht mehr ganz leer zu bezeichnen sei, fällt dieser eine – letzte – Tropfen, und das Ökosystem kippt.

Aber niemand vermag das Rad der technischen und sozialen Entwicklung (eins geht nicht ohne das andere) zurückzudrehen. Wie sollte man einen Wald heute ohne Motorsägen, ohne Traktoren in Ordnung halten? Wer will denn noch ohne Motoren im Wald arbeiten? Wer sollte es überhaupt noch können?

In einer kleinen schwäbischen Gemeinde gab es auch 1983 wieder den traditionellen Sägewettbewerb. Dabei müssen jeweils zwei Mann gleichstarke Holzklötze durchsägen. Die beiden, die am schnellsten sägen, sind Sieger. Da sägten sie dann, daß der Schweiß von den Stirnen perlte. Alles gestandene Mannsbilder, zwischen 20 und 40 Jahre alt: Angestellte, Handwerker, auch Zimmerleute und Waldarbeiter. Dann meldeten sich zwei Opas, der eine über 60, der andere 70. Alles lachte, aber man wollte den Alten den Spaß lassen. Plötzlich jedoch lachte keiner mehr. Die beiden sägten, daß den Jüngeren die Kinnladen herunterfielen. Diese Alten zeigten einer ganzen technikverkorksten Generation, was Sägen heißt.

Natürlich war anschließend der Jubel groß. Aber es war ein Jubel, der Tränen in die Augen treiben konnte. Weil es so war, als ob menschliche Kraft und Erfahrung ihre Abschiedsvorstellung gegeben hätten.

Ob das die Technik wirklich alles ersetzen, ob sie wirklich alle Wunden heilen kann? Bayerns Ministerpräsident Strauß ist davon überzeugt. Im März 1983 sagte er zum Thema *Umweltschutz als Jahrhundertaufgabe*: «Die Probleme, die durch Naturwissenschaft und Technik geschaffen wurden, die Wunden, die Wissenschaft und Technik der Natur geschlagen haben, lassen sich nur durch Wissenschaft und Technik, durch Vernunft und geistige Anstrengung wieder heilen.»

So ähnlich – die Probleme, die wir schufen, könnten wir auch lösen – hörten wir das schon von Präsident Kennedy.

Ausverkauf der Illusionen

«Die Technik wird's schon richten», ist ein relativ junger Traum. Gegen Ende des vorigen Jahrhunderts tauchte er aus dem Dunstkreis abendländischer Fortschrittsgläubigkeit auf. In etwa diese Zeit datiert auch die Entstehung der Legende, daß der Menschheit in Zeiten der Not stets eine neuerfundene Technik weitergeholfen habe. Als Beweis wird die Frühgeschichte herangezogen, in der die Bevölkerungszunahme den Steinzeitmenschen dem Hungertod nahegebracht hätte, wäre es ihm nicht gelungen, durch die geniale «Erfindung» des Ackerbaus sein ärmliches Dasein als Jäger und Sammler zu überwinden.

Die in der zweiten Hälfte unseres Jahrhunderts durch die Archäologie, Ozeanographie und Paläoklimatologie erkannten Tatsachen zeichnen da allerdings ein anderes Bild: Die Menschheit hatte zwischen 12000 und 8000 v. Chr. durch eine Serie weltweit wirkender Naturkatastrophen (die wahrscheinlich einen gemeinsamen Ursprung hatten) nicht etwa einen Höchst-, sondern einen Tiefststand ihrer Bevölkerungszahl erreicht. Und die «neolithische Revolution» mit ihrer Verbreitung des Ackerbaus in Europa begann genau in dieser Zeit (um 9000 v. Chr.), in der die Bevölkerung erheblich dezimiert war.

Die Rolle eines plötzlichen Menschheitsretters aber konnte der Technik des Ackerbaus auch schon deswegen nicht zufallen, weil sie nur sehr langsam, über viele Jahrtausende hinweg verbreitet wurde. In ihren Ursprüngen reichen Tierhaltung und Bodenbestellung – wie jüngste archäologische Funde in Südostasien beweisen – mindestens 17 Jahrtausende zurück. Es fand also weltweit keine spontane «Erfindung», sondern eine der in der Geschichte üblichen Kulturübertragungen statt, die durch örtlich verschiedene Entdeckungen ergänzt wurde. Auf diese Weise erreichte der Ackerbau in Europa etwa bis zum frühen Mittelalter einen Entwicklungsstand, der danach bis zur Motorisierung der Landwirtschaft keine wesentliche Veränderung mehr erfuhr.

Vielleicht sollten wir die Legende von der menschheitsrettenden Technik einmal auf den Kopf stellen und darüber nachdenken, ob die meisten Erfindungen – veranlaßt durch Spieltrieb, persönlichen Vorteil oder den Wunsch nach mehr Bequemlichkeit – nicht eher Unheil als Heil brachten oder zumindest für die Masse der Menschen entbehrlich waren? Könnte es nicht sein, daß wir der Wahrheit – man denke nur an Stahlerzeugung, Schießpulver oder Dampfmaschine – dann erheblich näherkommen?

Es gab Kulturen in Amerika und andernorts, die ohne diese Erfindungen groß wurden. Und man darf getrost die Frage stellen, ob es nicht von frühesten Zeiten an immer wieder neue Techniken gab, die nur wenigen Menschen Vorteile brachten, während sich die Mehrheiten – um mithalten zu können und nicht hintanstehend Not und Tod ausgeliefert zu sein – mit den neuen «Wundern» mühsam arrangieren mußten?

Bei genauerem Hinsehen erweist sich die «Hoffnung auf Technik» als ein Teil jenes Wunschdenkens, hinter dem sich von jeher menschliche Hilflosigkeit verbirgt. Wo sie allein nicht mehr weiterwußten, haben sich die Menschen immer irgendwelchen Göttern und Götzen anvertraut. Und die zuvor zitierten Beschwörungen eines Kennedy und eines Strauß erweisen sich vor diesem Hintergrund als zeitgemäße Formen urzeitlicher Gebete:

Ein Verlust wird beklagt, und den Göttern wird auferlegt, Ausgleich zu schaffen. Wie in dem ewigen Klagelied der Mütter um ihre gefallenen Söhne: Ihr Götter, ihr nahmt mir mein Kind – gebt es mir wieder!

In den großen Dichtungen der Menschheit durchdringt diese Gebete die Einsicht, daß sie vergeblich bleiben müssen. In dem vor mehr als 5000 Jahren entstandenen *Gilgamesch-Epos* der Sumerer heißt es in der Klage des Gottkönigs Gilgamesch um seinen Freund:

> Enkidu, den ich über die Maßen liebte,
> der mit mir durch alle Beschwernisse zog –
> er ging dahin zur Bestimmung der Menschheit.
> Um ihn hab ich Tag und Nacht geweint,
> ich gab nicht zu, daß man ihn begrübe:
> Ob mein Freund nicht doch auferstünde
> von meinem Geschrei?

Aber Enkidu ist nicht auferstanden und wird nicht auferstehen in Ewigkeit. Zu diesem Wissen sich durchgerungen zu haben, ist die Weisheit des Gilgamesch. Äonenweit entfernt von der Intelligenz unserer Zeitgenossen, die da meint, mit Tricks gegen das Schicksal antreten zu können. Immer häufiger möchten wir Geschehenes ungeschehen sehen. Aber an den Versuchen, die Zeit zurückzudrehen oder gar sie «technisch» zu überrunden, scheitern Intelligenz und Wille des Menschen.

In dieser Situation behelfen sich viele mit entschlossenem Schließen der Augen und verharren wider besseres Wissen in ihrem Wunschdenken, das sie als Optimismus deklarieren. Doch – wie auch immer man ihn nennen mag – Selbstbetrug hat nichts mit Optimismus gemein: Wer seinen Optimismus auf Illusionen gründet statt auf Realität, der berauscht sich an vergiftetem Wein.

Aber was sollen Menschen machen, die ihr Gelderwerb zwingt, wie ein Chamäleon die Farben ihrer Umgebung anzunehmen? Die krankmachende Diskrepanz zwischen offiziellen Illusionen und persönlichen instinktiven Einsichten läßt oft nur eine Wahl: letztere zu verdrängen. «Nicht unähnlich geht es heute jedem», schreibt Peter Sloterdijk in seinem Buch *Kritik der zynischen Vernunft*, «der seinen Platz im Staatskörper und in den Betrieben und Institutionen einnimmt und ungefähr Bescheid weiß, wohin die Fahrtrichtung des Staatsvehikels geht. Zwischen Loyalitäten und Einsichten öffnet sich zunehmed ein Graben.» Dazu Professor Jörg Drews (in *Die Zeit*, 19/83): «Das heißt, wir wissen genau, was wirklich los ist, machen aber weiter, weil Nichtweitermachen die Offenbarung unserer Verzweiflung wäre, überdies ja vielleicht wirklich nicht gut wäre, weil noch nicht alles verloren ist.»

Beim Ausverkauf der Illusionen steht die Wirtschaft in vorderster Reihe. Sie ist es, die das moderne Leben in Gang hält. Ihr Wohlergehen ist unser Wohlstand, ihre Kalamitäten sind unsere Armut. Sie funktioniert nach den Gesetzen von Angebot und Nachfrage, aber ebenso nach dem seltsamen Gesetz des wellenförmigen Auf und Ab, dem alles unterworfen ist, was mit dem Menschen und der Natur zu tun hat.

Irgendwann in den vergangenen Jahrzehnten kamen Wirtschaftswissenschaftler jedoch zu der Überzeugung, daß abwärtsgerichtete Wellenbewegungen abzufangen sein müßten. Ein Rutsch in die Talsohle stellt schließlich einen unbegründeten Energieverlust dar. Nachdem sich die physikalische Erkenntnis herumgesprochen hat, daß Energie nicht verlorengeht, sondern nur Wandlungen unterworfen ist, sei – so meinte man wohl – nicht einzusehen, weshalb dies in der Wirtschaft keine Gültigkeit haben soll.

War in der Physik der Beweis gelungen, daß Energie erhalten werden kann, warum sollte er nicht auch in der Wirtschaft gelingen? Bei Ausschaltung einiger negativer Einflüsse, wie wirtschaftsfeindlicher Politik und menschlicher Unzulänglichkeit, sollte es doch möglich sein, die Geschäfte gleichmäßig florieren zu lassen und ein völlig neues Kapitel der Wirtschaftsgeschichte zu schreiben.

Aber das intelligent ausgedachte Perpetuum mobile mit Energien und Stoffen, die nur Wandlungen unterworfen sind, jedoch nie verlorengehen, führte seltsamerweise zu keinem positiven Ergebnis: nicht in der Physik und nicht in der Wirtschaft. Wahrscheinlich, weil Gewandeltes meistens eben doch Verlorenes ist. Der Dampfschub, der vor einem Augenblick noch eine Lokomotive vorwärtstrieb, verweht danach in der Atmosphäre, und niemand holt ihn je zurück, um damit eine zweite Lokomotive anzutreiben.

Es gab schon viele, die mit einer Flamme ein Haus zerstörten, aber es gibt niemand, der es mit der gleichen Flamme wiederaufbauen könnte. Die Physiker hatten das bald erkannt und das Gesetz von der Erhaltung der Energie entsprechend ergänzt: Das Verschwinden einer nur noch theoretisch vorhandenen Energie aus dem Bereich praktischer Verwendbarkeit bezeichneten sie als Entropie. Und Entropie gibt es überall. Niemand ißt auch nur einen Teller Suppe, ohne daß ein erheblicher Teil der für ihre Herstellung aufgewendeten Energie verloren wäre (wohlgemerkt: nicht zerstört, aber verloren!).

Die restliche Menschheit läßt sich jedoch noch ein bißchen Zeit, den Vorgang der Entropie zu akzeptieren. Die Illusion vom wissenschaftlich perfekten Energieparadies ist zu schön, um sie so einfach aufzugeben. Und also läuft man ihr noch eine Weile hinterher, wie ein Verdurstender hinter der Fata Morgana einer Oase: Die Energiewirtschaftler verfeuern die letzten Tonnen Kohle, Erdöl oder Uran, als handle es sich dabei nur um zeitweilige Umwandlung und nicht um endgültigen Verbrauch, und die Wirtschaftspolitiker steuern zuversichtlich, Material in Müll umwandelnd, in die Pleite. Hatte ihnen doch in den fünfziger Jahren noch der Wiener Nationalökonom und Nobelpreisträger Friedrich August von Hayek vorgerechnet, daß totaler Zuwachs ohne Wertminderung möglich sei, daß sowohl Gewinne als auch Löhne unentwegt steigen können. Daran glaubten sie, und daran glauben viele Wirtschaftler noch heute.

Doch im Gegensatz zu einem nur auf akademischen Thesen basierenden Wohlstand sind die sogenannten «Talsohlen» geschichtliche Realität. Theoretisch könnte man vielleicht versuchen, die Schicksalsschläge eines wirtschaftlichen Zusammenbruchs zu mildern, indem man das tiefe Elend einzelner durch die breit gestreute Armut von vielen abfängt. Aber das würde diktatorische Maßnahmen erfordern, und es ist zweifelhaft, ob demokratische Politiker dafür je Mehrheiten bekämen. Diktaturen scheuen sich zwar nicht, diesen Weg zu gehen, aber nicht aus wirtschaftstheoretischen Erwägungen. Diktatoren dienen nicht der Wirtschaft, sondern bedienen sich ihrer zum Zweck der Machterhaltung.

Dagegen führte das in den Demokratien von Erfolg gekrönte Bemühen der Kaufleute und Gewerbetreibenden, sich eine wirtschaftsfreundliche Politik zu erkaufen, zur politikfreundlichen Wirtschaft unserer Zeit. Eine Mesalliance, die beiden Teilen nicht bekam. An jenem Tag, an dem die Wirtschaft ihre Ehe mit der Politik begann, wurde ein

Hochzeitsfest gefeiert, für das wir heute noch bezahlen. Mit Geld und Blut.

Blut floß, weil englische Kaufleute ihren Politikern vor 200 Jahren einredeten, sie hätten die Interessen der Kaufleute in Indien, in Afrika, in China oder sonstwo zu schützen. Und heute zahlen die Bürger der westlichen Industrienationen zusätzliche Steuern und Zinsen, weil US-Politiker nach dem Zweiten Weltkrieg den Kaufleuten einredeten, sie hätten im Interesse der Politik in Indien, Afrika, Südostasien oder sonstwo zu investieren.

Unsere Banken haben inzwischen so viele Milliarden als Kredite an Länder der dritten Welt und des Ostblocks gegeben, daß an eine Rückzahlung aller dieser Beträge gar nicht mehr zu denken ist. Inzwischen werden bereits Kredite dafür vergeben, daß manche Länder wenigstens noch ihre Zinsen bezahlen können. Mit anderen Worten: Ein nicht unerheblicher Teil dieser Gelder wurde bereits stillschweigend abgeschrieben oder muß in absehbarer Zeit als nicht mehr rückforderbar abgeschrieben werden.

Das Argument, daß ja einiges von diesem Geld unserer Wirtschaft in Form von Aufträgen zugute gekommen sei, ist ebenso richtig wie töricht. Wie wenn ein Kind, das unbedingt Kaufmann spielen will, einem anderen ein Markstück gibt, damit dieses ihm für einen Groschen einen Luftballon abkauft. Danach ist der Luftballon weg, neun Zehner sind weg, aber unser kleiner Kaufmann hat einen Groschen «verdient»!

Wir alle zahlen diese weggegebenen Markstücke mit unserer Arbeit. Daß die Banken der westlichen Industrienationen, die ihre als Millionen-Auslandskredite vergebenen Markstücke nie mehr wiedersehen, trotzdem nicht Pleite machen, liegt nicht etwa daran, daß sie so viele schöne Luftballons verkauft haben, sondern schlicht an den hochgetriebenen Zinsen und Gebühren, mit denen sie ihre Inlandskunden schröpfen (und gleichzeitig die Inlandswirtschaft blokkieren). Einen Teil der Gelder bekommen die Banken – und andere auf politischen Wunsch investierende Firmen – auch als Staatsbürgschaft wieder herein. Und die für diesen Zweck benötigten Beträge holen sich die Staaten der westlichen Welt auf dem nicht mehr ungewöhnlichen Weg der Steuererhöhungen unmittelbar von ihren arbeitenden Bürgern.

Der Kreislauf ist perfekt: Die fleißigen Bürger arbeiten, kaufen Autos, bauen Häuser und zahlen dafür Steuern und Zinsen. Staat und Banken pumpen dieses Geld ins Ausland, um dafür mehr wiederzubekommen. Daran glauben sie eine Zeitlang. Dieser Glaube kurbelt die eigene Wirtschaft an, erhöht Gewinne und Gehälter, das bringt mehr Steuern und Zinsen, also pumpt man wieder mehr ins Ausland – und so weiter, bis sich auch hier eine Art Entropie einstellt: bis man begreift, daß aus dem Ausland nicht *mehr* zurückkommt, sondern *weniger*.

Dieses Geld fehlt nun natürlich. Damit der scheinbar positive Kreislauf nicht vorzeitig unterbrochen wird, nimmt man den eigenen Bürgern immer mehr Steuern und Zinsen ab – von irgendwo muß das Mehr ja herkommen – und pumpt sie weiter ins Ausland, als sei nichts geschehen und damit nichts geschieht (etwa die Bankrotterklärung eines ausländischen Staates, die das schöne Kaufmannsspiel jäh unterbrechen könnte). So wird das Geld im Land weniger, Steuern und Zinsen höher, die heimische Wirtschaft schwächer, der Bürger wieder ärmer und eines Tages, wenn die Tatsachen von niemand mehr zu übersehen und auch von niemand mehr zu leugnen sind, sagen Politiker wie Willy Brandt (als Vorsitzender der Nord-Süd-Kommission Ende 1982): «Wir stehen vor einer riesigen Herausforderung, die Krise ist weltweit.»

Wo das Wachstum seine Grenzen hat

Wer über Wirtschaft redet, der muß – nach gegenwärtiger Vorstellung – auch über Wachstum reden. Beides zusammen wurde zu einem Begriff: «Wirtschaftswachstum». In der Vergangenheit ergab sich ein zeitweiliges Wachstum gelegentlich aus geschicktem Wirtschaften – man denke an die Handelshäuser der Welser und Fugger in Augsburg –, aber wohl kaum jemand hatte die Überzeugung, daß beides unabdingbar miteinander verbunden sein müsse, ja, daß die Wirtschaft geradezu abhängig sei von einem ununterbrochenen Wachstum.

Die Idee, daß jeder Kramladen ständig steigende Umsätze verbuchen müsse, um eine Existenzberechtigung zu haben, wäre den Menschen vor 100 Jahren sicherlich nie gekommen. Und jedes Wirts- oder Warenhaus am Marktplatz konnte seine Gewinne auch nur begrenzt maximieren. Darum blieben über Generationen hinweg – auch wenn die Familien gelegentlich wechselten – Wirtschaften, Kaufläden und sogar Gewerbebetriebe relativ gleich: Besitzer und Dienstpersonal hatten ihr Auskommen und waren zufrieden. Offenbar funktionierte das.

Das System Nullwachstum bewährte sich auch deshalb, weil Überschaubarkeit und Leistungsfähigkeit eines Betriebes in engem Zusammenhang stehen. Wäre es anders, wären die größten Betriebe die produktivsten, hätte der Staatskapitalismus der sozialistischen Länder als zentral gesteuertes Mammutunternehmen längst jede privatkapitalistische Konkurrenz überrundet. Und auch in der freien Wirtschaft ist wachsende Größe ja durchaus nicht mit mehr Erfolg und Kreativität gleichzusetzen.

Trotz dieser unbestrittenen Tatsachen geht heute – so wird behauptet – nichts mehr ohne Wachstum. Wovon sollten sonst die jedes Jahr steigenden Arbeitskosten (Löhne, Gehälter und Sozialleistungen) bezahlt werden? Dazu kommen die ständig erforderlichen Investitionen, die sich auch der kleinste Betrieb leisten muß, wenn er nicht innerhalb kürzester Zeit rettungslos überaltert und damit nicht mehr konkurrenzfähig sein will. Also werden jedes Jahr neue Tariflöhne ausgehandelt, wird wachsend verdient und investiert, bis irgendwann einmal die vielberufenen Grenzen des Wachstums erreicht sein werden.

Merkwürdigerweise will uns niemand sagen, wo genau diese Grenzen liegen: Werden sie erreicht sein, wenn München und Augsburg als Häusermeer und Industrielandschaft ineinanderfließen? Wenn aus Los Angeles und San Francisco ein Los Francisco oder ein San Angeles geworden ist? Oder lange vorher? Oder dann noch lange nicht?

Nehmen wir an, es wäre nicht Ignoranz, sondern schlichtes Unvermögen, was bis heute eindeutige Antworten auf diese Fragen verhinderte, so bleibt uns nichts anderes übrig, als uns in der uns umgebenden Natur und in der Menschheitsgeschichte selbst Antworten zu suchen.

Beginnen wir mit der Grundfrage: Muß es überhaupt Grenzen des Wachstums geben? Nun, es besteht aufgrund der natürlichen Begrenztheit unseres Lebensraums – und des einzelnen Lebens in allen pflanzlichen, tierischen und menschlichen Formen – kein Zweifel daran, daß es für jegliches Wachstum Grenzen gibt. Wie schon eine alte Sprichwortweisheit sagt, wachsen Bäume nicht in den Himmel. Und bei aller Hoffnung auf die Wissenschaft: Eines wird mit Sicherheit auch ihr nicht gelingen – die Naturgesetze aufzuheben.

Aus diesen Feststellungen ergeben sich zwei Tatsachen: *Erstens* gibt es wie für jegliches, so auch für das Wirtschaftswachstum Grenzen. Aber *zweitens* wissen wir effektiv nicht, wo diese Grenzen zu ziehen sind (oder bereits – ohne unser Wissen – von der Natur oder einem übergeordneten Gesetz des Lebens gezogen wurden).

Die nächste Frage: Wo wären wir, wo wäre jeder einzelne

von uns bereit, eine solche Grenze zu akzeptieren? Angenommen, die Bevölkerung der nördlichen Hemisphäre sollte morgen ihren Politikern und Funktionären durch Mehrheitsbeschluß auferlegen, wann, wie und wo die Grenzen des Wachstums zu ziehen sind, um einem voraussehbaren Desaster zu entgehen – wofür würden wir plädieren?

Dürfen nach unserer Ansicht noch zehn Bäume zugunsten von Häusern und Verkehrsbauten gefällt werden, oder noch tausend, oder noch eine Million, oder vielleicht schon kein einziger mehr? Dürfen noch zehn Quadratkilometer Boden unter Beton und Zement verschwinden, oder noch tausend, oder noch eine Million, oder eigentlich schon kein einziger mehr?

Angenommen, wir müßten uns heute entscheiden (und eigentlich hätte das längst geschehen sollen), wie würde die Antwort wohl ausfallen? Bis wohin wollen wir gehen? Und dazu gleich die weitere und wichtigste Frage: Gibt es einen Zeitpunkt – jetzt oder später –, an dem man die gegenwärtige wirtschaftliche Entwicklung ohne Zusammenbruch unseres gesellschaftlichen Systems stoppen kann? Einen denkbaren Tag, an dem jeder von uns – auch jeder Technologe, Wirtschaftswissenschaftler und Politiker – mit Überzeugung sagt: Ab heute ist es genug, jetzt können wir ohne Schwierigkeiten das Wachstum beenden?

Da sind sicher einige Zweifel anzumelden: und zwar sowohl Zweifel, ob es diesen Punkt überhaupt gibt, wie insbesondere auch, ob wir das wirtschaftliche und das technologisch-industrielle Wachstum – um die es ja vor allem anderen geht – in 5, 10 oder 20 Jahren oder überhaupt je einmal problemloser abbrechen können als heute.

Es ist mehr als unwahrscheinlich, daß ein Übergang von unserer gegenwärtigen wachstumsorientierten Gesellschaft in eine stagnierende – oder sich zurückentwickelnde – Gesellschaft irgendwann quasi schmerzfrei vollzogen werden könnte. Das wäre ungefähr so, als wollte jemand behaupten, von einer 10 Meter hohen Mauer herunterzuspringen sei gefahrloser als ein Sprung aus 5 Meter Höhe.

Demzufolge müssen wir davonausgehen, daß der naturgemäß eintretende Wachstumsstopp in seinen negativen Auswirkungen auf unser Leben morgen dramatischer sein wird als heute. Unter dieser Voraussetzung läßt sich der Bewußtseinszustand derjenigen, die derzeit immer noch Wachstum fordern, nur mit einem Wort definieren: «Besessenheit!» Und so nennt es auch Fritjof Capra:

«Die weltweite Besessenheit von Wachstum hat eine bemerkenswerte Ähnlichkeit zwischen kapitalistischen und kommunistischen Volkswirtschaften bewirkt. Die beiden Hauptvertreter dieser sogenannten entgegengesetzten Wertsysteme, die Vereinigten Staaten und die Sowjetunion, erscheinen längst nicht mehr so unterschiedlich. Beide haben sich dem industriellen Wachstum und harter Technologie verschrieben, mit zunehmend zentralisierter und bürokratischer Kontrolle, sei dies nun durch den Staat oder sogenannte private multinationale Gesellschaften. Die allgemeine Süchtigkeit in bezug auf Wachstum und Expansion ist stärker als alle anderen Ideologien; um einen Ausdruck von Marx zu entleihen, sie ist das Opium des Volkes geworden.»

Einen gab es unter den führenden Politikern der Welt, der dieser Besessenheit schon in den fünfziger und sechziger Jahren mit großer Skepsis entgegensah, man nannte ihn den «Vater des deutschen Wirtschaftswunders»: Ludwig Erhard. Er war, auch wenn das heute viele nicht mehr glauben wollen, durchaus kein Verfechter des steten Wirtschaftswachstums. Erhard, Politiker, Wirtschaftstheoretiker und -praktiker in einer Person, vertrat im Gegenteil eine – in moderner Sicht – geradezu «wirtschaftsfeindliche» Auffassung: Es kann «nicht der Sinn des Lebens und der uns gestellten geschichtlichen Aufgabe sein, noch einmal eine Verdopplung des Konsums von Gütern – und sonst nichts – zu erreichen».

Er appellierte immer wieder an die Vernunft seiner Zeitgenossen, maßzuhalten. Aber man belächelte ihn. Er schrieb 1957 in seinem Buch *Wohlstand für alle*: «Vielleicht – oder ich meine sogar: gewiß – hat viele von uns die notwendige Hinlenkung aller menschlichen Energien auf die Rückgewinnung und Sicherung unserer materiellen Lebensgrundlagen in die Irre laufen lassen, und dabei ist das rechte Gefühl für die Rangordnung der Werte verlorengegangen.» Keine zehn Jahre später, im Dezember 1966, mußte Erhard sein Anliegen als gescheitert betrachten.

Ludwig Erhards Marktwirtschaft (die nach dem Zweiten Weltkrieg zwangsläufig hohe Wachstumsraten ausgewiesen hatte) wurde danach in eine zielgerichtete Wachstumswirtschaft umfunktioniert. Gegen den Willen des Mannes, der auf Freiheit *und* Vernunft gesetzt hatte und Nieten zog. «Mehr Konsum, mehr Geld, mehr Glück» schrien die Vernunftlosen und verkauften dafür Teile ihrer Freiheit. Lautstark übertönten sie den unbequemen Mahner, der nicht aufhören wollte, die Besessenen zu warnen: «Wir werden dahin gelangen, daß zu Recht die Frage gestellt wird, ob es noch immer richtig und nützlich ist, mehr Güter, mehr materiellen Wohlstand zu erzeugen.»

Wir Bürger der westlichen Industrienationen, die wir in diese berauschende wirtschaftliche Entwicklung hineingetaumelt sind, sie ohne viel nachzudenken in vollen Zügen genossen haben, wir werden – von der Panik der heute ratlos Führenden mitgerissen – noch eine Weile Wachstum praktizieren (uns zumindest darum bemühen). Irgendwann werden wir dann an die Grenze stoßen, und der Schock wird ungeheuer sein.

Üblicherweise weniger für jene, die sich mit dem Gedanken an das zwangsläufig Kommende vertraut machen, als für die vielen, die bis zum letzten Augenblick dem wachstumsfröhlichen Heute leben, ohne die bittere Konsequenz zu sehen.

Einige dieser Konsequenzen werden uns allmählich bewußt: Am gleichen Tag, an dem ein Mensch mehr Geld hat als je zuvor, kann er dennoch verdursten, verhungern oder ersticken, wenn ihm die Atemluft verpestet, Wasser und Nahrung vergiftet wurden. Schon ging das Wort «Umwelt» in das Vokabular der Politiker ein, wenn sie es auch in einer Art geistigem Salto mortale als Vehikel für ihre altgewohnten Standardillusionen benutzen. So wenn der bundesdeutsche Innenminister Dr. Friedrich Zimmermann «Selbstvertrauen und ungelähmte Antriebskraft» fordert, «die als Voraussetzung für eine Verbesserung der natürlichen Umwelt unabdingbar sind» (*Bayernkurier* 25. 6. 83).

Wie auch immer das gemeint sein mag, in der Formulierung schwingt etwas von jener Hybris mit, die da meint, alles, sogar Gottes Schöpfung, noch verbessern zu können. Die natürliche Umwelt verbessern? Kann es für den Menschen denn Besseres geben, als eine natürlich belassene Umwelt? Gewiß war eine Umwelt, in der Bären und Wölfe hausten, dereinst einmal höchst bedrohlich. Aber ist die Umwelt nun dort, wo Bären und Wölfe ausgerottet sind, besser? Gewiß kann eine natürliche Umwelt, die heiße Sommer und kalte Winter bietet, unangenehm sein, aber haben Klimaanlagen und Zentralheizungen mit ihren Begleiterscheinungen einer zerstörten Umwelt diese Umwelt verbessert?

Sollte Zimmermann etwa «die Wiederherstellung einer natürlichen Umwelt» gemeint haben? Dann wäre seine Formulierung eine Art Freudsche Fehlleistung, die etwa der seines bayerischen Ministerkollegen Anton Jaumann entspricht, der mit Blick auf das Wirtschaftswachstum von 1983 erklärt hatte, «daß langfristig gesehen die Wirtschaft ebenso auf eine intakte Umwelt angewiesen ist wie der Umweltschutz auf eine leistungsfähige Wirtschaft».

Eine absurde Behauptung, wie uns ein Blick in die Entwicklungsgeschichte des Lebens offenbart: Was Jahrmilliarden entstehen ließen, ist heute unsere Umwelt, und ihre Funktionsfähigkeit wäre wohl auch weiterhin am besten gewährleistet, wenn sie des «Schutzes» vor einer «leistungsfähigen Wirtschaft» gar nicht erst bedürfte.

Richtig ist der erste Teil von Jaumanns Satz, daß eine von Menschen betriebene Wirtschaft auf eine intakte Umwelt angewiesen ist (und sogar weitaus mehr, als Wirtschaftler und Politiker heute wahrhaben wollen). Solange der Mensch dem natürlichen Stoffwechsel unterworfen ist, wird Wirtschaft immer nur ein Hilfsmittel zum bequemeren Leben sein; sie wird jedoch nie eine der Grundvoraussetzungen menschlichen Lebens – Luft, Wasser, Nahrung – von sich aus bieten oder auch nur ersetzen können. Das wird man spätestens dann auch in Regierungskabinetten und Parlamenten begreifen, wenn uns die Luft eben nicht nur wirtschaftlich, sondern eines Tages in Form des lebenserhaltenden Sauerstoffs ausgeht.

Wo bleibt das Positive?

Es besteht ein feiner Unterschied zwischen Angst und Sorge: die eine gilt als ein bißchen primitiv, die andere ist – wie der Hamburger sagen würde – sehr viel gediegener. Arme Leute haben Angst, am nächsten Tag hungern zu müssen; reiche Leute machen sich höchstens Sorgen, ihren Besitz zu verlieren. Wir dürfen uns daher eigentlich schon aus Prinzip nicht ängstigen, denn bundesdeutsche Familien gehören zur Zeit nach Einkommen und Vermögen zu den wohlhabendsten der Welt. Ende April 1983 legten Professor Kurt Biedenkopf und Dr. Meinhard Miegel das Ergebnis einer Untersuchung ihres Instituts für Wirtschafts- und Gesellschaftspolitik vor:

Danach haben sich in der Bundesrepublik die Einkommen seit 1945 vervierfacht, die Vermögen verfünffacht und jede 25. Familie kann sich inzwischen zu den Millionären zählen. «Reicher als wir kann auf dieser Welt heute nimand sein», erklärte demzufolge Meinhard Miegel, um dann zu ergänzen, daß Landwirte, Selbständige und Arbeiter allerdings, was ihre Einkommen anbelangt, seit den siebziger Jahren zu den Verlierern gehören.

Wahrscheinlich haben sie sich zu wenig Sorgen gemacht, denn Sorge, sagt Bundesinnenminister Dr. Friedrich Zimmermann, «erweckt das erforderliche Problembewußtsein und die notwendigen Kräfte zur Besserung der Situation». Was aber wollen wir insgesamt eigentlich noch bessern? Haben wir in den westlichen Industrieländern nicht alles im Überfluß? – In der Bundesrepublik gehen jährlich Lebensmittel im Wert von 1,5 Milliarden Mark in den Müll, allein täglich eine Tonne Brot pro 30000 Einwohner!

Und entwickelt sich nicht auch alles andere wunschgemäß? – Die Leistungen der Roboter, denen jetzt noch die Fähigkeit des Sehens beschert wurde; Flughäfen wie Frankfurt am Main, wo nun auch bei Nebel und tiefhängenden Wolken gestartet und gelandet werden kann; die großartigen Leistungen der Mikrochirurgie, der Erfolg der italienischen Polizei gegen die Verbrecher-Organisation Camorra (850 Verhaftungen in einem Monat).

Auf der Nordseeinsel Pellworm wurde die bis dahin größte Solarzellen-Anlage der Welt als Sonnenkraftwerk installiert. Ein deutsches Steinkohle-Kraftwerk in Erlangen erklärte sich freiwillig bereit, seine Abgase «auf der Basis des von der Bundesregierung verabschiedeten Entwurfs der Großfeuerungsanlagen-Verordnung» für 200 Millionen Mark zu entschwefeln. Der Staubausstoß aus Industriekaminen wurde im Bundesgebiet um fast 75 Prozent und der Bleigehalt in der Luft der Städte um mehr als die Hälfte reduziert. Landwirtschaftsminister Hans Eisenmann erklärte, Bayerns Bauern würden chemische Dünge- und Pflanzenschutzmittel «jetzt nur noch in Maßen» verwenden.

Andererseits gelang es Regierungen und Gewerkschaften, die «im Prinzip für gute Luft und klares Wasser sind», die meisten der «wieder und wieder ausufernden ökologischen Forderungen im Interesse des Rechts auf Arbeit zu begrenzen» (so Äußerungen im *Spiegel* 45/1982).

Die Trimm-dich-Bewegung hat inzwischen in zahlreichen Ländern regen Anklang gefunden. Das Joggen, der Dauerlauf an frischer Luft, dient heute jung und alt zur körperlichen Ertüchtigung. Allerdings wird dabei in Städten und Ballungsgebieten von den Lungen der Jogger ein Vielfaches der Schadstoffe aus der Luft aufgenommen, so daß gesundheitliche Schäden nicht auszuschließen sind.

Schon allein wer heute an einer verkehrsreichen Straße spazierengeht, atmet Stickoxyde ein, die Reizhusten und Bronchitis verursachen können, Kohlenwasserstoffe mit krebserzeugender Wirkung und das Blutgift Kohlenmonoxyd. Gefährdet sind vor allem Jugendliche und ältere Menschen. Bereits in den Jahren 1936 bis 1956 nahmen die Krebserkrankungen allgemein um 27 Prozent, Erkrankungen an Lungenkrebs jedoch um 210 Prozent zu! Die Bundesrepublik gilt heute als eines der Länder mit dem höchsten Anteil an Krebserkrankungen.

Aber das ist ja schon wieder nicht mehr positiv. Genug der Schwarzmalerei und des Unerfreulichen. Wem nützen schon Pessimisten und Satiriker wie Peter Ustinov, von dem das gar nicht lustige Scherzwort stammt: «Die letzte Stimme, die man hört, bevor die Welt untergeht, wird die Stimme des Experten sein, der versichert, das sei gar nicht möglich.»

Glücklicherweise gibt es eine neue wissenschaftliche Disziplin, die Futurologie, die uns insbesondere in den sechziger Jahren mit weitaus optimistischeren Zukunftsaussichten versorgte. Der Berufsstand der Futurologen, der sich nach dem Zweiten Weltkrieg etablierte, bemüht sich, künftiges Geschehen vorauszusehen und zu interpretieren. Er ist der Priesterkaste der alten Völker vergleichbar, die alle, ob sie Ägypter oder Griechen, Römer oder Germanen waren, auch schon jeweils im voraus wissen wollten, wie ihre Unternehmungen wohl enden werden.

Um die richtigen Antworten auf diese Fragen zu finden, beobachteten die Zukunftsenträtsler jener Zeit Wolken und Sterne, setzten eine Pythia auf ein Dreibein, besahen sich die Leber eines Opfertiers, warfen kleine Hölzchen oder ein paar Knochen auf geweihten Boden und kamen – alles in allem – zu ähnlich unbzweifelbaren Ergebnissen wie die moderne Futurologie mit Hilfe von Umfragen, Statistiken und Hochrechnungen ihrer Elektronenhirne.

Wenn wir also hören wollen, welch goldenen Zeiten wir entgegengehen, sollten wir nicht versäumen nachzulesen, wie die Zukunft aussah, die uns noch bis in die siebziger Jahre hinein von den Futurologen vorausgesagt wurde. Vielleicht ist ja doch kein Anlaß zur Panik, und alles wird viel, viel besser, als wir es uns erträumen. Das Wort haben die Futurologen . . .

Horrortrip in die Welt von morgen

Jahrelang reiste der Fernsehjournalist Rüdiger Proske durch die Lande, um schließlich 1968 in einem Buch zusammenzufassen, was er auf seiner *Suche nach der Welt von morgen* bei Wissenschaftlern und Futurologen an Vorstellungen und Überlegungen vorgefunden und sich teilweise zu eigen gemacht hatte. Was damals viele als Offenbarung einer progressiven Weltsicht empfunden haben, wirkt heute über weite Strecken hinweg wie ein Sammelsurium überheblicher – aus heutiger Sicht geradezu schreckerregender – Utopien.

Ernähren wollte man uns unter anderem mit Lebensmitteln aus Rohöl. Da sollten «einzellige Mikroorganismen» in Gärtanks auf schweres Gasöl angesetzt werden. Daraus entsteht dann ein hochwertiges Proteinvitaminkonzentrat, das alle für die Ernnährung wichtigen Aminosäuren aufweist. «Einer schnellen Erweiterung der Produktionskapazität steht prinzipiell nichts im Wege», hieß es damals.

Niemand sprach davon, daß die Fischbestände in den Weltmeeren sich drastisch verringern werden, statt dessen schwärmte man von unterseeischen Aquakulturen. Die japanischen Erfolge mit der Austernzucht hielt man für «außerordentlich ermutigend». Man erwog damals ernsthaft, gezüchtete Austern gegen den – ja ohnehin nur als These denkbaren – Welthunger einzusetzen, da ihre Ausbeute «den gesamten Weltfischfang überträfe».

Natürlich siedelt der Mensch – nach damaligen Vorstellungen – seit Beginn der achtziger Jahre auch tief unter Wasser im Meer. Spätestens 1990 sollten die in 600 Meter Meerestiefe produzierenden Ölfelder von zentralen Büros auf dem Meeresgrund aus gesteuert werden. In den Unterwasserhäusern und -wohnungen sollte derselbe Druck wie in dem sie umgebenden Wasser herrschen, die Aquanauten könnten dann, so glaubte man, nach Belieben ihre Behausung verlassen und wieder in sie zurückkehren.

Proske sprach in diesem Zusammenhang von einer «Freiheit der Bewegung». Nur daß leider im Meerwasser nicht genügend Sauerstoff gelöst sei, um den Stoffwechsel von Säugetieren, wie den Menschen, in Gang zu halten. Es werde daher daran gedacht, den Sauerstoff aus einer Druckflasche direkt in den Blutstrom zu leiten, und die Lungen der Aquanauten – mit Wasser gefüllt – stillzulegen.

Natürlich sollten längst auch auf dem Mond Stationen eingerichtet sein, die, ähnlich wie in der Antarktis, mit wechselnden Teams besetzt sind. Sauerstoff aus Mondgestein, Gemüse aus Mondstaub und eingefärbte Plastikhimmel gegen die Sonnenstrahlung hätten das Leben auf dem Mond sicher sehr reizvoll werden lassen. Grundsätzlich aber ging man über technische und wirtschaftliche Probleme so minimaler Größenordnung zu bedeutenderen Projekten über.

Beim Verkehr sah man revolutionäre Veränderungen voraus: «Alte Häfen wie Hamburg oder Bremen haben keine Zukunft mehr», hieß es. Massengüter würden nur noch auf Riesenschiffen und mit Riesenflugzeugen befördert oder, soweit möglich, durch Pipelines gejagt. Eine andere Voraussage versprach uns eine nahezu unbegrenzte Menge von Energie aus Atomkraftwerken, und wenn die Uranvorräte auf den Kontinenten zu Ende gingen, würde man Uran aus dem Meerwasser gewinnen. Man setzte insbesondere auch auf die «Schnellen Brüter», von denen in der Bundesrepublik der erste spätestens 1980 in Betrieb sein sollte. Funktionsfähige Fusionsreaktoren versprach man sich und uns für das Jahr 2000.

Das bis heute nicht gelöste Problem der Beseitigung des lebensbedrohenden radioaktiven Abfalls der Atomkraftwerke war zu jener Zeit (vor 15 Jahren) überhaupt kein Thema. Die meisten Futurologen und Wissenschaftler erwähnten es nicht einmal.

Anderen und neuen Methoden, Energie zu gewinnen, gestand man nur «begrenzte Bedeutung» zu. Zum Thema Solarenergie sagte Proske: «Sonnenkraftwerke sind eine Utopie.»

Dafür erfuhren wir eine Menge über die Computer: Der Mensch an der Schwelle des kommenden Jahrhunderts würde sich mit dem Problem auseinanderzusetzen haben, «daß er mit Maschinen zusammenarbeiten muß, die klüger sind als er». Nun, zu dieser subjektiven Selbsteinschätzung einiger Futurologen kann man nicht viel sagen. Vom Wert natürlicher Entwicklung, von ökologischen Zusammenhängen oder gar Einsichten in die Zwangsläufigkeit geschichtlichen Geschehens wußten die Futurologen der sechziger Jahre (und wissen manche noch heute) nichts. Entsprechend ratlos zeigten und zeigen sie sich darum stets dort, wo ganz normale Entwicklungen zu registrieren sind.

Mit großer Überzeugung hatten sie verkündet, daß alle Probleme der Bedarfsdeckung bald ebenso bedeutungslos würden wie soziale Fragen und Arbeitslosigkeit! Und sie glaubten fest daran, daß «die Wissenschaftlichkeit der neuen Zeit» die Menschheit endlich «von ihren religiösen Grundlagen» trennen würde. Dann jedoch wunderte und irritierte sie, daß sich schon in den beginnenden sechziger Jahren der «freizeitgefährdete Mensch oft in den Konsum» flüchtete; daß er, allein gelassen und «im Grunde kreuzunglücklich», sich hemmungslos in den Genuß stürzte, in Sexualität, Alkohol, Spiel und Rauschgift.

Ihre tiefstempfundene Klage aber war und blieb, daß «der Abstand zwischen Europa und den USA in allem, was Forschung, Wissenschaft und technologischen Fortschritt angeht, erschreckend ist». «Die Bundesrepublik», schrieb Proske, «kommt bei meiner Suche nach der Welt von morgen nicht gut weg. Aber es ist nicht meine Schuld, daß sie ihre Zukunft verpaßt.»

Eine der verbreitetsten Methoden der Zukunftsforschung besteht darin, Menschen zu interviewen, von denen der Futurologe glaubt, daß sie zu einem neuen technischen Projekt oder anderen künftigen Entwicklungen Entscheidendes aussagen können. Ergänzt wird das Einzelgespräch oft durch eine zusätzliche telefonische oder schriftliche Befragung (manche Methoden basieren auch allein hierauf) der führenden Köpfe von Wissenschaft und Wirtschaft, Militär und Politik. Da werden dann (je nach Methode) Hunderte oder Tausende von Briefen ausgesandt und die Angeschriebenen dürfen – wie bei den persönlichen Interviews – einen Katalog von gezielten Fragen beantworten:

Welche Ziele sie gegenwärtig verfolgen; welche reellen Chancen bestehen, diese Ziele zu erreichen; wann sie wohl erreicht werden; welche Ziele es in der Vergangenheit gab; wann diese erreicht wurden und wie demzufolge der gegenwärtige Stand an Wissen, Vermögen, Macht und Einfluß sei? Alle Antworten werden anschließend dem Computer eingegeben, der die Aussagen miteinander vergleicht, gegeneinander abwägt, sortiert, übersichtlich macht und die Ziele und ihre Erfolgschancen durch die statistische Menge gleicher oder ähnlicher Auskünfte deutlich werden läßt.

Das Ganze – mit Rückfragen und Korrekturen versehen – ist dann am Ende *die Zukunft*. Zumindest glauben viele, vor allem natürlich die Futurologen selbst, fest daran, sie sei es. Man vertraut auf die Macht der Zahl, wie sich die alten Römer auf die «Aussage» einer Hühnerleber verließen. Das eine war und ist so überzeugend wie das andere.

Die Crux bei den meisten futurologischen Methoden sind die Fragen, wie sie so unbedarft einseitig kein römischer Priester einem Scipio oder Cäsar zu stellen gewagt hätte. Aber wer mag schon fragen: Welche Ziele werden auf keinen Fall verfolgt? Und wie viele Ziele verfolgte man in der Vergangenheit nicht und erreichte sie doch? Wie viele Ziele wurden schon verfolgt und nie erreicht? Wie viele Ziele wurden erreicht und brachten ganz andere als die erhofften Ergebnisse?

Vielleicht hätten die Antworten auf solche «unmöglichen» Fragen eher einmal den Weg zur Wirklichkeit gebahnt, möglicherweise wäre man dann sogar darauf gekommen, wie viele Zielsetzungen in der Vergangenheit anhand ihrer Ergebnisse mehr geschadet haben als sie nutzten. Welch ein wissenschaftlich-technischer Triumph war beispielsweise die Erfindung des Dynamits, und wieviel Tausende von Menschen wurden inzwischen mit seiner Hilfe getötet! Was aber unterscheidet einen neuerdings erhofften Erfolg von jenem? Das wäre auch eine der Fragen gewesen, die man hätte stellen sollen, aber nie gestellt hat.

Einer der bekanntesten amerikanischen Futurologen, der 1983 verstorbene Herman Kahn, sah die Menschheit der Zukunft als eine – spätestens in 200 Jahren erreichte – postindustrielle, jedoch hochtechnisierte, und von ihm daher so genannte «HiTech»-Gesellschaft. Mit anderen Ansichten, so mit der nicht gerade optimistischen Zukunftsschau *Global 2000*, ging Kahn streng ins Gericht:

Eine Milliarde Menschen, so argumentierte er, «die in menschenunwürdigen Verhältnissen vegetieren», sind 1980 bei der Weltbevölkerung von vier Milliarden natürlich unerfreulich. Unter den «rund 10 Milliarden», die jedoch seiner «gemäßigt optimistischen These» zufolge «in der Mitte des nächsten Jahrhunderts» leben sollen, erscheinen eine Milliarde Menschen in Armut, Hunger und Not nur noch «prozentual abgeschwächt». «Diese Erkenntnis», versicherte der Begründer des Hudson Institute in Croton-on-Hudson (USA), der Futurologe, Mathematiker und Physiker Herman Kahn, «entspringt nicht menschenverachtendem Zynismus, sondern einfacher Logik.»

Kahn setzte unverändert auf die Weltverbesserung durch Technologie, und wie er in den sechziger Jahren weder die Ölpreis-Steigerungen noch die extrem inflationistischen Tendenzen in den westlichen Industrienationen (einschließlich USA) voraussagen konnte oder wollte, versteifte er sich noch 1982 darauf, «daß keines der bekannten wirtschaftlichen Güter auf lange Sicht im Preis steigen wird – einschließlich der Energie». Außerdem kündige sich, so meinte er, «auch in den traditionell überbevölkerten Zonen der Erde eher ein Sinken als ein weiteres Ansteigen der Bevölkerungsziffern an», also hätten selbst «die Pessimisten kaum noch Anlaß» von einer drohenden Bevölkerungsexplosion zu sprechen «und Panikstimmung zu verbreiten».

Und 200 Jahre später wird dann «die postindustrielle Epoche zwar nicht das Schlaraffenland bringen, aber es sind durchaus erfreuliche Augenblicke möglich», sagte Kahn, um jedoch in echter Orakelmanier diese Aussage an anderer Stelle gleich wieder einzuschränken: «Es ist freilich nicht zu erwarten, daß diese Epoche die Menschheit von allen Sorgen befreit.» Und auch «die Stationen des Weges in die postindustrielle Zukunft sind keine Rastplätze einer bequemen, schnurgeraden Straße» *(Die Zukunft Deutschlands)*.

Die Gegenwart aber wird laut Kahn immerhin auch «von

drei wesentlichen Problemen gekennzeichnet: 1. Sie konfrontiert uns mit einer Reihe völlig neuer Technologien, von denen wir einige bei der Einführung noch nicht mit absoluter Sicherheit beherrschen. Folglich können 2. einige der entstehenden Probleme nicht vorhergesagt werden, so daß 3. solche Probleme zumindest über einen gewissen Zeitraum hinweg exponentiell ansteigen können und wir uns dieser Gefahr nicht bewußt werden, bis sie ein kritisches Stadium erreicht.»

Wenn du ein Bild der Zukunft willst . . .

In letzter Zeit ist es um die Zunft der Futurologen und um ihre prächtigen Prognosen etwas stiller geworden. Manche haben die Arbeit eingestellt, andere bekennen ihre Ratlosigkeit. So erklärte der Bundesverband der Deutschen Industrie (5/82), der sich sonst stets gern gängiger Prognosen bediente und auch mit eigenen Voraussagen nicht schüchtern war: «Zunehmend fällt es schwer, den weiteren Gang der Dinge abzuschätzen.» Und im Nachsatz folgt dann als Quintessenz seiner Erkenntnisse: Wirklichkeitsfremde Zielprojektionen seien keine Orientierungshilfen!

In Wahrheit sind sie Irrlichter, die Forschungsinstitute, Konzerne und Regierungen auf falsche Wege lockten. Ob technischer Fortschritt angekündigt oder das Ende des Wachstums prognostiziert wird: Sobald Wissenschaftler, Unternehmer oder Politiker der vermuteten Entwicklung gerecht werden wollen, bieten sie – wie Kahn einmal zutreffend formulierte – «die typischen Anzeichen einer selbsterfüllenden Prophezeiung». Kurz gesagt: Wer an Prognosen glaubt, der versucht, sie wahr zu machen.

So geschehen 1982: Voraussagen behaupteten damals, regenerative Energiequellen (vor allem Sonne und Wind) würden bis zum Jahr 2000 maximal 10 Prozent des bundesdeutschen Energiebedarfs decken. Im Bundestag wurde daraufhin – weil es nun sinnlos schien, für diese Forschungsprogramme noch zusätzliche Mittel zu investieren – der Antrag eingebracht, die vorgesehenen Beträge zu kürzen. Michael Heim *(Münchner Merkur)* kommentierte diesen Vorgang:

«Wir brauchen Prognosen, und wer die Wachstumsquoten der Schwarzwälder Uhrenindustrie richtig hochrechnet, wird uns auch voraussagen können, wann in jedem fünften Haushalt Afrikas eine Kuckucksuhr tickt. Im Energiebereich aber spiegeln sie eher die Bewußtseinslage der sogenannten Entscheidungsträger wider und nicht die physikalischen Fakten und technologischen Möglichkeiten. Wäre bereits öffentlich dekretiert, daß ein Drittel aller Mittel in die Solarforschung fließt, prompt wäre auch die 2000er Prognose anders ausgefallen.»

Die Futurologen heben unschuldsvoll die Hände, sie tragen ja für die aufgrund ihrer Voraussagen gefällten Entscheidungen keine Verantwortung. Aber sie haben ohne Zweifel mit ihren unausgereiften Computerspielen den von Heim genannten «Entscheidungsträgern» Vorstellungen einer künftigen Welt eingeimpft, die nun weiterwirken . . .

Natürlich stammen viele dieser Vorstellungen und «Prophezeiungen», die gegenwärtig verwirklicht werden, auch von Außenseitern der Zukunftsratezunft, von Philosophen, Physikern, Biologen, Schriftstellern und anderen. Einer von ihnen war George Orwell. Er schrieb 1948 den Zukunftsroman *1984*, in dem die Diktatur zur scheinbar unabänderlichen Selbstverständlichkeit geworden ist, der «Große Bruder» mit allen denkbar technischen Mitteln in das Privatleben der Menschen Einsicht nimmt und eingreift und eine Art staatlich verordnete Antisprache die Lüge in den Rang der Wahrheit erhebt.

Das alles ist im einzelnen nichts Neues. Jede Tyrannei der Menschheitsgeschichte hat sich für «ewig» oder «tausendjährig» gehalten, jede Diktatur hat alle ihr zugänglichen technischen Mittel benutzt, sich die Untertanen gefügig zu machen, und die Antisprache wurde spätestens zu jener Zeit aus der Taufe gehoben, als man behauptete, die Menschen – beziehungsweise ihr Seelenheil – zu retten, indem man sie grauenhaften Foltern unterwarf. In vielen Staaten wird die Antisprache heute im Alltag gebraucht, indem man zum Beispiel nachweisliche Diktaturen Demokratien nennt, oder wenn die Jahrtausendgefahr des Lagerns von radioaktivem Müll als «Entsorgung» bezeichnet wird.

Das Neue und Besondere in Orwells Buch war die Zusammenfassung der Methoden, mit der Menschen als Masse und als einzelne zu vergewaltigen sind, war das Zu-Ende-Denken eines Zustandes, in dem das Individuum nur noch einen lebenden Baustein zur Erweiterung und Erhaltung ideologisch begründeter Machtstrukturen darstellt. In Orwells Roman sagt der Funktionär des «Großen Bruders» dem Protagonisten Winston Smith, der sich unter der Folter verzweifelt an einen Rest Hoffnung auf eine bessere Zukunft klammert: «Wenn du ein Bild der Zukunft willst, dann stell dir einen Stiefel vor, der auf einem menschlichen Gesicht herumtrampelt – für immer.»

Orwell ist nicht mißzuverstehen, seine Zielrichtung gegen jede Art sozialistisch verbrämter totalisierter Unfreiheit ist nicht fehlzudeuten. Seine Geißelung der »linken» Diktatur basiert auf seinen Erfahrungen im Spanischen Bürgerkrieg, wo er das menschenverachtende und brutale Vorgehen der Kommunisten gegen «Abweichler» aus den eigenen Reihen miterlebte, wo er sich selbst wochenlang aus diesem Grund verborgen halten muße. Seinen Roman etwa als «Kampfschrift» gegen Ordnungs- und Überwachungsmaßnahmen in glaubwürdigen demokratischen Staaten aufzufassen, entbehrt dagegen jeder Grundlage.

Seine Prognose schildert die Diktatur der Zukunft, die sich – wie schon jede Tyrannei der Vergangenheit – aller Machtmittel bedient, die ihr ausgelieferten Individuen «gleichzuschalten». In der Praxis werden die gegenwärtig existierenden Diktaturen nur durch die meist chronische Knappheit an finanziellen Mitteln daran gehindert, schon jetzt die meisten von Orwell in *1984* beschriebenen Überwachungsmethoden anzuwenden.

Wie berechtigt seine Warnung in dieser Richtung ist, wird deutlich, wenn man sich vor Augen hält, daß im Jahr 1984 fast die Hälfte der Weltbevölkerung in Diktaturen (oder ähnlich regierten Staaten) lebt, von denen sich mehr als zwei Drittel als kommunistisch, marxistisch oder sozialistisch dem linken Lager zuordnen. Mit anderen Worten: Von 4,7 Milliarden Menschen leben mehr als 45 Prozent in Unfreiheit, davon 83 Prozent gezwungenermaßen auf die eine oder andere Weise sozialistisch.

Das war die Entwicklung, die Orwell kommen sah und vor der er Europa und insbesondere England warnen wollte. In diesem Punkt war und ist seine Prognose ohne Zweifel ernst zu nehmen, nicht jedoch, wenn es in der Bundesrepublik um die Einführung eines fälschungssicheren Ausweises geht. Trotzdem sollte die Sorge vor einer Übermacht des Staates in unserer Zeit in keinem Land der Erde als «neurotisch» (Matthias Walden) eingestuft werden.

Walden schrieb anläßlich der Proteste im Frühjahr 1983 gegen die zur Volkszählung vorgesehene und dann vom Bundesverfassungsgericht ausgesetzte Fragebogenaktion: «Wer vor Fragebögen der biederen und gesetzestreuen Bonner Regierung ins Schlottern gerät, muß sich fragen lassen, ob er eigentlich meint, noch als urteilsfähig gelten zu können? Unweit des Leidens politischer Gefangener und des Todes der Opfer von Diktaturen werden Mückenstiche schreiend beklagt.»

Wollte sich Walden mit dieser Kritik an der scheinbaren Unvernunft unter die Futurologen mischen und uns mit der Prognose beglücken, daß es bis zum Jahr 2000 in Deutschland keine politischen Veränderungen geben wird? Wie schnell könnte sich nämlich im anderen Fall der Mückenstich von heute in einen Todesstoß von morgen verwandeln!

Es mag im Augenblick vielleicht überempfindlich und unvernünftig erscheinen, der Bonner Regierung Antworten auf Fragen zur Bevölkerungsstatistik zu verweigern, aber wollen, ja, sollten wir nicht aus der jüngsten Geschichte unsere Lehren ziehen und die schnelle Veränderlichkeit der Welt einkalkulieren? Würde jemand 1938 bei der Eingliederung Österreichs in das Deutsche Reich vorausgesagt haben, daß zehn Jahre später deutsche Städte wie Breslau polnisch verwaltet werden, wer hätte ihn damals nicht ausgelacht? Aber wer garantiert uns jetzt – Breslau *wird* inzwischen von Polen bewohnt und verwaltet –, daß in zehn Jahren noch eine gleiche demokratische Regierung in Bonn unsere Akten in Händen hält wie gegenwärtig?

Gewiß, einige von uns sind empfindlich geworden, vielleicht sogar überempfindlich. Aber wer mag noch ernsthaft daran glauben, daß die zunehmende Bürokratisierung unseres Daseins sich morgen nicht noch nachteiliger für unsere Existenz auswirkt, als das heute schon der Fall ist.

Thesen

Wenn die Pole kippen

Veranlaßt durch eine Fülle neuer Erkenntnisse formuliert die Wissenschaft seit der Mitte dieses Jahrhunderts über das Werden und Vergehen der Erde neuen Thesen, die der euphorischen Grundstimmung der vorangegangenen 100 Jahre teilweise diametral entgegenstehen. Vom ausklingenden 19. Jahrhundert an stellten Astronomie und Geologie unseren Planeten, seine Kontinente und Meere, als Teile eines Systems dar, in dem sich Veränderungen nur im Verlauf von Jahrmillionen und für den Menschen und andere Lebensformen unmerklich vollziehen.

Das neuere Bild einer in vielerlei Hinsicht instabilen, von bislang unbekanntem kosmischem Geschehen abhängigen Erde, war das Thema meines Buches *Wenn die Erde kippt*. Sie kennt neben den langwährenden auch zahlreiche kurzfristige katastrophale Veränderungen, die sich für die jeweiligen Lebewesen in der Vergangenheit sehr wohl merklich und sogar teilweise tödlich vollzogen haben. Einige der seinerzeit ausführlich behandelten Thesen, die Kippvorgänge der geographischen Pole, der Magnetpole und des Klimas betreffend, müssen – weil sie auch hier zum Thema gehören – rekapituliert und um neu hinzugekommene wissenschaftliche Erkenntnisse ergänzt werden.

These: In ihrer Vergangenheit wurde die Erde wiederholt von kosmischen Unfällen betroffen, durch die globale Katastrophen, Verlagerungen der Erdachse und Verschiebungen der Kontinente ausgelöst wurden. Es gab Zusammenstöße zwischen der Erde und Kometen, Planetoiden und Meteoriten in Größenordnungen, die das Leben erheblich beeinträchtigen und durch die ausgelösten Folgeerscheinungen ganze Arten (Saurier) vernichten konnten. Solche Ereignisse sind jederzeit wieder möglich, aber mit hoher Wahrscheinlichkeit nur äußerst kurzfristig voraussehbar. Nach statistischem Durchschnitt ereignet sich derartiges alle 100 000 Jahre, das bedeutet: es könnte theoretisch noch zu unseren Lebzeiten geschehen.

Tatsache ist: Die Zusammenstöße der Erde mit Kometen, Kometentrümmern, riesigen Meteoriten und Planetoiden (= Kleinplaneten) sind nachgewiesen. Jüngsten Berechnungen zufolge kann die Rotationsachse der Erde dabei um einige Winkelgrade aus ihrer Stellung zur Umlaufbahn gestoßen werden. Durch die Verlagerung der Erdachse sind mehrere bisher unerklärliche Erscheinungen wie verschiedene Eiszeithorizonte, Kontinentalverschiebungen u. ä. ohne Schwierigkeiten zu erklären.

In unserem Sonnensystem gibt es etwa 50 000 bis 100 000 Planetoiden. Sie haben Durchmesser bis zu 1000 Kilometern. Beobachten konnte man bisher knapp 5000 Planetoiden, aber nur von etwa 2000 ließ sich der – meist sehr exzentrische – Bahnverlauf berechnen. 50 dieser Bahnen kreuzen immer wieder die Erdbahn. Mit anderen Worten: 50 Planetoiden befinden sich auf einem möglichen Kollisionskurs zur Erde. Außer ihnen – bleibt man in der Relation 2000 : 50 – mit einiger Sicherheit noch weitere 2000 der 50 000 bis 100 000 unbekannten Planetoiden.

Der größte der bisher beobachteten Planetoiden, Ceres, hat einen Durchmesser von etwa 800 Kilometern. Das ergäbe bei einem Einschlag in Europa einen Krater von Straßburg bis Berlin. Schon beim Einschlag eines mittelgroßen Planetoiden oder Kometen dürften nur wenige Menschen überleben. Die Auswirkungen eines solchen Einschlags sind kaum vorstellbar. Hitze und Druckwellen rasen über die ganze Erde. Riesige Flutwellen brechen über die Kontinente herein, die gleichzeitig von gewaltigen Erdbeben und Vulkanausbrüchen geschüttelt werden. Der Auswurf der Vulkane verdunkelt die Erde für Jahrhunderte. Allein dies und die Verlagerung der Erdachse hätten dramatische Klimastürze und -veränderungen zur Folge.

Bei einer gemeinsamen Fernsehdiskussion behauptete der Bonner Geophysiker Professor Dr. Manfred Bonatz, eine Verlagerung der Erdachse sei «nahezu unmöglich». Er rechnete vor, daß die Erde (durch ihre Masse und Kreiselbewegung) ein Energiepotential von 10^{36} erg aufweise; ein Planetoid oder Komet aber bringe es bei einem eventuellen Aufprall auf kaum mehr als 10^{30} erg. Das Energiepotential der Erde sei also eine Million mal größer, und was eine Million bedeutet, das müsse man sich erst einmal vor Augen halten.

In Wahrheit zeigt dieser Hinweis, daß es hier um Zahlen in Größenordnungen geht, die – offenbar sogar für manche Wissenschaftler – nicht mehr praktisch vorstellbar sind. Macht man sich die Mühe und schreibt die Zahlen aus, schrumpft die Differenz von einer Million erg fast zur Bedeutungslosigkeit:

Erde:	1 000 000 000 000 000 000 000 000 000 000 000 000,
Planetoid:	1 000 000 000 000 000 000 000 000 000 000,
Differenz:	1 000 000.

So gegenübergestellt, ist relativ leicht zu erkennen, wie gering 10^6 erg im Verhältnis zu 10^{30} und 10^{36} erg sind, und daß die Berechnungen einiger Wissenschaftler und ihre Aussage, ein Planetoiden- oder Kometeneinschlag könne jederzeit die Lage der Erdachse im Verhältnis zur Umlaufbahn um die Sonne verändern, durchaus ernst zu nehmen sind.

Nachdem sich die ungeheure Bedrohung aus dem All nicht

mehr leugnen ließ, verfielen einige Wissenschaftler auf die Idee, diese Gefahr im wahrsten Sinne des Wortes «atomisieren» zu wollen. Sie äußerten die Überzeugung, die Gefahr nicht nur rechtzeitig erkennen, sondern spätestens ab 1995 auch einen aus dem Weltraum heranrasenden Brocken mit Hilfe einer Kombination von Raumfähre und Atombombe auf eine von der Erde abweichende Bahn schießen zu können.

Die neueste Himmelserscheinung, der Komet Araki-Alcock, der am 11. Mai 1983 eine Erdannäherung von nur 4,6 Millionen Kilometern (das ist nach astronomischen Maßstäben fast ein Nichts) erreicht hatte, verwies jedoch solche Vorhaben in den Bereich der Science-fiction. Der Komet (nach seinen Entdeckern, einem japanischen und einem englischen Amateurastronomen, Genichi Araki und George Alcock, benannt) war nämlich erst 16 Tage vor seiner maximalen Erdannäherung, am 25. April, entdeckt worden.

Für Menschen, die zwischen dem 50. und dem 70. Grad nördlicher Breite leben, war er nach dem 8. Mai einige Tage in den frühen Abendstunden nahe dem Sternbild Großer Bär mit bloßem Auge als etwas verschwommene Erscheinung zu erkennen. Der Komet hatte keinen Schweif, wirkte so groß wie der Vollmond, war aber bei weitem nicht so hell. Hätte ihn seine Bahn statt bis auf 4,6 Millionen Kilometer an die Erde heran zu einer Kollision mit ihr geführt, hätte nichts und niemand ihn aufhalten können.

Der berühmte Halleysche Komet kam der Erde bisher – soweit entsprechende Messungen in der Vergangenheit durchgeführt und aufgezeichnet wurden – nur auf 9,6 Millionen Kilometer nahe. Man rechnet damit, daß er auch bei seinem nächsten Rendezvous mit unserem Planeten im Jahr 1986 diese Distanz wahren wird. Uns bleibt die Hoffnung, daß in absehbarer Zeit weder ein Komet noch ein Planetoid auf die Erde stößt. Eine Abwehr dagegen gibt es nicht.

Neben dem Kippen der geographischen Pole ist inzwischen auch das Kippen der Magnetpole nachgewiesen.

These: Der Erde steht in nicht allzu ferner Zukunft wieder einmal eine Magnetpol-Umkehrung ins Haus. Wieder werden einige Lebensformen dadurch zum Aussterben verurteilt sein. Die Spezies Mensch dürfte jedoch aufgrund ihrer Fähigkeit, sich längere Zeit unter der Erde oder in strahlengeschützten Räumen aufhalten zu können, gute Überlebenschancen haben. Die zusätzliche These, daß ein Kippen der Magnetpole mit gewaltigen Erdbewegungen bis hin zu Kontinentalverschiebungen verbunden ist, wird von den meisten Geologen abgelehnt.

Auf die Spur der Magnetpol-Umkehrungen kam man nach dem Zweiten Weltkrieg durch die Entdeckung von winzig kleinen Eisenspänchen, die in die Lavafelder jahrtausende- und jahrmillionenalter Vulkanausbrüche eingebettet waren. In der noch flüssigen Lava richteten sie sich nach den Magnetpolen aus. In der erkalteten Lava behielten sie dann ihre Stellung bei und verraten dadurch heute, welche Verlagerungen die Kontinente und Magnetpole in der Zwischenzeit durchgemacht haben.

Es war eine wissenschaftliche Sensation, als sich anhand der Eisenspänchen der unumstößliche Beweis erbringen ließ, daß sich die Kontinentalschollen im Verlauf der Erdgeschichte erheblich verlagert hatten und daß der magnetische Nordpol gelegentlich sogar magnetischer Südpol war, und umgekehrt. In den letzten 76 Millionen Jahren ereigneten sich – so fand man durch die Untersuchung hunderter Lavafelder aus den Jahrmillionen der Erdgeschichte heraus – nicht weniger als 171 solcher Umpolungen.

Ursprünglich meinte man, bei einer solchen Magnetpol-Umkehrung werde nicht viel mehr passieren, als daß die Kompaßnadel danach in die «falsche» Richtung zeigt. Neuere Forschungsergebnisse besagen jedoch, daß in der Vergangenheit zahlreiche Tierarten solche Polumkehrungen nicht überlebt haben.

Die einer Polumkehrung jeweils vorausgegangene Abschwächung des Magnetfeldes der Erde dauerte – soviel konnte man zusätzlich feststellen – mindestens 1000, im Höchstfall 4000 Jahre. Wir leben zur Zeit in einer solchen Phase der Abschwächung. Sie nahm nach bisherigen Feststellungen ihren Anfang vor etwa 2000 Jahren. Demnach hätten bis zur nächsten Polumkehrung genausogut einige hundert wie auch noch 2000 Jahre Zeit vergehen können. Jetzt aber erklärten die amerikanischen Geophysiker Subir Banerjee und Donald Sprowl von der Universität von Minnesota, ihre jüngsten Forschungen hätten ergeben, daß die Intensität des irdischen Magnetfeldes schon vor 4000 Jahren begonnen habe, nachzulassen. Das heißt also, daß mit der Umkehrung der Magnetpole bereits in absehbarer Zeit, vielleicht noch in diesem Jahrhundert zu rechnen ist!

Auch Banerjee und Sprowl weisen auf die Möglichkeit von Klimaänderungen und genetischen Störungen bei Lebewesen hin, die mit diesem Vorgang verbunden sein werden: «Dabei könnten Mutationen ausgelöst werden, deren Folge die Entstehung oder auch das Aussterben von Arten sei» (*Süddeutsche Zeitung*, 17. 4. 84). Die wissenschaftlichen Hintergründe dieser neuen Erkenntnisse und alle Theorien, die sich nun abweichend von bisherigen Vorstellungen damit verbinden, habe ich in *Wenn die Erde kippt* ausführlich dargestellt. Genauso auch zu dem vorhin erwähnten dritten Aspekt, der Klimaverlagerung, zu der nun ebenfalls jüngste Feststellungen nachzutragen sind.

Klimafaktor Mensch

These: Industrialisierung, Verkehr und mechanisierte Landwirtschaft verursachen seit mehr als einem halben Jahrhundert eine zunehmende Eintrübung der Atmosphäre. Das wird, wenn die Staubschicht dicht genug ist, zwangsläufig dazu führen – so die *eine Variante* –, daß die Wärmestrahlen der Sonne nicht mehr bis zur Erde durchdringen und eine neue Eiszeit beginnt. Die *andere Variante* besagt, daß durch diese Eintrübung nicht mehr genügend Wärme von der Erde in den Weltraum abgestrahlt wird. Dadurch entsteht eine Art Treibhausatmosphäre. Infolge des Wärmestaus schmilzt das Eis an den Polkappen. Es bildet sich mehr Wasserdampf; zusätzliche Wolken bewirken weitere Eintrübung. Eine Warmzeit beginnt.

Die ersten erkennbaren Folgen einer neuen Eiszeit wären zunehmende Gletscher. Dadurch wird Wasser der Weltmeere gebunden, und deren Fläche verringert sich. Land steigt aus dem Meer. Andere Landstriche, insbesondere gebirgige und hochgelegene Regionen versinken unter «ewigem» Eis. In den bisher gemäßigten Landstrichen wird es kalt. Schnee fällt und taut nicht mehr weg – oder nur wenige Sommerwochen lang.

Die ersten erkennbaren Folgen einer beginnenden Warmzeit wären Abschmelzvorgänge in den Polregionen. Der Spiegel der Weltmeere steigt, bisherige Küstenländer versinken in den Fluten. Sintflutartige Regengüsse lassen die Flüsse anschwellen. Es kommt in gemäßigten Regionen zu katastrophalen Überschwemmungen von bisher unbekanntem Ausmaß, während gleichzeitig wasserarme Landstriche versteppen und verkarsten.

Die Frage, welche der Varianten wahrscheinlicher auf uns zukommt, läßt sich 1984 schon mit größerer Sicherheit beantworten als 1981, als ich die ersten Hinweise auf Einzelheiten dieser Vorgänge und exakte wissenschaftliche Aussagen hierzu in *Wenn die Erde kippt* notierte. Jüngsten Beob achtungen zufolge tendiert die Entwicklung offensichtlich mehr zu einer kommenden Warmzeit.

Auf unserem Planeten wechselten von Urzeiten an Eis- und Warmzeiten. Allgemein anerkannte Aussagen darüber, was die Klimaumbrüche der Vergangenheit verursachte, gibt es bis heute nicht. Vorstellbar erscheint, daß globale Katastrophen zu weltweiten Vulkanausbrüchen führten, deren gewaltige Auswürfe die Atmosphäre ähnlich eintrübten wie in unserer Zeit die Industrialisierung – womit der Mensch zu einem Klimafaktor wurde.

Widerlegt ist die von älteren Klimatologen bislang vertretene Ansicht, daß Klimawechsel sich über Jahrtausende hinweg und für die jeweils existierenden Lebewesen somit unmerklich vollzogen hätten (ähnlich wie man es von geologischen Veränderungen angenommen hatte). Richtig an dieser Auffassung ist lediglich, daß die Höhepunkte neuer Klimaperioden sehr langsam erreicht werden; denn selbst bei ununterbrochenem Schneefall vergehen Jahrhunderte, bis sich neue Gletscher zur vollen Höhe aufgebaut haben.

Der eigentliche Wechsel von Klimaperioden erfolgte jedoch immer relativ schnell. Für Menschen, die solch einen Wechsel miterleben, könnte das *im einen Fall* (Beginn einer Warmzeit) wohl so aussehen, daß Gewitter nicht mehr Stunden, sondern Tage, Regengüsse nicht mehr Wochen, sondern Monate anhalten. Und schon die ersten ein bis zwei Meter des steigenden Meeresspiegels genügen, bei der nächsten Sturmflut breite, bisher bewohnte Küstenstriche bis zu einem nächsten Klimawechsel oder eventuellen geologischen Veränderungen unter den Wassern versinken zu lassen.

Im anderen Fall (Beginn einer Eiszeit) fällt eines Tages Schnee, vielleicht nicht dichter als im letzten Winter – aber es hört lange nicht mehr auf zu schneien. Die Mammutherden, die sich vor 11 000 Jahren auf den damals noch grünen sibirischen Steppen niederkauerten, um einen Schneesturm über sich hinwegbrausen zu lassen, standen nie wieder auf. Weil es über ihnen schneite und weiter schneite – bis sie eingeeist waren. Für das nördliche Sibirien begann damals die Periode ewigen Eises.

Für die Erde insgesamt bedeutete das jedoch keine neue Eiszeit. Es handelte sich lediglich um eine Verlagerung des nördlichen Eisschildes. Europa und Nordamerika traten gleichzeitig in die Periode der sogenannten Zwischeneiszeit ein und erlebten jene ungeheure Katastrophe, die Millionen

Menschen und Tiere in den Tod riß und als Sintflut in fast alle Überlieferungen der späteren Völker einging.

So oder ähnlich geschah es in der Vergangenheit immer wieder, und genauso wird es auch irgendwann in Zukunft geschehen: Schnee und Eis oder Wärme und Wasser kommen – und gehen nicht mehr weg. Jahrtausende später stochern dann vielleicht – wie vor einigen Jahren Forscher im arktischen Eis und im Boden der Nordsee – wieder Wissenschaftler in Gletschereis und Meeresböden und stellen fest, daß dort, wo sich von einer Schicht zur nächsten ein Klimawechsel abzeichnete, eine Zivilisation zerstört oder zumindest erheblich in Mitleidenschaft gezogen worden war.

Diese Erkenntnisse machen es wahrscheinlich, daß gegen Ende dieses Jahrhunderts die These vom Klimasturz zur Wirklichkeit wird. Satellitenaufzeichnungen der letzten Jahre ließen wiederholt auffallend starke Abschmelzvorgänge in der Arktis erkennen, was ebenso wie die auffallende weltweite Häufung von Überschwemmungskatastrophen den Beginn einer Warmzeitperiode ankündigen könnte. Womöglich müssen wir uns also doch – wie ich zum Jahreswechsel 1981/82 im *Rheinischen Merkur* («Ein Paukenschlag auf die Erdkruste») schrieb – zur Jahrtausendwende zu einem Bummel über den Jungfernstieg in Hamburg in einigen Metern Meerestiefe im Taucheranzug verabreden.

Vorerst ist das natürlich nur eine These, und Thesen sind lediglich an der Wahrscheinlichkeit orientierte Vorstellungen, die stets erst noch des Beweises bedürfen. Keiner der Wissenschaftler, die einen Klimasturz im nächsten halben Jahrhundert über uns hereinbrechen sehen – sei es Eiszeit oder Warmzeit –, konnte seine These bisher mit mehr als logischen Folgerungen belegen. An jenem Tag aber, an dem die eine oder andere These durch den zusammenbrechenden Ausgleichsmechanismus der Natur bewiesen wird, würden alle, die heute diesbezügliche Beweise fordern, sicher gern darauf verzichten.

Zum Thema Ausgleichsmechanismus sollte man bei dieser Gelegenheit zwei ergänzende Fakten nicht übersehen, die wesentliche Teile jenes ökologischen Systems betreffen, dem wir unsere Lebensmöglichkeiten verdanken.

Erstens gefährden die durch Industrie und Verkehr erzeugten Schadstoffe wie auch die aus der Agrarindustrie nicht mehr wegzudenkenden Chemikalien nicht nur das Grundwasser und verursachen den Säureregen, sie greifen auch die Ozonschicht an. Und niemand weiß, wie lange der Ausgleichsmechanismus unserer Atmosphäre noch in der Lage ist, die Ozonschicht immer wieder so weit zu verdichten und zu stabilisieren, daß sie alles organische Leben vor den tödlichen ultravioletten Strahlen der Sonne schützt.

Zweitens kommen die meisten dieser Schadstoffe aus den USA, aus Mittelengland, dem Ruhrgebiet, aus der DDR, aus Südpolen, aus der Tschechoslowakei und aus Teilen der Sowjetunion, aber inzwischen sind auch norwegische Fjorde, schwedische Seen und Wälder, die menschenleeren Gebiete Ostkanadas, die Gletscher Grönlands und weltvergessene Südseeinseln nicht mehr schadstoffrei. Hier betätigte sich der große Ausgleichsmechanismus der irdischen Atmosphäre mit Regen und Wind als verderbenbringender Giftverteiler.

Ohne diesen Ausgleichsmechanismus wären Industriezentren wie das Ruhrgebiet oder Mittelengland längst tot, anderseits aber hätten derartige Katastrophen vielleicht schon im vergangenen Jahrhundert die unheilvolle Entwicklung gestoppt, an der heute die ganze Erde krankt.

Die Wahrheit der Sterne

These: Durch die im Frühjahr 1982 herrschende Planetenkonstellation – alle neun Planeten befinden sich auf einer Seite der Sonne – wird es zur Störung des Gleichgewichts im

Sonnensystem kommen. Dies wird eine vermehrte Sonnenfleckentätigkeit auslösen. Da zwischen der Sonnenaktivität und der Rotationsgeschwindigkeit der Erde enge Beziehungen bestehen, ist danach mit häufigeren und schwereren Erdbeben zu rechnen.

Mit diesen Ausführungen setzte sich der englische Astrophysiker John Gribbin Anfang der siebziger Jahre heftigen Angriffen seiner Fachkollegen aus. Dabei sprachen für seine These immerhin einige unbestreitbare Tatsachen: Zwei chinesische Wissenschaftler, Li Zhisen und Ren Zhenqui, hatten für diese seltene Konstellation – sie wiederholt sich nur alle 179 Jahre – eine relativ geringfügige Verlagerung des Sonnenschwerpunkts in Richtung der Planeten berechnet (obwohl die Sonne 99 Prozent der Masse des gesamten Systems beinhaltet).

In einem Zyklus von etwa 11 Jahren (Durchschnittswert) ist jeweils starke Sonnenfleckentätigkeit zu verzeichnen. Ausgelöst durch die Synode der Planeten sollte es nach Gribbins Auffassung zwischen 1982 und 1984 zu besonders heftigen Sonnenaktivitäten kommen. Diese erzielen durch ihre korpuskulare Abstrahlung (durch die daraus resultierende Reibung zwischen Sonnenwind und irdischem Magnetschirm) bei der Erdumdrehung einen nachweisbaren Bremseffekt von einigen Millisekunden pro Jahr. Eine stärkere Bremsung aber kann, so wird vermutet, in Gebieten geologischer Instabilität schwere Beben auslösen.

Dann wurde jedoch der nächste Sonnenflecken-Höhepunkt schon 1980 registriert, und John Gribbin nahm seine Erdbeben-Ankündigung zurück, obwohl zu dieser Zeit einige Geologen aus ganz anderen Gründen zu dem Schluß kamen, daß die achtziger Jahre zunehmende Erdbebentätigkeit bringen könnten. Aber dann geschah etwas Ungewöhnliches: Der 1980 festgestellte Höhepunkt der Sonnenfleckentätigkeit wurde 1982/83 von einem neuen – dem von Gribbin erwarteten – Maximum übertroffen.

Es begann im Juli 1982 mit einer von der Bonner Volkssternwarte beobachteten «gigantischen Fleckengruppe», deren Fläche auf der Sonne fünfundzwanzigmal größer war als die ganze Erdoberfläche. Im November des gleichen Jahres verzeichneten Astronomen in Peking, Nanking und Jünnan eine zweieinhalb Stunden dauernde gewaltige Eruption auf der Sonne. Keine zwei Wochen danach meldete das Buhl-Planetarium in Pittsburgh (USA) eine der gewaltigsten Explosionen auf der Sonnenoberfläche: Riesige Energie- und Teilchenmengen wurden dabei in den Weltraum geschleudert. Die nächste Eruption gewaltiger Materiemassen auf der Sonne wurde im Februar 1983 registriert.

Die als Sonnenwind bezeichneten Energie- und Teilchenmengen umfließen die Planeten. Sie schützen die Erde zusätzlich zu ihrem Magnetschirm und ihrer Ozonschicht vor tödlicher kosmischer Strahlung, wirken gleichzeitig jedoch intensiv auf alle elektromagnetischen Vorgänge, auf Funkverkehr, Telefongespräche, Radio- und Fernsehübertragungen ein.

Dies und die neu erkannte Tatsache, daß die Planeten durch ihre jeweiligen Konstellationen Einfluß auf Schwerpunktverlagerungen und somit auf Sonnenflecken und -eruptionen haben, läßt eine interessante Frage zu: Wirken die Planeten auf diese Weise – durch die elektromagnetische Sonnenabstrahlung – auf die Erde, auf ihre Rotation und möglicherweise auch auf anderes irdisches Geschehen ein? Eine wissenschaftlich fundierte Antwort könnte eines Tages zu einem Brückenschlag zwischen Astronomie und Astrologie führen.

Inzwischen aber sollten uns aufgrund von Gribbins Anregung vordringlich die Zusammenhänge zwischen astrophysikalischen und irdisch-geologischen Ereignissen beschäftigen. Immerhin hatte sich ja seine Voraussage in bezug auf die vermehrte Sonnenaktivität zwischen 1982 und 1984 bewahrheitet, womit die Voraussetzung für seine Erdbebenprognose wieder gegeben war. Bewegen sich nun die Kontinentalschollen aufgrund kosmischer Anstöße mehr oder zumindest anders als sonst? Kommt es dadurch oder allein durch die Abbremsung der Erdrotation in absehbarer Zeit tatsächlich zu häufigeren und heftigeren Erdbeben?

Diese Frage wird die Zukunft beantworten. Genaue Voraussagen, wann ein Erdbeben welches Gebiet mit welcher Heftigkeit erschüttern wird, gibt es vorläufig nicht. Man weiß lediglich, daß die Bruchstellen der kontinentalen und ozeanischen Platten besonders gefährdet sind. Und dieses Wissen hängt wiederum mit der relativ jungen These der Plattentektonik zusammen.

Die Kontinentaldrift-Theorie, mit der 1912 der deutsche Geophysiker Alfred Wegener erstmalig eine Bewegung der Kontinente behauptete und geologisch begründete, wurde jahrelang von den Fachkollegen nicht ernst genommen. Durch die Magnetfeldforschung und die zuvor erwähnten «kleinen Eisenteilchen» in ehemaligen Lavafeldern wurde jedoch auch bewiesen, daß Kontinente und Meeresböden keine starren Gebilde sind, daß sie wandern, zerbrechen, Stücke verlieren und somit ständiger Veränderung unterworfen sind.

Auf dieser Erkenntnis und den Denkanstößen Wegeners aufbauend, entstand dann – vor allem in der zweiten Hälfte unseres Jahrhunderts – die neue Theorie von der Plattentektonik. Sie besagt, daß sich Kontinente und Meeresböden aus granitischen und basaltischen Platten zusammensetzen, die wie Eisschollen auf dem Wasser als größere oder kleinere Schollen auf dem weicheren Untergrund des oberen Erdmantels treiben. Da gibt es die Afrikanische, die Indisch-Australische, Euroasiatische und Antarktische, die Pazifische, Südamerikanische und Nordamerikanische Großscholle sowie als kleinere Platten die Arabische, Ägäische, Türkische, Karibische und Ostpazifische.

Dort, wo diese Platten (oder Schollen) zusammenstoßen

oder Bruchstellen aufweisen, führen die verschiedenen vertikalen und horizontalen Bewegungen zu Gegenläufigkeiten. Am Reibungswiderstand der Bruchstellen bauen sich dabei Spannungen auf, die irgendwann in Erdbeben ihre Entladung finden. Wirken gewisse Planetenkonstellationen also – wie jetzt festgestellt wurde – über eine vermehrte oder verminderte Sonnenaktivität auf diesen Schollenmechanismus ein, kann es durchaus Zeiten geben, in denen verstärkt Spannungen erzeugt werden, die sich dann Monate oder vielleicht auch erst Jahre später in gewaltigen Erdbebenwellen lösen.

Und sie bewegt sich doch

These: Erdbeben und Vulkanausbrüche sind nur als lokale Katastrophen denkbar und ereignen sich nur vereinzelt. Menschen – und mit ihnen alle anderen Lebewesen – sind also immer nur regional betroffen. Alle wirklich großen Veränderungen auf der Erdoberfläche finden dagegen über Jahrmillionen hinweg und also für die jeweiligen Lebewesen unmerklich statt.

Wir erinnern uns, diese These ähnlich auch schon beim Thema Klimatologie gehört zu haben. Prüfen wir nun, wie es in der Geologie aussieht, wo es um spürbare oder nicht spürbare Bewegungen in der Erdkruste geht.

Die Kurvenschreiber in den Erdbebenwarten rund um die Welt zeichnen alle Erdbewegungen auf, deren Stoßwellen je nach auslösender Energie und Stärke des Bebens mehr oder weniger deutlich die verschiedenen Erdschichten durcheilen. Von den schwächeren, vielleicht in einigen tausend Kilometer Entfernung kaum noch zu registrierenden, bis zu den rund um den Globus mit heftigen Ausschlägen des Schreibstifts verzeichneten Wellen reicht eine breite Skala.

Die Seismologen haben diese Skala in Grade eingeteilt,

mit denen sie die Energie des jeweiligen Bebens beziffern. Die so ermittelte Meßgröße nennen sie Magnitude und unterscheiden zwischen der lokalen Magnitude (ML), der Oberflächenwellen-Mangitude (MS) und der Raumwellen-Magnitude (MB). Die Magnituden stimmen – bis auf geringe Differenzen – untereinander und mit jener Maßeinheit überein, die bei Veröffentlichungen meistens als «die nach oben offene Richter-Skala» bezeichnet wird.

Die Richter-Skala gibt eine ungefähre Vorstellung von der Stärke eines Bebens. Normalerweise kann man davon ausgehen, daß ein Erdbeben mit der Stärke (Magnitude oder Richter-Skala) 3 bis 4 zumindest in der näheren Umgebung deutlich wahrgenommen wird: Menschen schrecken aus dem Schlaf, Gläser klirren im Schrank, in gebirgigen Gegenden werden Erdrutsche ausgelöst und die regionalen Zeitungen bringen zumindest eine Notiz. Beben der Stärken 5 und 6 haben in bewohnten Gebieten meist schon dramatische Folgen: Häuser stürzen ein, Schienen verbiegen sich und Straßen zeigen Risse. Beben der Stärken 7 und 8 gelten als besonders schwer.

Die tatsächlichen Auswirkungen können jedoch von dem, was Magnitude oder Richter-Skala aussagen, sehr verschieden sein. Das hängt nicht zuletzt von den örtlichen Bodenverhältnissen ab, ob der Untergrund weich und elastisch oder hart und unelastisch ist: So gab es im Oktober 1981 in Mexico City ein Erdbeben der Stärke 5,5 (Richter-Skala); Hochhäuser schwankten, und Millionen Menschen flohen in Panik auf die Straßen und aus der Stadt. Aber außer daß einige überstehende Dachteile abbrachen, Strom und Telefonverbindungen unterbrochen wurden und eine Frau vor Angst einem Herzschlag erlag, passierte nicht allzuviel.

Im März 1982 ereigneten sich sowohl in Süditalien (Region Basilicata) wie auf der japanischen Insel Hokkaido sogar Erdbeben der Stärke 7,3 (Richter-Skala), ohne daß es Tote gab. Ganz anders dagegen bei einem Beben der Stärke 4, das im Dezember 1982 den Nordjemen heimsuchte. In den zahlreichen Dörfern starben unter dem Schutt der zusammenbrechenden Häuser mehr als 3000 Menschen.

Dagegen hatten Erdbeben mit Stärken über 7, die im Januar 1983 Teile Süditaliens und die griechischen Inseln Kephalonia und Lefkas erschütterten, lediglich geringfügige Gebäudeschäden verursacht. Ähnlich war es bei drei Erdbeben (Stärken 5,3; 6,4; 5,6) im März 1983 in Westgriechenland. Zur gleichen Zeit aber forderte ein Beben der Stärke 5 im Iran mindestens 100 Tote, und ein Beben gleicher Stärke (5,5), das am Gründonnerstag 1983 Südkolumbien erschütterte, forderte mehr als 350 Tote und 1500 Verletzte.

Im Mai des gleichen Jahres ereignete sich vor den Küsten Japans ein schweres Erdbeben (7,7), und obwohl die Inseln selbst nicht betroffen waren, wurden durch die Flutwellen (Tsunamis) mehr als hundert Menschen in den Tod gerissen.

In den zwei Jahren vom April 1981 bis zum April 1983 erlebten die Menschen im westlichen Pazifik von Taiwan bis zu den Kurilen – also die Japaner und ihre unmittelbaren Nachbarn – mehr als dreißig Erdbeben der Stärken 3 und 4, ebenso viele der Stärke 5 und auch der Stärke 6. Zweimal wurden die Japanischen Inseln in dieser Zeit von Erdbeben mit 7,1 und 7,4 MS (Oberflächenwellen-Magnitude, siehe Seite 115) heimgesucht.

Einmal – am 23. Juli 1982 – brachen sich die Flutwellen eines Seebebens von 7,4 MS an Japans Küsten. Innerhalb von zwei Jahren waren das also fast hundert mehr oder weniger schwere Erd- und Seebeben: eine deutliche Konzentration gefährlicher Erdbewegungen in einem Gebiet geologischer Instabilität.

Die Erdbebenregion von Peru bis Kalifornien hatte im gleichen Zeitraum ein gutes halbes Hundert Beben der Stärken 3 und 4 (darunter allerdings auch unterirdische

Atomexplosionen) zu verzeichnen, dazu mehr als vierzig der Stärke 5 sowie elf der Stärken 6 und 7. Insgesamt eine Zahl von mehr als hundert Beben.

In Mittel-, West- und Osteuropa ging die Stärke der Erdbeben in dieser Zeit über die Magnitude 5 kaum hinaus. Fünf dieser schwereren Beben standen allerdings mehr als achtzig Beben der Magnituden 3 und 4 gegenüber. Dramatischer konzentrierten sich die Erd- und Seebeben in der gesamten Region von Spanien bis zum Iran, dort und im weiteren Mittelmeerraum wurden in der angegebenen Zeit mehr als hundert Beben der Magnituden 3 und 4, über dreißig Beben der Stärke 5 und zwölf mit Stärken über 6 ML registriert. Von den drei etwa gleich großen Regionen übertraf also die Bebenhäufigkeit im Mittelmeerraum die beiden anderen Gebiete (Japan und Mittelamerika) um mehr als 50 Prozent.

Zur Tendenz der Konzentration einer zunehmenden Erdbebenhäufigkeit in dicht bevölkerten Gebieten der Erde kommt ein weiterer Aspekt: Je mehr Menschen in den von Erdbeben bedrohten Gebieten leben, desto mehr sind in Gefahr. San Francisco 1906 und San Francisco 1986, das ist nicht nur ein Unterschied von einigen hunderttausend Einwohnern, sondern gegebenenfalls auch der Unterschied von hunderttausend Erdbebenopfern mehr. Und das gilt bei der wachsenden Zahl der Erdbevölkerung ebenso für Rom oder Athen, Los Angeles oder Tokio wie alle Städte in den bekannten Erdbebengebieten.

Und zu all dem nun noch die Frage, ob sich die großen und kleinen Schollen wirklich immer nur unendlich langsam bewegen, oder ob es im Zuge der «Erdrevolutionen» – so nennen Geologen globale Katastrophen – nicht doch einmal zu beschleunigten Bewegungen kam oder kommen könnte? Auch die Frage nach der angeblich festgelegten Bewegungsrichtung der Kontinentalschollen muß neu gestellt werden, nachdem die Astronomen in den siebziger Jahren aufgrund ihrer Meßdaten zu der Feststellung kamen: Es gibt kein langsames, stetes Auseinanderdriften der Schollen zu beiden Seiten des Atlantik, sondern ein deutliches Hin- und Herschwingen.

Die Geodäten, die Erdvermesser, bestreiten diese Aussage mit dem Hinweis, die meßtechnischen Möglichkeiten der Astronomen seien viel zu begrenzt, ihre Meßdaten nicht genau genug. Sich selbst aber sehen die Geodäten erst bis zur Jahrtausendwende in der Lage, über großräumige Bewegungen der Kontinentalschollen konkrete Angaben und Meßergebnisse liefern zu können.

In der Zwischenzeit – also noch etwa 15 Jahre – müssen die Geologen weiter mit ihrem inneren Zwiespalt leben und arbeiten: Einerseits sprechen sie, gemäß ihrer neuen wissenschaftlichen Erkenntnisse, von einer «Gleichzeitigkeit großer tektonischer Prozesse», der «zeitgebundenen Steigerung der Intensität» und «Zeiten verstärkter Tektonik», andererseits klammern sie sich verzweifelt an ihre vor 100 Jahren begründete Lehrmeinung, daß sich alle Veränderungen auf der Erdoberfläche – also auch die «crashs» der gegeneinanderprallenden Platten der Erdkruste – in einem Zeitlupentempo von Millionen Jahren vollzogen haben sollen.

Gegenwärtigen geologischen Schilderungen zufolge türmten diese «crashs» Gebirgsmassive auf und drückten ganze Teile von Kontinenten unter den Meeresspiegel, jeweils «ein Chaos von erderschütternden Beben und globalen Vulkanausbrüchen» verursachend. Und das Ganze über Millionen Jahre hinweg: Also «erderschütternde Beben», die einige Millionen Jahre währten? Und dazu einige Millionen Jahre lang anhaltende «globale Vulkanausbrüche»? Die Erde müßte demzufolge jeweils Millionen Jahre ein Chaos dargestellt haben!

Es dürfte für die Geologie an der Zeit sein, solche Formulierungen zu überdenken und alte Vorstellungen dementsprechend zu korrigieren und dem neuen Wissen anzupassen. Aber an diesem Punkt geraten wir an ein Phänomen, dem allgemein verbreiteten Glauben an die Fortschrittlichkeit der Wissenschaft, die nur bedingt der Realität entspricht.

So unbestreitbar einzelnen Forschern immer wieder im Laufe der Jahrhunderte Vorstöße in neue Räume des Wissens gelungen sind, so schwer hatten sie es in der Regel auch, sich gegen die jeweils herrschende Lehrmeinung durchzusetzen. Daraus ergibt sich ein Paradoxon: Zwar repräsentiert die Wissenschaft – als anonyme Institution – zweifellos einen Bereich fortschreitenden Wissens, die Wissenschaftler selbst aber denken und handeln in ihrer Mehrheit konservativ, um nicht zu sagen: rückschrittlich!

Zum Beispiel Semmelweis

These: Es gibt eine Vorwärtsentwicklung, Fortschritt genannt. Wie auf allen Gebieten, so auch auf dem der Medizin. Unermüdlich waren Ärzte zu allen Zeiten bemüht, immer neue und bessere Wege zur Heilung von Krankheiten zu finden. Mediziner scheuten und scheuen keine Opfer und keine Mühen, um ihren Patienten stets die neuesten und fortschrittlichsten Erkenntnisse der Wissenschaft zugute kommen zu lassen.

Das aber ist nur die halbe Wahrheit. In Wirklichkeit stand gegen jene, die man heute die «großen Ärzte» nennt, zu ihren Lebzeiten oft die breite Front der Fachkollegen, die nichts von Neuerungen wissen wollten. Denn auch die Mediziner, denen doch eigentlich an jeder Erweiterung ihres Wissens zum Wohl der Kranken gelegen sein sollte, unterscheiden sich in bezug auf Fortschrittsfeindlichkeit bei allem, was nicht den herkömmlichen Lehrmeinungen entspricht, keineswegs von anderen Akademikern.

Sie protestierten schon gegen Andreas Vesalius (1514–

1564), als dieser beim Sezieren feststellte, daß die anatomische Wirklichkeit durchaus nicht in allem mit der bis dahin gelehrten Beschreibung des Menschen übereinstimmte. Weder war die Zahl der Rippen in den Lehrbüchern richtig angegeben, noch hat der Mensch einen gespaltenen Unterkiefer, wie blind gelehrt und geglaubt wurde. Georg Ernst Stahl (1659–1734) wurde nicht weniger angegriffen, als er die krankmachenden oder heilenden Wirkungen der Psyche auf den Organismus feststellte und eine Ganzheitstherapie forderte.

Bei den legendären Ärzten der alten Thraker, Orpheus und Asklepios (den wir als Gott der Heilkunst, Äskulap, kennen), war jüngsten Forschungsergebnissen zufolge schon Jahrhunderte vor Christi Geburt «der gezielte und bewußte Einsatz von psychotherapeutischen Methoden» eine Selbstverständlichkeit. Sie wurden sowohl individuell wie auch kollektiv angewandt und in «sinnvoller Abgewogenheit mit somatischen Mitteln vereinigt» (Heinz Siegert).

Eine derartige Ganzheitsbehandlung aber wollte zu Stahls Zeiten kein Mensch mehr begreifen (und auch heute ist sie in der Schulmedizin noch keineswegs Allgemeingut). Der berühmte Schweizer Arzt Albrecht von Haller (1707–1777) befand: Stahls Vorstellungen seien nur ein «Freibrief für Kurpfuscher und Wunderheilungen».

Dann die Reaktion, als der englische Pfarrerssohn Edward Jenner (1749–1832) herausfand, daß eine absichtliche Ansteckung mit Kuhpocken - was wir heute Schutzimpfung nennen – vor den immer wieder in Epidemien grassierenden und oft genug tödlich verlaufenden Pocken schützt: Der Präsident der Royal Society, Sir Joseph Banks, lehnte es schlichtweg ab, den Bericht des jungen Arztes Jenner dieser «Ehrenwerten Gesellschaft» vorzulegen. Die Entdeckung des Blutkreislaufs (William Harvey, 1578–1658) wurde jahrzehntelang nicht ernst genommen.

Offenkundige Spinner als «Kreisläufer» zu bezeichnen, galt damals unter Medizinern als witzig.

Heute wird Ignaz Philipp Semmelweis (1818–1865) als «Retter der Mütter» bezeichnet. Damals aber, als der junge Arzt in der 1. Wiener Gebärklinik voller Entsetzen zu der Feststellung kam, daß er selbst und seine Kollegen durch das Sezieren von Leichen und die anschließende Untersuchung von Wöchnerinnen das Kindbettfieber übertrugen und so unbewußt schuldig wurden am Tod ungezählter Frauen und Kinder, damals schüttelte die gelehrte Fachwelt über diesen Phantasten, der sich an keine der feststehenden Lehrmeinungen hielt, nur den Kopf.

Sicher gab es auch einige Ärzte, die ihm zustimmten und von nun an auf strenge Hygiene und gründliche Waschungen in Chlorkalklösung achteten. Denn sogar das hatte Semmelweis noch herausgefunden, daß Ärzte und Helfer, die sich entsprechend reinigten, offensichtlich kein Kindbettfieber bei den Frauen mehr auslösten.

Aber 1851 sprach sich die Untersuchungskommission der Académie de Médicine von Paris gegen Semmelweis und seine Thesen aus und bestritt überdies eine desinfizierende Wirkung des Chlorkalks. In der 1. Wiener Gebärklinik arrangierte man sich daraufhin mit einem typisch österreichischen Kompromiß: Man bekämpfte zwar offiziell die Lehre des ehemaligen Kollegen, aber – man wandte seine Methode an (zum Segen der Mütter und Kinder).

Sieben Jahre später erklärte der Papst der deutschen Ärzteschaft, Rudolf Virchow, in einem Vortrag vor der Gesellschaft für Geburtshilfe in Berlin noch immer: «Die Ursachen der Kindbettfieber-Epidemien sind Witterungszustände und gleichzeitige Erkrankungen wie akute Exantheme und ausgedehnte Entzündungen.» Keiner der anwesenden Ärzte und Geburtshelfer widersprach. Der Name Semmelweis wurde gar nicht erwähnt.

Wozu auch? Paris hatte ja eben nach einer erneuten Untersuchung dessen Theorie zum zweitenmal verworfen. Virchow dagegen stand, das wußte jeder, für den ungehemmten «liberalen» Fortschritt der Wissenschaft und gegen jene finsteren Mächte der Fortschrittsfeindlichkeit, die er vor allem in Monarchie und Kirche verkörpert sah. Zwar hatte zur gleichen Zeit Louis Pasteur erstmals Bakterien nachgewiesen, aber der gedankliche Weg von der Bakteriologie zum Kindbettfieber war noch zu weit.

Immerhin schaltete sich 1859 auf die Bitte von Semmelweis der große Chemiker Justus Liebig ein und bestätigte nach entsprechender Untersuchung, daß Chlorkalk «unzweifelhaft eine desinfizierende Eigenschaft» habe. Doch das interessierte offenbar nur wenige. Ein Jahr später veröffentlichte Semmelweis seine *Aetiologie*, die heute als eine der bedeutendsten Schriften in der Geschichte der Medizin angesehen wird, zu seiner Zeit jedoch kaum beachtet wurde.

Bei der «Versammlung Deutscher Naturforscher und Ärzte» in Speyer (1861) wurde die Erkenntnis und Lehre von Semmelweis mit großer Mehrheit abgelehnt. Wieder ein Jahr später kam der Pariser Kliniker Dumontpallier auf die Idee, daß ein Mikroorganismus die Ursache des Kindbettfiebers sein könnte. Die Entdeckung von Pasteur sprach sich herum und wurde nach mikroskopischen Tieruntersuchungen 1863 auch von den Wienern anerkannt. Aber Virchow rückte die Welt noch im gleichen Jahr wieder zurecht: «Die Hauptursache bei Entzündungen und Ausbreitung des Kindbettfiebers ist Prädisposition des Individuums zu ausgedehnten und bösartigen Entzündungen.»

Diesmal erwähnte Virchow sogar bei seinen Ausführungen Semmelweis, aber nur, um die Gültigkeit von dessen Lehre energisch zu bestreiten. Und Tausende von Müttern starben weiter an den Eingriffen der ärztlichen Geburtshelfer. Daß Semmelweis angesichts dieser Tatsache einmal einem besonders böswilligen Kollegen schrieb, er erkläre ihn «vor Gott und der Welt für einen Mörder», wird ihm –

Semmelweis – noch heute von Medizinern und Biographen verübelt: «Dieser Ton diente der Sache nicht, er löste Befremden und Empörung aus.» Wohlgemerkt: der Ton! Nicht etwa die Tatsache, daß unbeeindruckt weitergemacht wurde.

1864 propagierte der englische Chirurg Joseph Lister die antiseptische Wundbehandlung. An der Übertragbarkeit von Krankheitserregern durch den Menschen konnte es keinen Zweifel mehr geben. Entschuldigten sich nun ein Virchow und Kollegen für ihre Borniertheit? Kein Gedanke daran. Als ob es seine ureigenste Erkenntnis wäre, verkündete der allzeit fortschrittliche Rudolf Virchow jetzt – nach eineinhalb Jahrzehnten: «Kindbettfieber kann bei einer Epidemie auch durch Infektion oder Kontagion einschließlich Selbstinfektion sowie auch spontan entstehen.»

Es fängt langsam an zu wirken

These: Die Weltbevölkerung wird immer gesünder! Die statistische Lebenserwartung ist in den vergangenen 50 Jahren nahezu unaufhaltsam gestiegen. Antibiotika und Mikrochirurgie erhalten das Leben heute auch dort, wo es früher Seuchen und Unfällen rettungslos zum Opfer fiel. Die moderne Medizin hat bei der Rettung und Erhaltung menschlichen Lebens einen Stand erreicht, der noch für unsere Großeltern nicht vorstellbar gewesen wäre.

Nun hat es in der Geschichte der Menschheit wahrhaftig Seuchen und verbreitete Krankheiten gegeben, die nur wenige Menschen überlebt haben. Die Kindersterblichkeit war erschreckend groß, und noch zu Beginn dieses Jahrhunderts galt der Satz: Wer volljährig wird (damals mit 21 Jahren), der hat auch eine reelle Chance, uralt zu werden. Daraus ergeben sich zwei Feststellungen:

Erstens stammen alle späteren Generationen fast ausschließlich von jenen Menschen ab, die im Verlauf der

Menschheitsgeschichte aufgrund ihrer speziellen Immunität oder ihres allgemein guten Gesundheitszustandes alle jeweiligen Ausleseprozesse durch Infektionskrankheiten (darunter Seuchen wie Pest, Cholera usw.) überlebten. Im Laufe der Jahrhunderte wurde auf diese – zugegeben grausame, aber natürliche – Weise ein sich ständig ergänzendes Gesundheitspotential aufgebaut, das selbst die Pest schon ein Jahrhundert vor Entdeckung der Bakterien aus Europa fernhalten konnte.

Zweitens gestehen es erfahrene Ärzte gelegentlich sich und Kollegen ein: Wir machen nicht nur gesund und verlängern dadurch das Leben, sondern wir verlängern auch Krankheiten. Tatsache ist: Wer im 19. Jahrhundert 80 Jahre alt wurde, der mußte bis dahin kerngesund sein. Heute dagegen können auch kranke Menschen ein hohes Alter erreichen.

Inzwischen gibt es Tabletten, Tropfen und Spritzen gegen fast alles. Allein in der Bundesrepublik Deutschland stellte die pharmazeutische Industrie im Jahre 1982 Arzneimittel für 16,8 Milliarden Mark her (für weitere 9,2 Milliarden Mark ließ sie im Ausland produzieren). Arzneimittel für 7,1 Milliarden Mark wurden von der Pharmaindustrie exportiert.

Gelegentlich wird dann den Ärzten vorgeworfen, sie verordneten zuviel (Bundesrepublik 1981: 44,5 Millionen Rezepte allein für Beruhigungsmittel, die bei regelmäßiger Einnahme über längere Zeit süchtig machen). Auf der anderen Seite meutern Patienten, medizinische Gerichtsgutachter und Pharmaindustrie, wenn ein Arzt nicht fleißig genug Pillen verschreibt. Dem Chefarzt eines Kreiskrankenhauses am Tegernsee wurde vom Landrat gekündigt, weil «der Umstand, daß ... der Medikamenten-Bedarf der Inneren Abteilung in der Größenordnung von einigen hunderttausend Mark zurückging, Patienten wie Kollegen irritiert» (*Oberbayerisches Volksblatt*, 25. 1. 83).

Der Glaube, man könne beinahe alles, sogar das Älterwerden «kurieren», ist weit verbreitet. In Wahrheit wird das in Jahrhunderten aufgebaute Potential menschlicher Abwehrkräfte gegen Krankheitserreger durch ein Überangebot an Medikamenten und durch Ärzte, die sich weitgehend als Pillenverteiler und Spritzenverabreicher betätigen, in wenigen Jahrzehnten verschleudert. An dieser Tatsache führen weder Gesundheitsappelle noch Vorsorgeuntersuchungen, noch Kostendämpfungsgesetze vorbei. Auf der anderen Seite muß man jedoch sehen, daß der auf den einzelnen Arzt ausgeübte Druck – insbesondere durch seine halbaufgeklärten Patienten – nahezu unwiderstehlich ist. Welcher Arzt könnte es sich heute noch erlauben, ein mögliches, aber vielleicht nicht unbedingt erforderliches Medikament zu verweigern? Und wo wohl wäre die genaue Grenze zu ziehen zwischen dem, was erwünscht, und dem, was notwendig ist?

Die Folge des medizinischen «Fortschritts»: Immer häufiger werden die Immunschwächen registriert. Durch Transfusionen und Spritzeninfektionen wird eine Form von Leberentzündung (Hepatitis B) übertragen, an der im Bundesgebiet jährlich etwa 50 000 Menschen erkranken. Die Homosexuellen aller Länder und darüber hinaus die Empfänger von Bluttransfusionen bedroht neuerdings eine spezielle, durch Viren übertragene lebensgefährliche Immunschwäche: Aids, besonders tückisch durch die unglaublich lange Inkubationszeit (bis zu drei Jahren).

Fast täglich kommen neue Medikamente auf den Markt, aber daneben ist glücklicherweise nichts so alt, daß es nicht von fortschrittlichen Geistern als Neuheit entdeckt werden könnte. So die jüngst empfohlene «Medizin»: Regelmäßiger Geschlechtsverkehr. Mindestens zweimal die Woche hat ihn schon vor 400 Jahren Luther empfohlen. Und jetzt erkannte wahrhaftig auch die Weltgesundheitsorganisation (als Ergebnis eines zehnjährigen Forschungsprojekts!), daß «eine erfüllte und problemlose Sexualität die beste Gesundheitsförderung» sei.

Am Max-Planck-Institut in Göttingen hatte man 1980 einen zusätzlichen medizinischen Effekt des Geschlechtsverkehrs aufgespürt: «Eine erstaunliche Eigenschaft der Samenflüssigkeit», die entzündungsverursachende Mikroorganismen in der Scheide angreift. «Eine Substanz, die angeblich ein ebenso starkes Antibiotikum ist wie Penicillin» (*Newsweek*). Also sind die Übervorsicht vieler Frauenärzte, die verordneten Antibiotika samt dem meist darauf folgenden Pilzbefall und alle weiteren unangenehmen Folgen eigentlich vermeidbar. Es müßte halt nur der regelmäßige Geschlechtsverkehr noch funktionieren.

Genau daran aber scheint es in unserer Zeit zu hapern. Je mehr von Sexualität die Rede ist, desto weniger wird sie praktiziert. «Für immer mehr Männer ist die Liebe eine Last» oder «Jeder dritte Mann ab vierzig hat Probleme mit der Liebe», heißt es in Anzeigen entsprechend angebotener Potenzverstärker, und die *Bunte Illustrierte* (13/83) klagte: «Viele Männer sollen mehr geben, als sie können.» Die Frauenzeitschrift *Brigitte* notierte 1982 als jüngste Sexualstatistik eine Verkehrsfrequenz von «2,75mal pro Monat»! Die nachforschende *Brigitte*-Reporterin stieß auf allgemeines Kopfschütteln der jüngeren und älteren Ehefrauen, die sie mit der Fragestellung provozieren wollte, die Männer seien doch wohl alle hinterm Sex her: «Komisch, meiner nicht.»

Im Dezember 1982 bemühte sich die Zeitschrift *Stern*, eine einleuchtende und psychologisch-wissenschaftlich abgesegnete Begründung für den als «neue männliche Keuschheit» oder «Null-Bock-Bewegung» kaschierten Potenzmangel zu finden, der sich wie eine Seuche in den Industrienationen auszubreiten scheint. Da wird dann die Feministinnen-Zeitschrift *Emma* zitiert, die genau weiß, wie die Unlust der Männer zu erklären ist: «In der Verweigerung liegt ihre letzte Chance, ihre Männlichkeit zu beweisen.» Und man erfährt, daß Professor Rolf Knieper von der Universität Bremen der Ansicht sei: «Solche Fluchtbewegungen des Mannes vor der übermächtig fordernden Frau sind in der Geschichte nicht selten.»

Da gräbt man nun, auf der Suche nach einer plausiblen Ursache zunehmender Unlust (nicht zu verwechseln mit Unfähigkeit) am Sex, tief in Geschichte und männlicher Psyche und stolpert nicht über das Nächstliegende. Der gleiche *Stern*, der im Dezember 1982 glaubte feststellen zu können, die «sexuelle Revolution» habe den Mann geschwächt und «die Frauenbewegung gab ihm den Rest», registrierte im vorangegangenen Sommer in einem Bericht über die schadstoffbelastete Qualität der deutschen Gewässer, daß sie nicht nur Chloride, sondern auch Bromidkonzentrationen (!) enthalten, die teilweise schon ihren Weg in das Grundwasser fanden.

Ein Blick in den *Pschyrembel* (Klinisches Wörterbuch) hätte genügt: «Bromsalze wirken beruhigend auf das Zentralnervensystem und setzen die Erregbarkeit von Teilen des Großhirns und des Rückenmarks herab.» Da schreiben die Damen und Herren also Elaborate über die psychischen Auswirkungen der Sexwelle und die bösen Folgen der Frauenbewegung und schlürfen gleichzeitig und nebenbei mit jeder Tasse Kaffee oder Tee eine Winzigkeit Brom in ihr physisches Ego.

Die Tiroler Standschützen des Ersten Weltkriegs wußten da – wie eine Anekdote erzählt – offensichtlich noch etwas besser Bescheid: Als zwei alte Veteranen Kriegserinnerungen austauschten, fragte einer von ihnen plötzlich, wie denn eigentlich das Pulver geheißen habe, «das sie uns immer in den Kaffee getan haben, damit wir nicht so hinter den Madeln her sein sollen?» – «Ja, Sepp», erinnerte sich der andere, «das war das Brom.» – «Woll, woll.» – «Ja Sepp, wie kommst denn du jetzt nach bald fünfzig Jahren auf das Brom?» – «Ja, weißt, ich mein allweil, bei mir fängts langsam an zu wirken!»

Es entbehrt nicht einer gewissen Tragikomik, daß ausgerechnet jene, die als Chefs der chemischen und verwandten Konzerne, die als Hersteller oder Verkäufer schadstoffhaltiger Erzeugnisse, die als Wissenschaftler oder auch nur als Handlanger zur Verseuchung unserer Umwelt beitragen, daß sie sich langsam, aber sicher auf diese Weise selbst entmannen. Im Bemühen, die ganze Welt und vor allem sich selbst durch ihre Produkte zu bereichern, verdirbt sich die abendländische Herrenwelt die Lust zur Fortpflanzung.

Natürlich kann man eine Phase «männlicher Keuschheit» auch anders sehen: Schließlich leben ohnehin schon viel zuviele Menschen auf der Erde, und wenn es eines Tages so weit kommt, daß sich unsere Umweltgifte als Keuschheitserreger auch in den südlichen und östlichen Erdteilen bemerkbar machen, könnte sich dies als unerwarteter Ausweg aus dem Dilemma der Übervölkerung erweisen.

Spricht man die Verantwortlichen für das industrielle Wachstum darauf an, ob sie nicht merken, wie sie sich selbst die Lust vergällen, so lautet die Antwort stets: Wir merken nichts davon. Mag sein, daß sie es vor lauter Geschäftigkeit tatsächlich nicht merken. Ihre Frauen und Freundinnen aber merken es: Die Männlichkeit ist nur noch stark im Verweigern. Der Geist ist willig, aber das Fleisch wird immer schwächer.

Wo lassen Sie gebären?

These: Es gibt eine Vorwärtsentwicklung, Fortschritt genannt. Wie auf allen Gebieten, so auch auf dem der künstlichen Befruchtung und der «unnatürlichen» Geburt. Alle Gesichtspunkte der Moral und Ethik werden dabei selbstverständlich in vollem Umfange berücksichtigt.

Man darf wohl von einem fragwürdigen Selbstverständnis des Berufsstandes sprechen, wenn Ärzte sich nicht mehr als

Heiler, sondern als Gottersatz oder zumindest als eine Gilde weißbemantelter Weihnachtsmänner begreifen. Es gibt zunehmend Bereiche der Medizin, wo es nicht mehr darum geht, zu heilen, sondern Wünsche zu erfüllen, was – nebenbei bemerkt – meistens recht gut bezahlt wird und sicher auch allen Beteiligten einige Befriedigung verschafft.

Zu einem solchen Bereich gehören auch die Retortenbabys. Ihre Existenz wirft nicht nur juristische Fragen auf, sondern vor allem Fragen nach dem Sinn und der Aufgabenstellung des einzelnen Lebens. Könnte es zum Beispiel nicht eventuell einen tieferen Grund geben, wenn eine Frau oder ein Mann von Natur nicht dazu ausersehen sind, Kinder in die Welt zu setzen?

Kennen die medizinischen Techniker so genau alle Pläne des Lebens, daß sie ganz sicher sein können, mit jenen von ihnen «produzierten» Kindern und Kindeskindern der Menschheit einen Dienst zu erweisen? Sind künstliche Befruchtung, Retortenbabys und Leihmütter wahrhaftig ein positiver – oder zumindest unabdingbar notwendiger – Beitrag zur menschlichen Entwicklung? Oder sind sie nur eben machbar? Wie so vieles, was heute eben so machbar wie unheilvoll ist?

Aber solche Fragen stellen sich die Weihnachtsmänner der medizinischen Fakultät nicht. Sie diskutieren höchstens noch darüber, ob es technisch perfekter sei, das außerhalb des Mutterleibs mit männlichem Samen befruchtete Ei sofort in die Gebärmutter einzupflanzen, oder ob das befruchtete Ei besser einige Tage im Reagenzglas zu einem Embryo heranreifen soll, bevor man es einsetzt.

In England, Australien, den USA, der Bundesrepublik, Frankreich, Österreich und Schweden leben inzwischen bereits einige hundert der auf diese Weise gezeugten und zur Welt gebrachten Kinder, darunter sogar zahlreiche Zwillinge. Mediziner wie der Engländer Ian Craft haben wenig Verständnis für die «meisten ethischen und moralischen Bedenken», sondern meinen wie die deutschen Gynäkologen Siegfried Trotnow und Karl Günther Ober, daß es sich hierbei «genauso um ein mechanisches Hilfsprinzip der Medizin handle wie etwa bei der künstlichen Niere, der Herz-Lungen-Maschine oder der Blutreinigung bei schweren Vergiftungen».

Für die Tatsache, daß in der Bundesrepublik Deutschland staatliche und andere Förderungsinstitutionen diesem «mechanischen Hilfsprinzip der Medizin» großzügige öffentliche Mittel für Forschung und Durchführung vorenthalten, findet Professor Ober nach reiflichem Nachdenken nur eine Erklärung: «Wir leben in einer patriarchalischen Welt.» Immerhin aber in einer Welt, in der Frauen, die sich mit der unbefriedigenden Zeugungsfähigkeit ihrer Ehemänner nicht abfinden wollen, von ihrem Arzt die künstliche Befruchtung mit dem Samen eines anonymen Spenders vornehmen lassen können.

In Schweden gehen heute bereits 0,2 Prozent aller Geburten auf Lieferungen aus der Samenbank zurück. Ehemänner komplizieren diese Angelegenheit eigentlich nur, weil sie gelegentlich hinterher von den Kindern anderer, wenn auch anonymer Väter nichts mehr wissen wollen. Das veranlaßte ein schwedisches Gericht im März 1982 zu der Feststellung, ein solches Kind sei im Grunde genommen «vaterlos», und einen Anwalt zu dem Kommentar: Wenn der Staat gestatte, «daß solche Treibhauskinder gezeugt werden», müsse er auch «die Verantwortung tragen und Unterhalt bezahlen».

Ein amerikanischer Geschäftsmann, der ehemalige Optiker Robert Graham, erkannte völlig richtig, daß sich durch die künstliche Befruchtung endlich ähnlich wie bei Rindern, Schweinen und anderen Tieren nun auch beim Menschen die Möglichkeit der rationalen Zuchtwahl und der gezielten Zuchtverbesserung bietet. Graham richtete im kalifornischen Escondido eine sogenannte Super-Samenbank ein, in der nur die Spermien von Nobelpreisträgern, hochrangigen Wissenschaftlern und Spitzensportlern gespeichert und natürlich auch nur an entsprechend geistig oder körperlich geeignete Kandidatinnen weitergegeben werden.

George Bernard Shaw äußerte sich einmal sehr skeptisch zu dem Wunsch einer namhaften Schauspielerin, sie möchte ein Kind von ihm haben. Er finde ihre Idee, ein Kind mit seinem Geist und ihrer Schönheit in die Welt zu setzen, zwar ebenso faszinierend wie sie, entgegnete er liebenswürdig, ihn schrecke jedoch der Gedanke, das Ergebnis könnte umgekehrt ausfallen.

Solche Überlegungen konnten den kalifornischen Super-Samen-Händler nicht von seinem Unternehmen abhalten. Die ersten Kinder aus der Super-Samenbank zieren bereits unsere Welt. Aber auch ohne Super-Samen floriert das Geschäft: In England werden schätzungsweise jedes Jahr schon 2000 Kinder auf diese Weise gezeugt. Bei dieser Menge kann es dann natürlich passieren – wie vor einiger Zeit geschehen –, daß bei der Ausgabe am Samenschalter die Ware verwechselt wird und neun Monate später ein weißes Ehepaar ein schwarzes Baby bekommt.

Der letzte Schrei auf diesem Gebiet sind die Leihmütter, ein «Geschäftszweig» der Menschenerzeugung, der Ende der siebziger Jahre in den USA seine Tätigkeit begann. Um einem Ehepaar, das unter Kinderlosigkeit litt, eine Freude zu bereiten, hatte sich die Amerikanerin Elizabeth Kane mit dem Samen des Mannes künstlich befruchten lassen, das Kind ausgetragen, zur Welt gebracht und anschließend dem Ehepaar ausgehändigt.

Inzwischen werden Leihmüttern die befruchteten Eier der eigentlichen Mütter in die Gebärmutter eingepflanzt, die somit lediglich eine Art Brutofenfunktion übernimmt. Praktisch kann heute also jede Frau sich ein reifes Ei entnehmen, mit Samen von der Samenbank (oder vom Ehemann) künstlich befruchten und einer gegen entsprechendes Honorar gemieteten Frau zum Zweck des Austragens und Gebärens in den Uterus pflanzen lassen.

Juristen sprechen dann zwar von einer Art Kindesverschiebung und die Juristische Gesellschaft in Großbritannien möchte derartige Geschäfte sogar unter Strafe stellen lassen, aber in den USA gab es 1983 schon 20 Spezialagenturen, die Ehepaaren oder alleinstehenden Frauen Leihmütter vermittelten, und auch in der Bundesrepublik war zu dieser Zeit bereits ein erstes Dutzend Kinder mit Hilfe von Leihmüttern zur Welt gekommen. Beim gegenwärtigen Stand der medizinischen Technik geht das ja auch meistens ganz gut.

Schwierigkeiten gibt es in der Regel nur, wenn sich Ehepaare hinterher weigern, das Kind gegen das vereinbarte Honorar abzunehmen (zum Beispiel wenn es körperliche oder geistige Behinderungen aufweist). Rein statistisch ist dies jedoch eine viel zu geringe Ausfallquote, um die medizinischen Techniker von derartigen Manipulationen abzuhalten. Mit der in manchen Kreisen üblichen Anmaßung behaupten sie nicht nur das Recht, sondern im Sinne der Hilfeleistung quasi die Pflicht zu derartigen Eingriffen in die Vorgänge des Lebens und der elementarsten Lebensschöpfung zu haben.

Weil Millionen kinderloser Frauen oder Ehepaare sich Kinder wünschen, halten Mediziner sich für befugt und für berufen, diese Wünsche – wie auch immer – zu erfüllen. Offensichtlich kommt keiner von ihnen auf die Idee, daß es im Bereich des menschlichen Lebens gelegentlich Wünsche geben könnte, die nicht erfüllt werden *sollten*. Ganz davon abgesehen, daß Millionen Menschen Wünsche haben, die nie erfüllt werden *können*.

Einer der Spezialisten auf diesem Gebiet, der bereits erwähnte Ian Craft, äußerte in einem Interview (*Hör zu* 6/83), er halte sich «für einen Moralisten». Und im gleichen Atemzug konfrontierte er uns mit der Frage: «Wo eigentlich steht geschrieben, daß es nicht Gott ist, der hinter unserer Arbeit steht?»

Warum stellen Ian Craft und Kollegen diese Frage nicht

einmal umgekehrt: Wo steht geschrieben, daß es Gott ist, der hinter dieser «Arbeit» steht? Und würde sich, wenn ihre Berufung auf die Moral und den lieben Gott dann in ihrer Fadenscheinigkeit für jedermann erkennbar wäre, an ihrer Handlungsweise das geringste ändern?

Die unheilvolle Machbarkeit

These: Der Fortschritt – auch in der Medizin – ist nicht mehr und durch nichts mehr aufzuhalten. Embryos werden eingefroren, seit Wochen tote Mütter von lebenden Babys entbunden, und durch entsprechende Manipulation der Gene läßt sich demnächst auch der von den Futurologen erwartete Fischmensch züchten (siehe Seite 91). Es gibt für Eingriffe ins Leben und den menschlichen Gestaltungswillen bald keine Grenzen mehr.

Ob man in diesem Zusammenhang nicht eher von einem *un*menschlichen Gestaltungswillen sprechen muß, bleibt die Frage. Das entscheidende Problem, das sich hier stellt, und mit dem die Menschheit in ihrer gegenwärtigen Geisteshaltung ganz offenkundig nicht fertig wird, ist das Problem der Grenzziehung. Es besteht kein Zweifel daran, daß schon die massenhaft verabreichten Antibiotika als unzulässiger Eingriff in den natürlichen Ablauf – Gesundung aus eigener Abwehrfähigkeit des Körpers oder natürlicher Tod – gesehen werden könnten. Wenn man aber nicht gewillt ist, die Grenzen an diesem Punkt zu ziehen (und wer wäre das wohl?), wo soll sie dann gezogen werden?

Soll die Einpflanzung künstlicher oder fremder Organe noch zulässig sein oder schon nicht mehr? Die künstliche Befruchtung? Die künstliche Beatmung? Das maschinelle Aufrechterhalten von Herz- und Kreislauffunktionen? Gesunde Menschen werden diese Fragen anders beantworten als kranke, Theologen anders als Mediziner. Wer soll entscheiden? Etwa eine demokratische Mehrheit? Sollen Zwanzigjährige über das Schicksal von Sechzigjährigen (mit-) entscheiden?

Wieder entlarvt sich Kennedys Behauptung, daß Menschen die Probleme, die sie verursachen, auch lösen könnten, als eine der tragischen Lebenslügen unserer Zeit. Wir können keines dieser Probleme lösen. Wir dürfen nur ziemlich sicher sein, daß an irgendeinem Punkt die Natur – oder sagen wir Gott – eingreifen wird. Es ist bereits abzusehen, daß in einem der grausamen Reinigungsprozesse, die in der Erdgeschichte immer wieder neue Anfänge erzwungen haben, krankhafte und hybride Erscheinungen eliminiert und dem ohne medizinische Hilfsmittel Überlebensfähigen neue Chancen gegeben werden.

Daran kann man glauben, aber selbstverständlich muß man es nicht. Man sollte sich dann allerdings konsequenterweise fragen, wie es im anderen Fall weitergeht? Wohin die Dinge treiben werden, denen wir keine Grenzen setzen können.

Im Mai 1983 erteilte das Wissenschafts-Ethische Komitee in Kopenhagen dänischen Forschern die Genehmigung, mit künstlich befruchteten menschlichen Eiern im Reagenzglas zu experimentieren. Der britische Physiologe Dr. Robert Edwards, «Pionier der Retortentechnik», will menschliche Embryos einfrieren, um sie danach längere Zeit im Reagenzglas studieren zu können. Der Vorschlag stieß bei der Britischen Medizinischen Gesellschaft auf heftigen Widerspruch. Nachdem Edwards jedoch versicherte, er wolle keine Experimente an den menschlichen Embryos vornehmen, sondern sie lediglich beobachten, war der wissenschaftliche Friede wiederhergestellt.

In England wurde 1983 eine werdende, nach einem Herzschlag jedoch klinisch tote Mutter an eine Herz-Lungen-Maschine angeschlossen, um zwei Tage danach von einem Baby entbunden zu werden. Gynäkologen im Moffitt-Krankenhaus in San Francisco hielten im gleichen Jahr eine Frau nach ihrem Tod noch volle neun Wochen lang künstlich «am Leben», um sie dann durch Kaiserschnitt von einem 31 Wochen alten Embryo zu entbinden. Das Kind habe, so sagte der Chef-Gynäkologe anschließend, «gute Überlebenschancen».

Professor Emil S. Bücherl, Berlin, erklärte in aller Öffentlichkeit, er werde einem Menschen auch dann ein Kunstherz in die Brust setzen, wenn ihm «begrenzende Faktoren der Funktionszeiten» bekannt seien. Forschungsminister von Bülow hielt 1982 «gentherapeutische Experimente» auch am Menschen für durchaus denkbar. Im Mai 1983 wurde eine vollautomatische Gen-Synthese-Maschine an der Ludwig-Maximilians-Universität (München) in Betrieb genommen, um durch «gezielte Veränderung von Erbfaktoren» unter anderem die «Ursache bestimmter genetischer Defekte» aufzuspüren.

Die auf Haustiergenetik spezialisierte Wissenschaftlerin Sabine Meinecke-Tillmann (Universität Gießen) teilte das befruchtete Ei einer Zwergziege und pflanzte die beiden Hälften zwei anderen Ziegen ein. Geboren wurden dann «Zwillinge» oder – wie es die Forscherin nannte – «ein Tier mit zwei Körpern». Im Jahr 1983 bastelte sie mikrochirurgisch aus Schaf und Ziege ein Einheitsembryo, das dann als ein männliches «Ziegenschaf» zu Welt kam.

Wo ist die Grenze? Schon sind Eingriffe in die Erbanlagen, die sogenannte Gen-Manipulation, biomedizinische Routine. Die Technik des Gen-Aufstückelns und Neu-Zusammensetzens (DNS-Rekombination) wird bereits in Hunderten von Laboratorien geübt. Regelrechte Bakterienfarmen sind entstanden, in denen einträgliche Medikamente produziert, aber unter anderen auch menschliche Gene – für Forschungszwecke! – gezüchtet werden.

Wie fast immer in solchen Fällen werden die viel zu spät und nur dürftig formulierten Sicherheitsbestimmungen von der kommerziellen Nutzung überrollt: «Die DNS-Rekombination ist für die Grundlagenforschung und den Produktenmarkt bereits so ergiebig, daß die Sicherheitsfragen heruntergespielt werden» (Jonathan Beckwith, Harvard University).

Sieben Wissenschaftlern, an vier verschiedenen amerikanischen Forschungsinstituten tätig, gelang 1982 durch Gen-Manipulation die Züchtung von Riesenmäusen, die etwa doppelt so groß werden wie ihre normalgroßen Mäusemütter. Team-Mitglied Ralph L. Brinster formulierte die Konsequenz dieses Erfolges: «Wenn wir größere Mäuse machen können, dann können wir auch größere Kühe machen.»

Das bedeutet: Genetisch umprogrammierte Rinder, die mehr Fleisch und Milch liefern. Genetisch umprogrammierte Tiere, deren Körper speziell Hormone (wie Insulin) oder Blutgerinnungsfaktoren oder andere medizinisch nutzbaren Substanzen produzieren. Genetsich umprogrammierte Menschen, die . . .

Wo ist die Grenze?

Wenn Kain den Abel erschießt

These: Es gibt eine Vorwärtsentwicklung, Fortschritt genannt. Wie auf allen Gebieten, so besonders und allgemein im Bereich der Wissenschaften. Es gibt kaum eine Fachrichtung, die in den vergangenen Jahrzehnten nicht bis dahin für gültig gehaltene Grenzen überschritten hätte. Der Vorteil neuer Erkenntnisse liegt auf der Hand. Mehr zu erfahren und mehr zu wissen ist nie ein Nachteil.

Viele junge Menschen (aber nicht nur junge) wehren sich heute dagegen, die scheinbar ins Grenzenlose vorpreschenden Wissenschaften und ihre Erfolge pauschal als Segen für die Menschheit anzusehen. Jahrtausendealter Instinkt warnt in Konfrontation zum Intellekt vor dem Unbegrenzbaren,

Unbeherrschbaren, Unübersehbaren. Und selbst der fanatischste Wissenschaftsanhänger kann nicht bestreiten, daß uns seit dem Anbruch des Atom- und Raumfahrtzeitalters zahlreiche Probleme aufgezwungen wurden, die wir – und die Wissenschaft – in keiner Weise beherrschen und deren Folgen bis auf weiteres von keinem Menschen zu übersehen sind.

Die Grenzen, so heißt es, müssen sich ständig verschieben, weil es sonst keinen Fortschritt gäbe. Doch wer oder was ist eigentlich dieser Fortschritt? Ein Götze, dem wir wie einem Moloch unsere Kinder opfernd in den Rachen werfen sollen? Ein pseudoreligiöses Zerrbild, dem als Selbstzweck alle Mittel heilig sind?

Die vor 10000 Jahren Lebenden waren – wie Anthropologen anhand ihrer jüngsten Forschungsergebnisse aussagen – auch nicht zu mehr oder weniger Intelligenz befähigt als die heute Lebenden. Völkerkundler haben Indianerstämme beschrieben, die noch Ende des vergangenen Jahrhunderts nicht viel anders existierten als ihre Vorfahren vor einigen Jahrtausenden. Inzwischen haben sich einige dieser Indianer abendländischer Modernität angepaßt. Dem amerikanischen GI, der 1945 auf seinem Jeep durch Europa rollte, war in der Art, wie er sein Maschinengewehr oder das Funkgerät bediente, nicht anzumerken, ob er von indianischen Büffeljägern oder weißen Siedlern abstammte. Drei Generationen genügten, um im Sprung eine menschliche Entwicklung von Jahrtausenden nachzuvollziehen.

Das ist nur möglich, weil die Entwicklung – soweit sie den Menschen, sein Denken und Fühlen anbelangt – kaum eine war. Ob sich der Mensch in Fell oder Wolle oder Synthetik kleidet – er kleidet sich. Ob sich der Mensch am offenen Lagerfeuer oder an einer Zentralheizung wärmt – er wärmt sich. Was hat er durch seine neue Kleidung, seine neue Heizung gewonnen? Im Grunde ist er nur kälte- und wärmeempfindlicher geworden, abhängig vom Funktionieren der

Energieerzeugung (mit Kohle, Heizöl oder elektrischem Strom) und der Bekleidungsindustrie.

Was nützt in Wahrheit aller angebliche Fortschritt, wenn er den Menschen in seinem Innersten – und in seinen Abhängigkeiten – so wenig verändert? Wozu alle diese Äußerlichkeiten wie die atemberaubende Angepaßtheit an das jeweilig Moderne, die Statussymbole, der Reigentanz der Eitelkeiten und die angehäuften Bequemlichkeiten? Wozu das alles – wenn am Ende nur Kain den Abel statt zu erschlagen erschießt?

Überspitzt formuliert: Wer für den Fortschritt lebt, lebt für Äußerliches. Reichtum, Macht, Bequemlichkeit und alles, was wir Karriere nennen, basiert – zur Befriedigung nachweisbarer Urtriebe – auf einer seit Jahrtausenden geübten Stagnation unseres Denk- und Lernprozesses. Die wahrhaft großen Denker und Lehrer der Menschheit, ein Sokrates, ein Buddha, ein Jesus von Nazareth – um nur einige zu nennen – machten keine imponierenden Karrieren. Ihr Leben und Sterben zeichneten sich nicht durch Annehmlichkeiten des Fortschritts aus.

Daneben haben, von Pythagoras bis Einstein, viele Menschen viel Geist darauf verwandt, die Gesetze der Natur besser zu erkennen, haben Ärzte von Hippokrates bis Freud sich bemüht, den Menschen und seine Gesundheit bis in die Verästelungen seiner Seele zu begreifen, und haben andere ihr Leben dafür eingesetzt, dem Menschen auch noch den Kosmos zu erobern. Doch alle diese Errungenschaften des menschlichen Geistes können nicht nur für, sondern auch gegen den Menschen eingesetzt werden. Und sie werden es.

Der Wert jeglichen Fortschritts ist eben nicht in sich selbst begründet, sondern ergibt sich erst aus seiner Nutzanwendung. Maschinen, die den Menschen schneller vorwärts tragen als seine Füße, können ihm neue Räume erschließen, aber sie auch zerstören; Hochhäuser erweitern die Möglichkeiten des Wohnens, aber engen sie auch ein; neue Erkenntnisse vermögen den Menschen zu bereichern, aber sein Verständnis für Zusammenhänge kann dabei verkümmern; sein Intellekt wird zwar geschärft, doch sein Gefühl stumpft ab.

Ist es das, was wir wollen?

Ist das der Sinn unseres Lebens?

Ist es das, was wir unseren Kindern wünschen?

Die Fragen sind gestellt, die Antworten muß jeder einzelne selber finden.

Der Nächstenliebe den Todesstoß

These: Es gibt eine Vorwärtsentwicklung, Fortschritt genannt. Wie auf allen Gebieten, so auch auf denen der Menschlichkeit und Friedensliebe. Es gibt heute keine Hexenprozesse mit ihren Folterungen mehr. Verbrecher werden nicht mehr wegen oft nur geringfügiger Delikte gehängt. Wir sind insgesamt toleranter geworden.

An dieser These ist so gut wie alles falsch. Es sei denn, man bezeichnet die Verwendung neuer Begriffe für alte Zustände als Fortschritt. Hexenprozesse und grausame Folterungen sind heute – einige westliche Nationen ausgenommen – weltweit im Schwange. Man ersetzte lediglich Glauben durch Ideologie und die angeblichen Hexen oder Ketzer durch sogenannte Staatsfeinde. Auch die Resozialisierung von – wie man heute sagt – Straffälligen ist auf wenige Länder beschränkt und berührt im übrigen das eigentliche Problem nur an der Oberfläche, denn die menschliche Aggressionsbereitschaft wurde keineswegs weniger.

Im Gegenteil: Tatsache ist eine insbesondere seit den siebziger Jahren in den Polizeistatistiken fast aller Länder registrierte überproportionale Zunahme von Gewalt und Verbrechen, sowie das «unheimliche Zusammenwirken» von wachsendem Bruttosozialprodukt und steigender Kriminalität.

Friedensbemühungen und -bewegungen aber hatte die Welt zweifellos noch nie so nötig wie heute. Während einige Zeitgenossen noch gebannt auf die Vorspiele in Afrika, im Nahen Osten, in Afghanistan, im Iran, am Persischen Golf oder in Mittelamerika starren, bereiten sich die Weltmächte der zum Glaubensbekenntnis erhobenen Kommunisierung darauf vor, der von westlichen Nationen vertretenen, aber seit Jahrhunderten an der Trägheit des Herzens dahinsiechenden christlichen Nächstenliebe den Todesstoß zu versetzen.

Weder die Ausbreitung der Kriege noch die seit der Französischen Revolution üblich gewordene Art der Kriegsführung mit Volksheeren aber stellen einen Fortschritt im Sinne von mehr Menschlichkeit und mehr Kultur dar. Friedrich der Große hatte noch gemeinsam mit Abgesandten der jungen amerikanischen Demokratie eine Entschließung verfaßt, die dem Geist und weitgehend sogar den Gepflogenheiten seiner Zeit entsprach: Da wurde festgehalten, daß nur die Heere Krieg führen, die Bürger und ihr Eigentum aber geschützt und unangetastet bleiben sollen. Es erscheint heute geradezu unvorstellbar, daß die Bürger kriegführender Staaten damals in der Lage waren und nach den Worten der Deklaration auch bleiben sollten, über die Grenzen hinweg «ihre Geschäfte aller Art wie im Frieden fortzusetzen».

Nur wenig später wurde Europa von den «Volks»-Kriegen der Französischen Revolution und den nachfolgenden Napoleonischen Kriegen heimgesucht, und Millionen friedlicher Bürger verloren Leben oder Eigentum. Ein weiteres halbes Jahrhundert danach nahmen auch die Amerikaner bei ihrem Bürgerkrieg (wie selbstverständlich zuvor und danach in den Indianerkriegen) nicht die geringste Rücksicht auf das Leben, die Unverletzlichkeit oder gar das Hab und Gut der vom Kampfgeschehen betroffenen Zivilisten, insbesondere der Frauen und Kinder.

Von da an wurde es, erstmals offiziell von den Engländern

im Burenkrieg praktiziert, allmählich üblich, die Zivilbevölkerung anzugreifen und gebietsweise systematisch auszurotten, obwohl in der Zwischenzeit zahlreiche weitere Vereinbarungen Menschlichkeit und Friedensliebe dokumentieren sollten. So war 1885 in der sogenannten Kongoakte von den europäischen Kolonialstaaten und den USA vereinbart worden, kriegerische Konflikte der Großmächte von den Kolonien fernzuhalten. Von den Staaten, die diese Abmachung unterzeichneten, hielt sich jedoch nur Deutschland daran. Seine kolonialen Streitkräfte waren lediglich für Polizeiaufgaben vorgesehen und ausgerüstet. Unmittelbar nach Ausbruch des Krieges 1914 wurden die deutschen Kolonien in Afrika und im Pazifik dann von den Feindmächten England, Frankreich und Japan überfallen.

Im Jahr 1899 stand auf der Tagesordnung der gesamteuropäischen Friedenskonferenz in Haag das Verbot der «Einführung neuer verbesserter Waffen und eines stärker wirkenden Pulvers». Ebenso verboten sollte es sein, «Geschosse oder explodierende Körper aus Luftballons abzuwerfen». Im Ersten Weltkrieg aber wurden beim Kampf in den Dolomiten von Italienern und Österreichern halbe Berge und ihre Besatzungen mit Dynamit in die Luft gesprengt. Und keine der kriegführenden Mächte scheute sich, Bomben aus der Luft zu werfen.

Auch private Initiativen für den Frieden kamen über Bekundungen des guten Willens nicht hinaus: Die Schriftstellerin Bertha von Suttner (1843–1914) – die den Krieg übrigens nie aus eigener Anschauung kennengelernt hatte – schrieb 1889 einen Roman für den Frieden: *Die Waffen nieder*. Das Buch erregte weltweites Aufsehen, seine Autorin gilt seitdem als erste Wortführerin der modernen Friedensbewegungen. Zwei Monate nach ihrem Tod brach der Erste Weltkrieg aus.

Sehr viel mehr bewirkte dagegen eine Initiative, die kommende Kriege als Realität voraussetzte: Jean Henri Dunant

(1828–1910) geriet als Zivilist am 24. Juni 1859 in Oberitalien in die Schlacht bei Solferino (Franzosen und Piemontesen kämpften damals gegen die Österreicher um den Besitz der Lombardei). Erschüttert vom Leiden der Verwundeten und Sterbenden, denen er als einzelner kaum helfen konnte, bewirkte Dunant die Gründung eines Hilfskomitees, das inzwischen zu einer Weltorganisation wurde: das Rote Kreuz.

Sowohl Bertha von Suttner wie Henri Dunant bekamen Anfang dieses Jahrhunderts den Friedensnobelpreis. Die praktische Hilfe auf dem Schlachtfeld und die theoretische Ablehnung des Krieges mögen in gleicher Weise verdienstvoll erscheinen, man sollte nur um der Gerechtigkeit willen festhalten, daß alle Friedenstheorien bisher noch keinem, die Aktivitäten des Roten Kreuzes dagegen schon Millionen Menschen – auch in sogenannten Friedenszeiten – geholfen haben.

Nach dem Ersten Weltkrieg hielten sich die zum Frieden mahnenden und die Revanche fordernden Stimmen in etwa die Waage. Erich Maria Remarque schrieb *Im Westen nichts Neues* und der Schweizer Theologe Karl Barth forderte 1938 angesichts von Hitlers ersten Triumphen die Kirche auf, sie habe ihren Gliedern zu sagen, «daß es etwas gibt, das schlimmer ist als sterben und als töten: das freiwillige Jasagen zu der Schande der Herrschaft des Antichrist».

Der Zweite Weltkrieg stellte dann zweifellos den bisherigen Höhepunkt jener «fortschrittlichen» Entwicklung dar, die zu Unmenschlichkeit und Haß eskalierte. In Deutschland waren noch 1982 nicht weniger als 457 413 Kriegsschicksale von verschollenen Soldaten, Zivilgefangenen und Kindern ungeklärt. Fast eine halbe Million Menschen, von denen man bis heute nicht weiß, was im Zweiten Weltkrieg und in den Tagen danach mit ihnen geschah.

In den 37 Jahren zwischen 1945 und 1982 wurden bereits weitere 141 Kriege geführt, von denen einige über einen kurzen «bewaffneten Konflikt» kaum hinausgingen, andere jedoch über Jahre hinweg geführt wurden. Allein auf das Jahrzent von 1970 bis 1980 entfielen 153 Kampfjahre. An einem Großteil der Konflikte war die Sowjetunion – wie in Afghanistan – aktiv, zumindest aber inspirativ und als Waffenlieferant beteiligt, bezichtigte indessen die USA, an der von Regionalkriegen gekennzeichneten Weltlage schuld zu sein.

Wohin also zielt der «Fortschritt» nun? Zum «totalen» Weltfrieden oder zu einer letzten unmenschlichen – sprich: atomaren – Auseinandersetzung der Weltmächte? Der aufgrund seiner warnenden Prognosen («Das Ende des Wachstums») oft erwähnte Club of Rome erklärte nach seiner Jahrestagung im Oktober 1982. «Die Möglichkeit eines nuklearen Holocaust ist heute viel größer als vor einigen Jahren.» Im Juli des gleichen Jahres scheiterte die UN-Abrüstungskonferenz in New York. Den Delegierten aus 157 Ländern war es in den fünf Wochen währenden Sitzungen nicht gelungen, sich auf einen gemeinsamen Plan zur Beendigung des Wettrüstens in der Welt zu einigen.

Im Mai 1983 veröffentlichte ein amerikanisches Nachrichtenmagazin Erklärungen des US-Präsidenten Reagan, des mexikanischen Präsidenten Miguel de la Madrid, des französischen Staatspräsidenten Mitterrand, der indischen Ministerpräsidentin Indira Gandhi, der britischen Regierungschefin Margaret Thatcher und des japanischen Ministerpräsidenten Nakasone, die übereinstimmend den Atomkrieg als die größte Gefahr der nächsten 50 Jahre bezeichneten.

Gefahren haben ihre Eigengesetzlichkeit: Wie jeder Stein nach unten fällt, so entsteht dort, wo gezündelt wird, auch irgendwann ein Feuer. Niemand verhindert auf Dauer den Ausbruch eines Feuers, indem er es eine Gefahr nennt und sich dagegen rüstet, aber es wird auch von jenen nicht verhindert, die zu diesem Zweck die Feuerwehr abschaffen wollen.

Tatsache ist: Wir haben die Folgen eines Krieges heute

mehr zu fürchten als die Menschen vor zweihundert Jahren. Der Rückschritt in Richtung Grausamkeit und Unmenschlichkeit – die nie aus der Welt, aber zeitweilig bemerkenswert reduziert waren – ist so unübersehbar wie die Veränderung zum Schlechteren in bezug auf die im Zweiten Weltkrieg zum System erhobene Massenvernichtung der Zivilbevölkerung. Niemand möchte wohl ernsthaft behaupten, die Welt sähe in einem Dritten Weltkrieg besser aus als etwa Mitteleuropa im Dreißigjährigen Krieg?

Damals – zwischen 1618 und 1648 – wurden in Deutschland mehr als 15 000 Dörfer zerstört. Es verlor die Hälfte seiner Einwohner, von denen die meisten erschlagen wurden oder verhungerten. Dennoch – auch darin bleibt sich die Geschichte der Menschheit glücklicherweise immer gleich –, nur ein halbes Jahrhundert später, um 1700, gründete Leibniz in Berlin die Preußische Akademie der Wissenschaften.

Zwischenspiel
oder
Das Blockade-Phänomen

Bis zur großen Pause ist in einem nach den alten dramaturgischen Regeln gebauten Theaterstück noch offen, ob es als Komödie oder als Tragödie endet. Und an dieser Stelle, so meinen viele, stehen wir nun auch bei dem gegenwärtig auf der Weltbühne ablaufenden Drama. Nur einige wenige, die den Autor dieses Stückes besser zu kennen glauben, sind überzeugt, schon zu wissen, wie es ausgehen wird. Ohne Zweifel aber versteht es der Weltendichter auch diesmal, wie in allen Jahrtausenden zuvor, die vermeintlichen Zuschauer – die Statisten und Helden dieses Spiels – bis zur letzten Minute in Spannung zu halten.

Die heiteren und die traurigen Szenen waren im vorangegangenen Teil des Stückes, den für uns leicht überschaubaren letzten hundert Jahren, geschickt gemischt: Eine geradezu phantastische technologische Entwicklung der Menschheit war begleitet von mittleren Katastrophen, von Weltkriegen, Revolutionen und ähnlichen lebensfeindlichen Unternehmungen. Aber – so kristallisiert sich jetzt bei unserer nachdenklichen Plauderei im Foyer heraus – zwei Generallinien wurden von all dem, vom Erfreulichen wie vom Unerfreulichen wenig beeinflußt:

Die Zahl der Menschen wächst ins Ungeheure, während die Natur stirbt. Ihr Mörder aber ist der unschuldig-schuldige Held dieses Dramas: der Mensch. Dazu kommt eine allerdings ungewöhnliche Verstrickung: Der Täter ist hier am Ende selbst das Opfer (wie der Mensch eben ein Teil der Natur ist). Aber noch ist der letzte Vorhang nicht gefallen, der Mensch noch voll handlungs- und entscheidungsfähig. Und er wehrt sich mit ganzer Kraft, zu seinem eigenen Opfer zu werden.

Er will ja nicht bewußt an der Natur zum Mörder werden. Er marschiert nur zwangsläufig auf dieses Ziel los, den Weg, der Wasser unbrauchbar und Böden unfruchtbar macht. Was noch zu beweisen wäre. Man kann das nämlich auch anders sehen!

So wie es die Hauptdarsteller unserer Epoche zeigen: Gedankenlos optimistisch, mit beiden Füßen realistisch auf geplünderter Erde stehend, den Kopf voller Illusionen. Sie spielen ihn nicht, sie sind der Held: Die Verkörperung immerwährenden wissenschaftlich-technischen Fortschritts, der Superman des Atomzeitalters. Ungeschlagen und entschlossen, noch lange weiterzumachen.

Dieser Held ist nicht so leicht aus der Fassung zu bringen. Er hat immer einen Trumpf – so meint er – in der Hinterhand. Und sei es auch nur seine Unbeirrbarkeit: Vorwärts und durch! Er wird weitermachen. Zumindest noch morgen und übermorgen, so wie gestern und heute. Unbeirrbar! (Oder hilflos?) Wir werden es erleben. Er ist ein harter Bursche: Ein Ritter ohne Furcht und Tadel, ein Kondottiere, ein Konquistador, ein Unternehmer. Er denkt gar nicht daran, Konkurs anzumelden. Man wird schon sehen.

Das ist ein interessanter Kunstgriff des Autors: Das Hirn des Helden ist für neue Gedanken blockiert. Der Superman kann nicht über seine Zeit hinausdenken. Und was ist «seine Zeit»: 10 Jahre, vielleicht auch 30 Jahre? Mehr gewiß nicht. Aber so weit voraus kann der Held nicht sehen. Das Kind, das in den Spiegel blickt, kann sich nicht erwachsen sehen, der Erwachsene sieht sich nicht als Greis. Der Satte von heute vermag sich nicht vorzustellen, daß er der Hungernde, der Sieger nicht, daß er der Verlierer von morgen ist. Der Instinkt fühlt es, aber der Verstand greift nicht so weit wie das Herz.

Diese seltsame Zerrissenheit, dieses Zwiegespaltensein, diese Art von Schizophrenie ist ein menschliches Phänomen – das Blockade-Phänomen.

Nicht etwa, daß es unserem Helden schwerfiele, Zukunftsphantasien zu produzieren, aber meist sind es nur die Abbilder seiner Wünsche, seltener die seiner Ängste, fast nie die der künftigen Wirklichkeit. Er entwickelt Szenarien oder schreibt Science-fiction, ist Zukunftsforscher oder Dichter, aber kaum einmal Prophet der Wahrheit. Sein Spiel verhüllt sich ihm in Illusionen.

Die Klingel ertönt, die Pause geht zu Ende. Und während die Menge – darunter wie stets bei einer Premiere die ganze Prominenz – aus dem Foyer zurückströmt, dringen von allen Seiten Satzfetzen an unser Ohr. – Hinter uns hören wir Bundespräsident Karl Carstens: «Technik und technischer Fortschritt», sagt er, «müssen neuen Beurteilungskriterien unterworfen werden!» Aus einer Grünen-Gruppe hört man von einem Wirtschaftssystem, «das sich an den Lebensbedürfnissen der Menschen und der zukünftigen Generationen, an der Erhaltung der Natur und am sparsamen Umgang mit den natürlichen Reichtümern orientiert».

Hamburgs Chef-Grüner Thomas Ebermann im schnellen Vorbeigehen: «Jeder taktische Schritt ordnet sich unserem Ziel, der Zerschlagung des bürgerlichen Staates, unter.» Sein Landsmann Helmut Schmidt erklärt gerade einem jüngeren Parteifreund: «Jemand, der verlangt, daß andere etwas hergeben sollen, worauf sie heute Anspruch haben, der muß selbst erst einmal etwas hergeben.» Der junge Mann mit der roten Rosette nickt beifällig. Er hat das vielleicht mißverstanden.

Helmut Kohl, noch in der Mitte einer Schar vertrauensvoll zu ihm aufblickender Damen verharrend, hat offenbar das

Wort «hergeben» aufgefangen und doziert nun über Voraussetzungen, «um die riesigen Verschuldungsprobleme der Entwicklungsländer zu bewältigen, soweit dies – ich sage das mit einer gewissen Skepsis – möglich ist. Immerhin ist der Schuldenberg in diesem Bereich auf über 600 Milliarden Dollar angewachsen». Neben Kohl plaudert sein ehemaliger Kanzler-Kollege aus Österreich, Bruno Kreisky, im Abgehen: «Die Schulden, welche die lateinamerikanischen und afrikanischen Staaten in der westlichen Welt haben, gehen doch ins Gigantische. Es ist längst klar, daß sie zu einem großen Teil nicht zurückbezahlt werden.»

Schmidt, nun auf dem Weg in den Zuschauerraum: «Sollte sich jetzt zusätzlich zur Beschäftigungskrise eine internationale Bankenkrise einstellen, dann werden wir in den größten Schwierigkeiten sein.» – «Die Krise als Chance!» (Das war jemand vom *Bayernkurier.*) Die Bayern bilden eine eigene Gruppe unter den Statisten, die Luftverschmutzung und Waldsterben beklagen. Ihr Landwirtschaftsminister Hans Eisenmann: «Wir müssen die ganze Gesellschaft auf das Problem aufmerksam machen, damit die Politiker handeln können. Machbar ist nur, was von einer breiten Mehrheit gefordert wird.»

Das gleiche Klagelied der Politiker am Gängelband der Massen übt auch der Chor um den SPD-Geschäftsführer Glotz, der eine besonders intellektuell-verschwommene Formulierung dafür fand: «Ich fürchte, daß wir, die Politiker, unsere Gesellschaften grausamen Anpassungsprozessen ausliefern, wenn wir so weitermachen wie bisher. Aber wir werden so weitermachen müssen wie bisher, weil die Mechanismen der Loyalitätsbeschaffung etwas anderes nicht ermöglichen.»

Von seinem Sitzplatz aus kommentiert Altkanzler Schmidt dazu trocken: «Die Demokratie ist ja nichts Ideales, sie ist Menschenwerk mit schlimmen Schattenseiten; zum Beispiel mit der Schattenseite, daß derjenige gewählt wird, der es am besten versteht, sich dem Publikum angenehm zu machen.»

Und dann sagt er zu Jimmy Carter, der sich neben ihn setzt: «Ich denke, die Wähler erwarten von den Politikern schon gar keine Lösungen mehr. Sie erwarten das nicht von Kohl und nicht von Vogel. Von mir hätten sie es vielleicht erwartet.» Brummt Frankreichs Giscard d'Estaing: «Warum hat er sich dann nicht noch einmal zur Wahl gestellt?» Da beugt sich Kreisky zu ihm: «Dazu kann ich Ihnen etwas sagen, denn ich habe mit ihm darüber gesprochen. Helmut Schmidt hat darauf nicht nur eine persönliche Antwort gegeben, sondern auch eine politische; daß es nämlich keine Politik mehr gibt, die er vertreten könne.»

Die abgedankten Staatsmänner schweigen.

Im Raum wird es dunkel.

Sachzwänge

Vier Milliarden Menschen zuviel

Eine Reihe jener Erscheinungen, die sich als Sachzwänge unliebsam in unser Alltagsleben gedrängt haben, sind allein auf das «explosionsartige» Bevölkerungswachstum der letzten 200 bis 300 Jahre zurückzuführen. Ohne einen durch große Naturkatastrophen oder einen Dritten Weltkrieg verursachten dramatischen Einschnitt werden gegen Ende dieses Jahrhunderts sechs Milliarden Menschen die Erde bevölkern.

Sechs Milliarden Menschen! In diesem Punkt stimmen alle Berechnungen, darunter die der Vereinten Nationen und die der Wissenschaftler des Club of Rome, ziemlich genau überein. Nur wie es dann weitergeht, ob sich 20 Jahre später 10 Milliarden, 12 Milliarden oder schon mehr als 20 Milliarden Menschen gegenseitig auf die Füße treten, erscheint noch ungewiß.

Das Wachstum habe sich deutlich verlangsamt und man hoffe, daß es bis zum Jahre 2020 bei etwa 10,5 Milliarden Menschen zum Stillstand komme, erklärte ein Sprecher der UN im Sommer 1982. Inzwischen aber wächst die Weltbevölkerung noch alle fünf Tage um eine Million Menschen (1,7 Millionen werden geboren, während 700 000 sterben), davon 92 Prozent (!) in Afrika, Mittel- und Südamerika,

Süd-, Südost- und Ostasien. Die Hälfte der sechs Milliarden wird im Jahr 2000 in Städten leben. Viele Städte werden dann 20 bis 30 Millionen Einwohner haben und kaum noch regierbar sein.

Wenn alles «gutgeht» und die Geburtenrate sinkt, bedeutet das allerdings gleichzeitig eine Vergreisung der Menschheit: dann kommen in 40 Jahren auf tausend Menschen nicht mehr 32, sondern nur noch 11 Geburten (wie gegenwärtig schon in der Bundesrepublik Deutschland). Dann geschieht genau das, was jeder Afrikaner und Inder fürchtet: Er wird nicht mehr genug Kinder und Enkel haben, die ihn im Alter ernähren.

Und wer sonst soll ihn ernähren? Der Staat? Der kann es in den meisten Fällen schon heute nicht. Die Vereinten Nationen? Da ist es wohl leichter, an die Macht der heiligen Kühe zu glauben. Indien hatte 1983 mehr als 700 Millionen Einwohner, für die es kaum Nahrung und Kleidung gab. Woher sollen dann Nahrung und Kleidung für eine Milliarde Einwohner – das ist fast ein Drittel mehr – im Jahr 2000 kommen?

Dieses Problem wurde schon vor 30 Jahren erkannt. 875 Millionen Dollar wurden inzwischen investiert, um durch Aufklärung, Beratung, medizinische Eingriffe und andere praktische Maßnahmen eine Reduzierung der Zuwachsrate zu erreichen. Das Ergebnis war gleich Null. Im Gegenteil: Die Volkszählung Anfang 1981 ergab, daß 12 Millionen mehr Menschen in Indien lebten, als die amtlichen Hochrechnungen bis dahin ausgewiesen hatten.

In Sri Lanka gewährt die Regierung jedem Bürger, der sich sterilisieren läßt, eine Woche zusätzlichen Urlaub. Die Zuwachsrate ist gleichgeblieben. In China werden Ehepaare, die ein zweites Kind in die Welt setzen, mit Kürzungen des Arbeitslohns und der Streichung von Sozialleistungen bestraft, Bauern verlieren zusätzliche Ackerflächen für die private Nutzung und müssen mehr von ihrem Ernteertrag abgeben. Gleiches widerfährt auch Ehepaaren, die das erste Kind «außer Plan», das heißt ohne Zustimmung des Betriebs oder der Kommune, bekommen. Und trotzdem: 1982 lagen die Geburtenzahlen in China weit über dem Planziel.

Ob UN, ob Indien oder China, die Beispiele zeigen, wie deutlich man erkannt hat, daß durch das ungehemmte Wachstum der Weltbevölkerung die Lebensgrundlage auf unserem Planeten zerstört wird. Aber sie zeigen auch, wie hilflos alle überstaatlichen und staatlichen Institutionen sind, wenn es darum geht, diesem Wachstum Einhalt zu gebieten. Das heißt natürlich, soweit man ihm überhaupt Einhalt gebieten will. In der Sowjetunion wurden 1982 knapp 270 Millionen Einwohner gezählt, das waren wenig mehr als im Vorjahr (267,7 Millionen). Sofort erwog die Regierung der UdSSR, der Bevölkerung Anreize zur Steigerung der Geburtenzahlen zu bieten.

Offensichtlich kann man also das Problem der Übervölkerung noch verschieden sehen. Und das Bevölkerungswachstum geht unterdessen unaufhaltsam weiter. Mehr Menschen auf engem Raum aber bedeuten nicht mehr Kultur und Frieden, sondern mehr Müll und mehr Aggression. Man kann seinen Nächsten lieben, aber keinen Haufen Nächster, die einem auf die Pelle rücken. Man kann dem einzelnen Nachbarn die Hand reichen, aber keiner Masse von Nachbarn, die einen erdrückt.

Schon was die gegenwärtig lebenden 4,7 Milliarden Menschen verbrauchen, füllt unsere Erde mit Bergen von teilweise giftigem Abfall. Etwa ein Viertel der Menschheit – insbesondere im hochindustrialisierten Westen – lebt in einem angenehmen Wohlstand, weil Nahrung und Heizung, Kleidung und Licht auf Kosten der Umwelt billig produziert werden. Müßten mit jedem Stück Kohle und jedem Liter Treibstoff, die in nützliche Energie und schädliche Abgase umgewandelt werden, mit jedem Gramm der Spülmittel, Pestizide und anderer chemischer Produkte, die unsere Gewässer verseuchen, auch die Beseitigung der dadurch angerichteten Umweltschäden bezahlt werden (soweit das überhaupt möglich wäre): Nahrung, Kleidung, Wärme und Licht würden so teuer, daß die «reichen» Länder bald arme Länder und die meisten Wohlstandsbürger schlechter dran wären als die Bevölkerung Europas um 1800.

Aus sorgfältigen Berechnungen geht hervor, was die Alternative zwischen Verschmutzung oder Verelendung für die Zukunft von sechs Milliarden Menschen im Jahr 2000, oder 10 bis 12 Milliarden Menschen im Jahr 2030 praktisch bedeutet:

Die eine Möglichkeit: Wir lassen alles so weitergehen wie bisher. Dann kollabiert unsere Umwelt in spätestens 50 Jahren. Das heißt, die Menschen werden Mühe haben, noch trinkbares Wasser, ausreichend genießbare Nahrung und gesunde Luft zum Atmen zu finden. Von der dann existierenden Menschheit wird kaum ein Sechstel – also etwa 1,6 Milliarden Menschen – die folgenden 20 Jahre überleben.

Die andere Möglichkeit: Wir verteuern ab morgen alle Produkte, indem wir auf jeden Liter Abgas und Abwasser zusätzlich einen Betrag zahlen, der erforderlich ist, um unsere Umwelt von der gleichen Menge Abgas und Abwasser wieder einigermaßen zu befreien. In diesem Fall sind zwei Drittel der Menschheit bis zum Jahr 2000 verhungert, verdurstet oder erfroren. Von den heute lebenden 4,7 Milliarden Menschen würden dann also nur knapp 1,6 Milliarden überleben.

Vielleicht sollte man das gleiche Ergebnis verschiedener Berechnungen als einen Hinweis auf jene Zahl von Menschen nehmen, für die unser Planet möglicherweise den optimalen Lebensraum bietet – 1,6 Milliarden. Warten wir also ab, wie die Entwicklung weitergeht: Bei der «Operation Elend» ab 1984 (Möglichkeit zwei) kämen «nur» etwa 3 Milliarden Menschen um, bei der «Operation Verschmutzung» ab 2030 (Möglichkeit eins) würden rund 8,5 Milliarden Menschen sterben.

Wie auch immer, das «Goldene Zeitalter» scheint in beiden Fällen hinter uns zu liegen. Die Völker der westlichen Industrienationen hatten ihre höchste Lebensqualität nach allgemeinem Urteil in den fünfziger Jahren. Danach begann der Abbau: Das Geld wurde mehr, die Natur wurde weniger. Für die älteren unter uns besteht sicher die Möglichkeit, sich mit dem nun einmal angeeigneten Wohlstandsgefühl über die nächsten Jahre hinwegzumogeln.

Hart werden die Zeiten für unsere Kinder und Enkel. Genaugenommen scheinen sich ihnen nur noch vier vorgezeichnete Wege zu bieten:

Weg 1: Sie warten, bis die unwiderrufliche Rohstoffverknappung den weitgehenden Zusammenbruch der Industriegesellschaften erzwingt, und stellen sich dann darauf um, wieder in mehr oder weniger autarken Agrargesellschaften zu leben (was für 1,6 Milliarden Menschen auf der Erde möglich sein dürfte).

Weg 2: Sie erleben das Dahinsiechen von Milliarden Menschen an den bis dahin freigesetzten Schadstoffen (mit denen sie sich täglich beim Essen, beim Trinken, beim Atmen vergiften) und versuchen – jeder auf seine Weise –, mit Glück und Geschick dem schleichenden Tod zu entkommen. (Wie? Das weiß der Himmel! Aber einige werden es schaffen.)

Weg 3: Sie wehren sich schon vorher gegen Chaos und Gift, indem sie der Industriegesellschaft noch heute abschwören und lieber verhungern oder verdursten oder erfrieren als sich zu vergiften.

Weg 4: Sie lassen es zu keiner dieser Möglichkeiten kommen, indem sie sich zuvor in Kriegen oder revolutionären Auseinandersetzungen gegenseitig erschlagen oder atomisieren (nachdem die physikalischen und psychologischen Voraussetzungen durch entsprechende Anhäufung von Menschen auf engstem Raum bereits gegeben sind, wäre es natürlich durchaus möglich, daß wir diesen Weg noch vor oder mit unseren Kindern beschreiten).

Das sind die gegenwärtig erkennbaren Wege, die uns und unseren Nachkommen bei nüchterner Bestandsaufnahme offen scheinen. Niemand weiß, auf welchem der Wege wir oder die nächste Generation der Zukunft entgegengehen werden. Wahrscheinlich wird keiner der vier aufgezeichneten Wege allein beschritten. Die geschichtliche Erfahrung spricht dafür, daß es auf allen denkbaren Wegen versucht werden wird. Kommt es auf diese Weise zu einer Mischung der Möglichkeiten, so könnte es lange vor dem Jahr 2030 weltweit menschenmordende chaotische Zustände geben.

Da die Weltbevölkerung – insbesondere in der nördlichen Hemisphäre – vorläufig wenig Neigung zeigt, durch Verzicht und Sparsamkeit einiges Unheil abzuwenden, muß damit gerechnet werden, daß alles noch eine gute Zeit so weitergeht wie bisher (wenn auch nicht unbedingt noch ein halbes Jahrhundert) und die von manchen Zeitgenossen ausgesprochene Hoffnung auf «Apocalypse *now*» sich nicht erfüllt.

Diese Apocalypse-now-Hoffnung erscheint legitim, wenn man sich vor Augen hält, daß die Chance zu überleben mit den verstreichenden Jahren für immer mehr Menschen immer geringer wird. Eine einfache Rechnung beweist es: Je früher der Zusammenbruch kommt, desto besser sind die Überlebenschancen. Im Verhältnis zu der Zahl der Weltbevölkerung stehen sie nach dem Jahr 2030 nur noch 1 zu 6, gegenwärtig dagegen noch 1 zu 2.

Technik macht den Hunger schön

Der an der Universität Illinois Ökonomie lehrende Professor Julian L. Simon kam 1982 zu dem Schluß, das Bevölkerungswachstum stelle «wirtschaftlichen Fortschritt und einen Triumph der Menschheit dar», weil nämlich, und diese Logik ist bestechend, ohne die Zunahme der Bevölkerung in den vergangenen 10000 Jahren ein entsprechendes Wirtschaftswachstum nicht denkbar wäre. Ähnlich überzeugend gelangt der seit 25 Jahren über den Fortschritt in Entwicklungsländern berichtende amerikanische Publizist Richard Critchfield zu der Feststellung: «Im Weltdurchschnitt hat heute jeder Mensch mehr zu essen als 1960», und die Nahrungsmittelversorgung ist «dem Bevölkerungswachstum stets vorausgeblieben.»

Den Erkenntnissen der Welternährungskonferenz im Mai 1981 und der Deutschen Gesellschaft für Agrar- und Umweltpolitik im Februar 1982 zufolge, litten dagegen in dieser Zeit mindestens 600 Millionen Menschen Hunger. Und allein 1981 waren es mehr als 15 Millionen Menschen, die meisten davon Kinder unter fünf Jahren, die effektiv verhungerten.

Von 1980 bis 1990 wird der Lebensmittelbedarf auf der Erde um mindestens 30 Prozent weiter ansteigen. Diese Erkenntnis ist so wenig neu wie die Feststellung der FAO (Ernährungs- und Landwirtschaftsorganisation der UN), daß der Hunger die Stabilität der Welt, mit anderen Worten: den Frieden, gefährdet. Edouard Saouma, der Generalsekretär der FAO äußerte im September 1982 die Befürchtung, daß «Hunger Regierungen stürzen und die Unabhängigkeit von ganzen Nationen bedrohen kann».

Im gleichen Jahr verkündete US-Präsident Reagan, daß «die Erde 28 Milliarden Menschen ernähren könnte, wenn der Boden überall mit den Mitteln bearbeitet würde wie in den Vereinigten Staaten». Wahrscheinlich hatte man dem Präsidenten zuvor gerade mitgeteilt, daß manche US-Farmer unter einer Absatzkrise wegen Überproduktion leiden, daß sich das inländische Preisniveau im Verhältnis zur Mitte der siebziger Jahre nahezu halbiert hat, daß einige mittelgroße Farmbetriebe die Produktion mangels Rentabilität ganz eingestellt haben und die übrigen Weizenfarmer vom Landwirtschaftsministerium aufgefordert wurden, ein Fünftel ihrer Anbauflächen stillzulegen.

Offensichtlich hat jedoch niemand den Präsidenten darüber informiert, daß kaum eine andere Landwirtschaftsindustrie der Welt derartigen Raubbau betreibt wie die seines Landes, und was schon 1939 in einem Bericht an den amerikanischen Kongreß festgehalten worden war: daß durch Monokulturen 114 Millionen Hektar Land (Anbau- und Weidefläche) praktisch zerstört waren, und daß die zwangsläufige Erosion sich verheerend auf weitere 314 Millionen Hektar Land auswirkte.

Entscheidende Konsequenzen wurden weder damals noch später gezogen, obwohl erst fünf Jahre zuvor 300 Millionen Tonnen Humus durch Wirbelstürme von der Prärie in den Atlantik gefegt worden waren. Allein durch diese von falschen Anbaumethoden mitverursachte Katastrophe gingen in den USA 1934 etwa 45 Millionen Hektar Ackerland – das ist mehr als zehnmal die Größe der Schweiz – für Jahrhunderte verloren, und weitere 55 Millionen Hektar wurden erheblich geschädigt.

Tausende von Farmern verloren ihr Land, ihre Arbeit und ihren Lebensinhalt, aber an den Methoden der US-Agrarindustrie änderte sich nichts. Auch nicht, als in den darauffolgenden 30 Jahren ohne Mitwirkung von Katastrophen weitere 55 Millionen Hektar Ackerfläche vernichtet wurden. Trotz Kenntnis der irreparablen Schäden wurde bisher – ein halbes Jahrhundert lang – nicht nur nichts gegen die rücksichtslose Ausbeutung der dadurch innerhalb weniger Jahrzehnte unbrauchbar werdenden Ackerböden unternommen. Im Gegenteil, man «exportierte» die US-Methoden noch in ferne Länder.

Der Biologe und Völkerkundler Thomas Schultze-Westrum berichtet in seinem Buch *Biologie des Friedens* unter anderem von der Einführung moderner landwirtschaftlicher Anbaumethoden bei den Papuas im Bosavigebiet und an der

Südküste Neuguineas: «Die Methoden des Feldanbaus, die fein auf die ökologischen Besonderheiten abgestimmten Techniken der Landbestellung, werden ohne nähere Prüfung abgeschafft und durch wesentlich weniger geeignete ersetzt.»

Zwar produzierten die US-Farmbetriebe zu Beginn der achtziger Jahre mehr als 250 Millionen Tonnen Getreide (1962 waren es erst 188 Millionen Tonnen) und erzielten einen Flächenertrag von fast 4,5 Tonnen pro Hektar (1972 waren es 3,47), aber niemand auf dieser Welt bekommt auf die Dauer etwas geschenkt, auch nicht die industrialisierte Landwirtschaft. Die Humusschicht auf unserem Planeten hat im Durchschnitt eine Stärke von 10 bis 40 Zentimetern. Bis sich ein Kubikzentimeter Humus neu bildet, vergehen je nach Umweltbedingungen 120 bis 400 Jahre. In der Prärie kann es bis zu 4000 Jahren dauern!

Um einen Menschen auf herkömmliche Weise zu ernähren, ist pro Kopf etwa ein Hektar guten Mutterbodens erforderlich. Erinnern wir uns daran, daß die Weltbevölkerung gegenwärtig alle fünf Tage um eine Million Esser zunimmt, müßten also theoretisch alle fünf Tage eine Million Hektar mehr unter den Pflug genommen werden. Tatsächlich aber gehen auf der Erde alle fünf Tage der landwirtschaftlichen Erzeugung etwa eine Million Hektar verloren; teilweise durch die Erweiterung der Stadt-, Industrie- und Verkehrsgebiete, zu einem Großteil aber auch durch die gegenwärtigen landwirtschaftlichen Anbaumethoden, die Erosion, Grundwasserabsenkungen und Verhärtung der Ackerkrume zur Folge haben.

Bisherigen Berechnungen zufolge können maximal 32 Millionen Quadratkilometer der Erdoberfläche landwirtschaftlich genutzt werden. Nehmen wir – was bereits nicht mehr realistisch ist – einmal an, von der gesamten Landfläche der Erde (149 Millionen qkm) stünde noch ein Viertel (rund 37 Millionen qkm) von heute an für die Nahrungsgewinnung zur Verfügung. Halten wird dagegen dann die Aussage, daß alle fünf Tage insgesamt eine Million Hektar Akkerboden (das sind im Jahr 730000 qkm) überbaut oder unfruchtbar gemacht werden, so ergibt eine einfache Rechnung: Ändert sich nichts Einschneidendes an der Zweckentfremdung von Ackerland und an den Methoden der Bodennutzung, dann gibt es in 50 Jahren keinen fruchtbaren Acker mehr!

Der «Sachzwang» ist unübersehbar:

a) Wird die Landwirtschaft weltweit nach dem Vorbild der USA weiterbetrieben, ist der Tag absehbar, an dem aller Kunstdünger und alle sonstigen Chemikalien die zerstörten Äcker nicht mehr retten können.

b) Kehrt man jedoch in den nächsten Jahren zu altväterlichen Anbaumethoden zurück, um die Äcker zu erhalten, könnten nicht einmal mehr die Amerikaner und Europäer selbst ausreichend ernährt werden, von den Ländern des Ostblocks und der dritten Welt, die Nahrungsmittel einführen müssen, gar nicht zu reden.

Noch 1982 erlebte die Bundesrepublik eine Rekord-Getreideernte: 24,6 Millionen Tonnen. Aber der Kunstdüngerverbrauch hat sich seit 1970 verdreifacht, und allein für die Insekten- und Unkrautgifte mußten die deutschen Landwirte mehr als eine Milliarde Mark ausgeben. In den USA wurden 1950 insgesamt 90,6 Tonnen Insekten- und Unkrautgifte auf die Felder gestreut, 25 Jahre später waren es bereits 725000 Tonnen! Der Verbrauch von anorganischem Stickstoffdünger stieg in diesem Zeitraum um mehr als das Siebenfache.

Die Frage, ob das noch gesund oder für den Menschen schon zuviel Chemie ist, ob die allgemein propagierten Toleranzwerte noch Gültigkeit haben, wird von verschiedenen Wissenschaftlern sehr verschieden beantwortet. Mit Sicherheit läßt sich nur sagen, daß es für gewisse Schadinsekten schon wieder zu wenig ist! In Kalifornien erweisen sich bereits 17 von 25 Arten gegenüber Pestiziden als resistent. Stubenfliegen vertrugen 1966 schon tausendmal mehr DDT als zehn Jahre zuvor.

Interessant ist in diesem Zusammenhang auch die Berechnung des amerikanischen Wissenschaftspublizisten Jeremy Rifkin, daß der Bauer auf herkömmliche Art eine Kalorie Energie aufwenden mußte, um 10 Kalorien in Nahrungsmitteln enthaltene Energie zu gewinnen. Heute wird auf fortschrittlich technische Art mit 10 Kalorien Energie eine Kalorie Nahrung erzeugt. Die Aufwendungen für den Maschinenpark, Kunstdünger und Pestizide, die erforderlich sind, um eine Dose Korn mit 270 Kalorien zu erzeugen, betragen fast genau 2790 Kalorien. Und weil der Betrieb der Maschinen ebenso wie die synthetischen Dünge-, Insekten- und Unkrautvertilgungsmittel auf fossilen Energiequellen beruhen, kommt Rifkin zu dem naheliegenden Schluß: «Die Nahrung von heute ist eher auf Öl gewachsen als auf Mutterboden.»

Dafür steht uns allerdings – so die stolze Mitteilung der Behörden – die bestkontrollierte Nahrung aller Zeiten zur Verfügung. Man könnte jedoch dagegenhalten, daß zu keiner Zeit vorher eine Kontrolle so nötig war, weil die Nahrung der Menschheit noch nie zuvor mit soviel Giften erzeugt wurde, wie in der zweiten Hälfte unseres Jahrhunderts. Dabei sind nicht etwa jene bewußten verbrecherischen Manipulationen gemeint, denen schon Tausende Menschen zum Opfer fielen, weil beispielsweise Speiseöle mit gebrauchten Motorölen gestreckt worden waren. Nicht, weil gemordet werden sollte, sondern auch «nur» aus Gewinnsucht.

Die Weltmeere kann man nicht düngen, und alle Pestizide und sonstigen chemischen Produkte ändern nichts daran, daß inzwischen der angeblich unerschöpfliche Fischreichtum nicht mehr existiert. Auch diese Nahrungsmittelreserve wurde durch rücksichtslose Ausbeutung erheblich reduziert: In den fünfziger Jahren wurden im Nordatlantik jährlich 2,5

Millionen Tonnen Fisch gefangen. Das steigerte sich bis auf 3,7 Millionen Tonnen, dann war es – Ende der sechziger Jahre – vorbei. Jetzt streiten sich die Fischerei-Nationen jährlich mit zugeteilten und meist überzogenen Fangquoten um den Rest.

Neuerdings spricht kaum noch ein führender Politiker über das Thema Hunger. Die weltweite Ratlosigkeit fand ihren Ausdruck zuletzt in den Überlegungen internationaler Gremien, daß diejenigen, denen ständig geholfen wird, dadurch immer mehr in Abhängigkeit geraten und früher oder später unfähig sein könnten, sich selbst zu helfen. Diesen vorsichtigen Rückzug aus den überheblichen Zusagen der sechziger Jahre, in denen man meinte, auch 20 Milliarden Menschen noch mit Leichtigkeit ernähren zu können, verdeutlichte August von Hayek mit der Empfehlung einer Radikalkur: «Gegen die Überbevölkerung gibt es nur eine Bremse, nämlich, daß sich nur die Völker erhalten und vermehren, die sich auch selbst ernähren können.»

Der Club of Rome forderte schon Anfang der siebziger Jahre als einzig denkbare Lösung gegen die sich gegenseitig aufschaukelnden Sachzwänge von Bevölkerungswachstum, Rohstoffmangel und Welthunger: die Verwendung natürlicher Rohstoffe um 75 Prozent einzuschränken, die Lebensmittelproduktion der Industrienationen um 20 Prozent und alle Kapitalinvestitionen um 40 Prozent zu kürzen. Sogar die medizinischen Aktivitäten sollten erheblich beschnitten werden.

Der zeitkritische englische Biologe und Publizist Gordon Rattray Taylor wollte damals nicht daran glauben, daß eine dieser Empfehlungen oder Forderungen je wahrgemacht würde.

Er behielt recht.

Ohne Nahrung kann der Mensch mehrere Wochen am Leben bleiben, ohne Wasser nur wenige Tage. Dieser Lebensstoff, dem unsere Säugetier-Vorfahren vor vielen Jahrmillionen entkrochen sind, hat dem Europäer und seinem amerikanischen Ableger bisher nie in einer existenzbedrohenden Weise gefehlt. Im Oktober 1982 aber ließ eine Meldung aufhorchen: In Zürich hatte Maarten Schalenkamp, der Präsident des Internationalen Wasserversorgungs-Verbandes, erklärt, daß zur Zeit nur noch ein Drittel der Menschheit über genügend Trinkwasser verfüge. Das heißt: Von 4,5 Milliarden Menschen können sich drei Milliarden nicht mehr satt trinken. 30 000 Menschen, sagte Schalenkamp, sterben täglich wegen ungenügender Wasserversorgung; im Jahr 1982 also fast 11 Millionen Menschen. Und dann hörte man, so quasi in einem Nebensatz noch, daß nicht allein der Mangel an Wasser, sondern auch die zunehmende Verschmutzung der Gewässer ein gravierendes Problem sei.

Eine Lösung dieses Problems soll nach den Berechnungen des Internationalen Wasserversorgungs-Verbandes für etwa 1500 Milliarden Mark möglich sein. Nur – wer hat soviel Geld? In der 1980 veröffentlichten US-Regierungsstudie *Global 2000* hieß es also wohl nicht zu Unrecht, daß die Wasserversorgung in vielen Entwicklungsländern «infolge der starken Abholzung von Wäldern um das Jahr 2000 immer unberechenbarer» würde.

Jeder, der sich darüber informieren wollte, konnte schon Mitte der sechziger Jahre erfahren, daß die seit der Jahrhundertwende verstärkt vorgenommenen Flußregulierungen und Abholzungen vielerorts zu Grundwassersenkungen geführt hatten. Schneller fließende Flüsse graben sich tiefer ein und saugen dadurch vermehrt Grundwasser ab. An der Oberfläche trocknet der Ackerboden stärker aus und wird nach einiger Zeit für die übliche Feldbestellung unbrauchbar.

Der Rhein vertiefte sich zum Beispiel bei Ruhrort in einem halben Jahrhundert (1900 bis 1954) um volle zwei Meter. Soviel tiefte er sich bis dahin in 10000 Jahren ein (2 mm in 10 Jahren). Also 54 gegen 10000 Jahre! Eine wahrhaft gigantische Leistung unserer Wasserbauwirtschaft. Und vor allem ungeheuer «fruchtbringend».

Bei Basel senkte sich das Grundwasser inzwischen um drei Meter, in Neuenburg ist es noch drei Kilometer vom Flußbett entfernt um vier Meter gesunken, in Köln um acht Meter. In Südbaden sind dadurch 10000 Hektar Land der Versteppung preisgegeben. Im Elsaß waren schon 1966 mehr als 80000 Hektar Kulturland geschädigt, die landwirtschaftliche Erzeugung auf ein Viertel reduziert.

Dazu kommt nun die Belastung der Gewässer mit Industriegiften. Ein Teil dieser Gifte läßt sich aus dem Flußwasser, mit dem die Menschen – im Rheintal 20 Millionen – versorgt werden, kaum noch herausfiltern. Man wird sich also irgendwann nach anderem Trinkwasser für die Bewohner des Rheintals umsehen und irgendwo weiteres Grundwasser anzapfen müssen. Demzufolge werden sich dann erneut Grundwasserspiegel senken und noch mehr Land wird unfruchtbar werden.

Auch in den Flußtälern von Donau, Lech und Wertach wirkten sich die Regulierungen auf das benachbarte Grundwasser mit Absenkungen bis zu zehn Metern aus. Gegenwärtig untergräbt die Donau – nach Ansicht von Experten «in besorgniserregendem Tempo» – drei Brücken in Ingolstadt. Einem Gutachten der Technischen Universität München zufolge, muß damit gerechnet werden, daß bei größeren Hochwassern Sohleneintiefungen von mehreren Metern (!) auftreten.

Der Nord-Ostsee-Kanal saugt gegenwärtig derart viel Grundwasser an, daß noch in acht Kilometern Entfernung zu beiden Seiten Absenkungen um 20 Meter registriert werden mußten. Die sich ständig ausbreitende Versteppung der Randgebiete solcher Flußtäler und Kanäle ist nicht nur von den betroffenen Landwirten zu erkennen.

Im Einzugsbereich der Großstädte macht sich zudem der ungeheuer gestiegene Wasserverbrauch bemerkbar. Zu jenen fernen Zeiten, da die Menschen noch das Wasser aus dem Dorfbrunnen schöpften oder von Hand in die Küche pumpten, wurden täglich etwa 25 bis 30 Liter pro Kopf verbraucht, heute sind es – wo nur der Wasserhahn aufgedreht werden muß, wo in jeder Wohnung Dusche, WC, Waschmaschine usw. installiert sind – 300 bis 400 Liter pro Kopf und Tag. In München stieg der Wasserverbrauch von durchschnittlich 200 Litern in den dreißiger Jahren auf heute 450 Liter und im Ruhrgebiet durch die Industrie sogar auf 700 Liter pro Kopf und Tag.

In vergleichbaren Regionen und Städten Europas und Amerikas brachten entsprechende Untersuchungen das gleiche Ergebnis. In Baltimore, der zweitgrößten Hafenstadt an der Ostküste der Vereinigten Staaten, sank der Grundwasserspiegel zum Beispiel in den 50 Jahren von 1916 bis 1966 um nicht weniger als 45 Meter! In anderen küstennahen Gebieten wie im Santa-Clara-Tal bei Sacramento oder in New Orleans sank das Grundwasser unter den Meeresspiegel. Da kann es einem dann gelegentlich passieren, daß man den Wasserhahn aufdreht, und es fließt Salzwasser heraus.

Die Möglichkeiten, diese Entwicklung aufzuhalten, wären: Stopp der Flußregulierungen; Aufforsten; Anlegen von neuen Weidehecken, die Rundumbepflanzung kleinerer Ackerflächen. In Norddeutschland nennt man solche Rundumbepflanzungen Knicks. Instinkt, Erfahrung und bäuerlicher Verstand haben diese Knicks schon vor vielen Jahrhunderten entstehen lassen, und sie haben sich bis heute bewährt. Inzwischen weiß man sogar genau, warum: Feldhecken bieten bis zu 40 Prozent Windschutz und wirken somit der Erosion entgegen.

Der russische Forscher Chanbekow stellte fest, daß sich der Feuchtigkeitsgehalt von Steppenwind erhöht (von 11 bis auf 24 Prozent), wenn er durch Busch- oder Baumreihen gebremst wird. Gleichzeitig läßt der langsamere Luftstrom den Boden, über den er streicht, mehr von dieser Feuchtigkeit aufnehmen. Ackerflächen, die durch Hecken, Knicks, Waldstreifen oder ähnliche Bepflanzungen geschützt sind, bringen demzufolge höhere Erträge als ungeschützte Flächen (bei Halm- und Knollenfrüchten 15 Prozent, bei Gemüsekulturen bis zu 300 Prozent mehr). Selbst bei Viehweiden wirkt sich der verlangsamte feuchtere Wind positiv aus.

In den Jahrzehnten vor und insbesondere nach dem Zweiten Weltkrieg fielen überall – auch in Deutschland – zahlreiche dieser Knicks und Feldhecken dem Bedarf von größeren Flächen für die modernisierte Landwirtschaft zum Opfer. Auch da wirkte und wirkt der Sachzwang: Die Motorisierung der Landwirtschaft mußte die zunächst weniger werdenden und schon in den sechziger Jahren kaum mehr vorhandenen Knechte und Mägde ersetzen, die noch in der ersten Hälfte dieses Jahrhunderts für geringen Lohn die notwendige Arbeit leisteten.

Der landwirtschaftliche Arbeiter von heute, dessen Tariflohn von kleinen und mittleren Betrieben nicht aufzubringen ist, kann also sein Geld mit der saisonbedingten harten Arbeit nur noch auf einigen großen Gütern verdienen. In allen anderen bäuerlichen Betrieben arbeitet heute die Kleinfamilie: Der Bauer, seine Frau, vielleicht noch – wenn sie alt genug dazu sind – ein, zwei Kinder. Mit anderen Worten: Ein Mann allein muß die Äcker bestellen und die Ernte einbringen. Das ließe sich ohne die durch die Flurbereinigung zusammengelegten großen Felder und ohne den Traktor gar nicht bewerkstelligen.

Knicks, Feldhecken, Buschreihen und ähnliches stehen da

nur im Weg, kosten Zeit, die niemand mehr hat, oder Arbeitskraft, die nicht mehr vorhanden ist. Und damit sind wir schon bei einem neuen Sachzwang: Wollte man die Äcker und Felder wieder in der jahrhundertelang bewährten durchschnittlichen Größe mit Hecken, Knicks oder Baumreihen umgrenzen, könnten die heute üblichen Maschinen nicht mehr eingesetzt werden. Ohne diese Maschinen aber ist die Arbeit nicht mehr zu leisten.

Obwohl es zum Nachteil des Bodens ist, und obwohl mehr chemische Produkte eingesetzt werden müssen, um den Ertrag herauszuwirtschaften, den im anderen Fall die natürliche Durchfeuchtung des Bodens – wenigstens teilweise – erbringen könnte, muß noch manche Rundumbepflanzung fallen, müssen Äcker und Felder zu erosionsgefährdeten Größen zusammengelegt werden. Wollte man das vermeiden, dann müßte wieder mehr menschliche Arbeitskraft zur Verfügung stehen.

Aber menschliche Arbeitskraft fehlt. Zumindest dort, wo harte, schweißtreibende Arbeit zu leisten wäre. Gleichzeitig spricht man in der Bundesrepublik jedoch von 2,5 Millionen «Arbeitslosen». Irgendwie muß da ein Mißverständnis vorliegen.

Teuer verschenkte Energie

Eines Tages kommt, so heißt es in einer Anekdote, ein Mann von einem anderen Stern auf die Erde, wird freundlich aufgenommen, und man zeigt ihm stolz die Errungenschaften irdischer Zivilisation. So gelangt man auch zu einem Haus, vor dem viele Leute stehen. «Worauf warten alle diese Leute?» fragt der Mann vom anderen Stern. Man erklärt ihm, daß sie auf Arbeit warten, daß es Arbeitslose seien: «Ach», sagt der Mann, «heißt das, daß es bei Ihnen auf der Erde nichts mehr zu tun gibt?»

Natürlich besteht nicht der geringste Zweifel daran, daß es in Hülle und Fülle zu tun gibt, daß mehr Aufgaben und Arbeiten vor uns liegen, als ein Herkules bewältigen könnte. Der volle geistige und körperliche Einsatz der gesamten Menschheit dürfte kaum ausreichen, alles zu tun, was bis zur Jahrtausendwende geschafft werden müßte, wenn sechs Milliarden Menschen ernährt und gekleidet werden sollen.

An fehlender Arbeit liegt es nicht. Ökoexperten machten sich 1982 anheischig, durch aktive Umweltpolitik mittelfristig in der Bundesrepublik über eine Million Arbeitsplätze zu schaffen: 400 000 durch konsequente Nutzung energiesparender Technologien, 300 000 beim Bau von Kläranlagen, Bahnlinien und Radwegen. 100 000 durch die Förderung der (arbeitsintensiven) ökologischen Landwirtschaft, 100 000 bei der Abfallwirtschaft und Recycling (Wiederaufbereitung von Rohstoffen) und 200 000 in diversen Bereichen des technischen Umweltschutzes.

In normales Deutsch übersetzt heißen «ökologische Landwirtschaft» und «konsequente Nutzung energiesparender Technologien»: Arbeit mit Mistgabel und Kehrbesen. Und 300 000 Mann, die mit Pickel und Spaten Radwege, Bahnlinien und Kläranlagen bauen, erinnern zwar an den einstigen «Arbeitsdienst», wären aber aus dem Blickwinkel des Umweltschutzes gesehen zweifellos zu begrüßen. Der 1931 von der Weimarer Republik nach bulgarischem Vorbild eingerichtete Freiwillige Arbeitsdienst wurde nach 1933 zur Arbeitsdienstpflicht für alle Achtzehnjährigen, männlichen und weiblichen Geschlechts. Er war eines der ersten und wohl auch erfolgreichsten Mittel nach Regierungsantritt der Nationalsozialisten zur Beseitigung der Arbeitslosigkeit (Arbeitslose 1932: 5,57 Millionen; 1934: 2,71 Millionen).

Um Arbeit in diesem und dem von den Ökoexperten angesprochenen Sinne aber geht es bei der gegenwärtigen Diskussion gar nicht, sondern allein um «Arbeitsplätze», womit eine der Ausbildung und den Wünschen des «Arbeitslosen» entsprechende Stellung gemeint ist. Das wird auch durch Urteile des Bundessozialgerichts deutlich. So lautete ein Richterspruch im Juli 1982: «Eine einfache Pförtnertätigkeit» sei einem Facharbeiter «nicht zumutbar». Oder ganz generell (im März 1983): Ein Facharbeiter könne keinesfalls auf einfache Hilfsarbeiten verwiesen werden.

Das heißt also: Ein Angestellter kann ohne weiteres während der Ferien beim Bergbauern zu seinem Vergnügen und im Schweiße seines Angesichts eine Wiese mähen, kann genau das gleiche jedoch nicht, wenn er seine Stellung verloren hat. Und für einen Facharbeiter ist es offenbar deklassierend, in einer Portiersloge seinen Lebensunterhalt zu verdienen.

Unbestreitbar wurde hier ein neues Kastensystem produziert, demzuliebe gegenwärtig im Bundesgebiet zweieinhalbmillionenfache Arbeitskraft unausgeschöpft bleibt. Gleichzeitig wird noch die Energiekrise beklagt, und es scheint niemand aufzufallen, daß eigentlich das eine das andere ausschließt: Entweder verfügt eine Volkswirtschaft über genügend Energie (was es in der Geschichte gelegentlich gab), dann kann sie es sich vielleicht leisten, auf die Kraft von Millionen arbeitsfähiger Menschen zu verzichten. Oder aber es mangelt an Energie (und das ist gegenwärtig der Fall), dann ist es kaum zu erklären, wie man ein Energiepotential von fünf Millionen Fäusten ungenutzt lassen kann. Ein Energiepotential, mit dem man vor dreihundert Jahren ganze Erdteile bevölkerte und urbar machte.

Aber statt der unter diesen Umständen dringend erforderlichen Arbeitszeit*verlängerung* wird mit der Begründung, die zur Verfügung stehende Arbeit reiche nicht mehr zur Beschäftigung aller arbeitsfähigen Menschen aus, eine Arbeitszeit*verkürzung* diskutiert. Zugrunde liegt die simple Vorstellung: daß es doch eigentlich unerfreulich sei, wenn der eine Mensch 40 Stunden in der Woche hart arbeitet, während der andere daneben steht und zusehen muß. Da braucht man doch nur dem einen 20 Stunden wegzunehmen und dem anderen zu geben, und schon sind beide glücklich!

Nun ist Wegnehmen ein bewährtes sozialistisches Mittel, um Wohlstand und Lebensqualität «ins Unermeßliche» zu steigern. In fast der Hälfte aller Länder dieser Erde wurde und wird es zur wachsenden Begeisterung der Völker schon seit Jahrzehnten praktiziert. Weil wir jedoch noch nicht so weit sind, daß auf jeden Arbeitnehmer auch ein Arbeitsloser kommt, würde zur Zeit noch – so haben die Gewerkschafts-Mathematiker errechnet – eine Reduzierung der Wochenarbeitszeit auf 35 Stunden und eine Herabsetzung der Lebensarbeitszeit genügen.

Die Unternehmer wehren sich dagegen mit dem Hinweis, daß heute bereits pro Jahr 38 Arbeitstage weniger gearbeitet wird als noch vor 20 Jahren, und daß die 40-Stunden-Woche ohnehin nur auf dem Papier steht, weil mit Urlauben, Feiertagen und Krankheitstagen auf den einzelnen im Durchschnitt nur noch eine Wochenarbeitszeit von 31 Stunden entfällt (Institut der Deutschen Wirtschaft, Februar 1983). Außerdem beklagen die Arbeitgeber die stark gestiegenen «Arbeitskosten» und das «lawinenartige Anschwellen der Personalzusatzkosten» (Arbeitgeberverbände der Metallindustrie).

Wir sind es schon gewohnt, daß anhand solcher Argumente Entscheidungen über Leben und Schicksal von Menschen, ja, ganzer Völker gefällt werden. Dem zuvor erwähnten Mann vom anderen Stern aber muß es höchst seltsam erscheinen, wie hier Funktionäre der einen und der anderen Seite Wahrheiten ignorieren und um den Kern der Dinge herumreden, anstatt klar zu sagen, daß die meisten Arbeiter und Angestellten heute einfach deshalb keinen ihnen genehmen Arbeitsplatz mehr bekommen können, weil sie die Betriebe mehr kosten, als sie ihnen einbringen.

Um das Geld zu verdienen, das manche – einschließlich

der Sozialabgaben und -leistungen der Unternehmen – laut Tarifvertrag ausbezahlt erhalten, müßten sie – um noch rentabel zu sein – nicht 35 und nicht 40, sondern reelle 50 Stunden in der Woche arbeiten. Weil es beim Aushandeln von Tarifverträgen aber nicht um wirtschaftliche Realitäten, sondern – auf der einen so gut wie auf der anderen Seite – allein um das Prestige geht, endet das Spiel mit genau dem, was diese Art Arbeitslosigkeit in Wahrheit bereits darstellt: mit dem Konkurs einer vor Zeiten einmal funktionierenden Volkswirtschaft.

Völlig unbeachtet bleibt dabei auch der menschliche Aspekt, daß Arbeit keineswegs nur eine unvermeidliche traurige Fron, sondern eine lebensnotwendige Form der Selbstbestätigung und somit – insbesondere für ältere Menschen – ein Lebenselixier darstellt. Dirigismus kann zwar von Menschlichkeit reden, aber er kann sie nicht praktizieren.

Völlig verfehlt ist in diesem Zusammenhang auch die Erwähnung von Solidarität, solange man darunter nicht die Solidarität aller Menschen, sondern nur die Solidarität innerhalb einer der vorhin erwähnten und in den Urteilen des Bundessozialgerichts bestätigten Kasten versteht. In der Praxis sieht das so aus, daß allein die Gewerkschaftsfunktionäre darüber zu befinden haben, wo Solidarität beginnt und endet: Als sich 1982 eine Belegschaft mit ihrem Betrieb solidarisch und mit der zur Erhaltung der Arbeitsplätze aller Kollegen notwendigen Lohnkürzung einverstanden erklärte, ließ ihr das die Gewerkschaft durch Gerichtsbeschluß untersagen.

Es gibt nur eine seit jeher erfolgreich praktizierte Solidarität: die der Funktionäre aller Klassen. Vor hundert Jahren kämpften die Gewerkschaftler um soziale Gerechtigkeit. Heute nutzen ihre Funktionäre diesen Begriff zur Erhaltung der Macht. Sie befinden sich damit in weltweiter Übereinstimmung mit allen Funktionären aller Zeiten.

Eher ging Rom zugrunde

Das Wort «Arbeitslosigkeit» überdeckt die Wahrheit, daß es sich keineswegs um fehlende Arbeit, sondern mehr um die Vergabe von Pfründen handelt. Pfründe aber ist in der gegenwärtigen arbeitsrechtlichen Praxis die Stelle eines Kranführers nicht weniger als die eines von einer Gewerkschaft eingesetzten Arbeitsdirektors. Und weil systembedingt von Pfründen immer nur eine bestimmte Anzahl zur Verfügung stehen, können weder Investitionen noch Wachstum noch Arbeitszeitverkürzungen auf Dauer die angebliche Arbeitslosigkeit beseitigen.

Unser Wort Pfründe ist dem spätlateinischen «praebenda» verwandt, womit ein vom Staat zu zahlender Lebensunterhalt bezeichnet wurde. Denn auch das untergehende Rom hatte seine Pfründner, die von nichts anderem als von ihren Ansprüchen an den Staat lebten. Rom finanzierte diese Pfründnermentalität, die man damals noch nicht Anspruchsdenken nannte, mit Raubzügen und Sklavenarbeit.

Ohne Sklaven hätte es keine der großen alten Kulturen gegeben. Nur indem man Tausende Menschen am Rand des Existenzminimus hielt und gleichzeitig ihre Arbeitskraft voll einsetzte, wurden Priester und Krieger von der Arbeit für die Bedürfnisse des Lebens freigestellt. So konnten sie ihre jeweiligen Hierarchien und darüber hinaus allgemeine Verwaltungshierarchien aufbauen. So konnten Politiker der ersten Demokratien in Athen und Rom die finanziellen Mittel gewinnen, um sich Wählerstimmen zu kaufen und den Massen Brot und Spiele zu spendieren.

Bäuerliche Kulturen, in denen mehr oder weniger jede Familie selbst Brot und Kleidung erarbeitete und – wie bei den Germanen – nur nach eigenem Ermessen gelegentlich «kleine Geschenke» an die Stammesfürsten gab, haben demzufolge auch nie die zivilisatorischen Gipfel eines Ägypten, Athen oder Rom erklommen. Aber solche Gipfel halten keine Ewigkeit. Weil aus der Gewohnheit, andere für sich arbeiten zu lassen, eines Tages ein Rechtsanspruch wird, und weil eine Pfründnermentalität keine Einschränkungen akzeptiert. Eher ging Rom zugrunde, als daß ein Römer auf seine «praebenda» verzichtet hätte. An dieser menschlichen Verhaltensweise hat sich bis heute nicht das geringste geändert.

Im Herbst 1982, nach dem Regierungswechsel in der Bundesrepublik, forderte Alfred Schmidt, der Leiter der Sozialabteilung des Deutschen Gewerkschaftsbundes, daß den Ärmeren keineswegs «staatliche Wohlfahrt» gestrichen werden dürfe. Er übersah dabei – wie fast alle Sozialpolitiker –, daß der Staat nur verteilt, was seine Bürger erarbeiten. Verteilt er mehr, entwertet er die Arbeit und enterbt die Heranwachsenden. Zweifellos handelt es sich hier um einen Sachzwang mit sozialem Zündstoff: Es steht modernen Staaten in guten Zeiten schlecht an, sich bei der Vergabe von Wohltaten an sozial schwächere Bürger zurückhaltend zu zeigen. Auf der anderen Seite aber sind übertriebene Zuwendungen an mehr oder weniger Berechtigte selbst dann nicht mehr zurückzunehmen, wenn es im Interesse des Gemeinwohls dringend erforderlich wäre.

Über diese «soziale» Schwelle stolperten in den vergangenen Jahrzehnten nahezu alle Staaten der westlichen Welt: Da wurden die Sozialetats – und damit die Staatshaushalte – aufgeblasen, bis die Einnahmen kaum noch reichten, die Schuldzinsen zu bezahlen. Gleichzeitig wurden im Interesse einer einseitig industriellen Vollbeschäftigung Firmen animiert, weitere Arbeitsplätze zu schaffen und dieses Wachstum mit Krediten zu finanzieren (was der Bundesrepublik von 1980 bis 1982 nicht weniger als 26 725 Konkurse bescherte); und niemand verwehrte den Unternehmen, ihren Arbeitern und Direktoren Löhne und Gehälter anzubieten, die längst nicht mehr erwirtschaftet wurden.

«Die Macher», schrieb der *Spiegel* im März 1983, «haben

mit ihrer traditionellen Politik der Bundesrepublik 2,5 Millionen Arbeitslose beschert. In der EG sind über 12 Millionen, in den westlichen Industrieländern über 30 Millionen Menschen ohne Job.» Die Macher, muß man hinzufügen, haben die Balance verletzt: Das Verhältnis von Arbeitsleistung und Entlohnung ist nicht mehr ausgewogen. Und sie haben sich selbst und das Volk über die wahren Zusammenhänge getäuscht. Sie haben sich und uns eingeredet, Wirtschaftswachstum und Wohlstand der breitesten Bevölkerungsschichten seien ihr Verdienst, gar ein Erfolg ihrer Sozialpolitik.

Diese Blume stecken sich besonders gern Gewerkschaftler und Sozialisten ins Knopfloch. Die Wahrheit sieht anders aus:

Erstens ist sozialistische Politik etwas anderes als Sozialpolitik. Einige der wichtigsten Gesetze, die heute die Grundlage sozialer Sicherheit bilden, wurden gegen die Stimmen der Sozialisten durchgesetzt. In Deutschland waren das

1883 das Krankenversicherungsgesetz,
1884 das Unfallversicherungsgesetz,
1889 das Invaliden- und Altersversicherungsgesetz,
1890 die Gewerbeordnung,
1891 das Arbeiterschutzgesetz zugunsten der Jugendlichen und Arbeiterinnen, zur Gewährleistung der Sonntagsruhe, zur Sicherung des Arbeitsvertrages und zur Begrenzung der Arbeitszeit,
1903 die Novelle zum Krankenkassengesetz, unter anderem zur Verlängerung des Krankengeldbezugs auf 26 Wochen,
1911 die Reichsversicherungsordnung mit einer durchgreifenden Besserstellung der Versicherten.

Zweitens ist es nicht das Verdienst der Gewerkschaften und Sozialisten, daß es den Menschen in den Industrienationen heute bessergeht als noch ihren Großeltern, sondern einzig das der Maschinen.

Halten wir uns noch einmal kurz vor Augen, was uns die einstigen Hochkulturen lehren: daß Menschen durch die Ausbeutung von Sklaven von der Sorge um das tägliche Brot freigesetzt werden müssen, um Staaten aufbauen, Politik betreiben oder – wie heute – Freizeit genießen zu können. Die Sklaven unserer Zeit sind die Maschinen. Für eine Handvoll Energie und ein paar Tropfen Öl arbeiten sie unermüdlich Tag und Nacht, bis man sie auf den Schrottplatz bringt und durch neue, bessere ersetzt, die noch mehr und noch schneller für uns arbeiten.

Dazu kam dann eines Tages die geniale Idee, das von den Maschinen erarbeitete Geld an deren Betreiber – einer einmaligen Mischung von Aufsehern und gleichzeitigen Handlangern der Sklaven – weiterzugeben. Es waren Kapitalisten wie der Fließband-Erfinder Henry Ford, die erkannt haben, daß sie ihre Gewinne nur erhalten und ausbauen können, wenn gutbezahlte Arbeitnehmer als ein Heer von Käufern in Erscheinung treten.

Sozialisten wie Karl Marx reagierten dagegen auf die kürzer werdende Arbeitszeit und die steigenden Löhne der Arbeiter verärgert: «Alles das sieht verdammt optimistisch aus, und der Henker weiß, wie lange das noch dauert . . . Hier können nur ein paar grundschlechte Jahre helfen.» Aber so grundschlechte Jahre, wie Marx sie wünschte, kamen nicht mehr. Weil die neuen Sklaven, die Maschinen, nicht nur das Geld derjenigen erarbeiteten, die ihre Knöpfe drücken, sie finanzieren auch noch die sogenannten Arbeitslosen (in der Bundesrepublik 1982 mit 24 000 Mark pro Kopf und Jahr, insgesamt 55 Milliarden Mark)!

Dafür, daß die Arbeiter in den westlichen Industrienationen heute für vernünftig wirtschaftende Betriebe zum überwiegenden Teil einfach unrentabel sind, weil sie mehr Lohn erhalten, als ihre Sklaven erarbeiten können, darf man also alle möglichen Institutionen, aber nicht die Maschinen verantwortlich machen. Wenn es anders wäre, müßten ja alle Länder ohne Industrie wahre Arbeitnehmer-Paradiese sein. Die Dominikanische Republik zum Beispiel: Dort gibt es kaum Maschinen, aber Hungerlöhne und Kinderarbeit bei 14 Stunden an sieben Wochentagen. Und in Indien werken auf den Feldern und in den wenigen Fabriken fünf Millionen verpfändete Arbeiter, eine Art Leibeigene und Sklaven, die ihren Platz nur allzugern – bei vollem Lohnausgleich – modernen Maschinen überlassen würden.

Und wer immer noch meint, es gäbe wegen der Maschinen für den Menschen nicht mehr genug zu tun, der sollte sich einmal sehr genau die Klagen über die sogenannte Schwarzarbeit anhören. Da erfährt er dann überdeutlich, daß für jeden, der arbeiten will und sich nicht zu teuer verkauft, ganz offensichtlich Arbeit im Überfluß vorhanden ist. Jenseits des reglementierten Erwerbslebens findet sie anscheinend der gesunde Instinkt überall und in allen Variationen.

Wenn man dem Bundesarbeitsminister und einigen Handwerkskammerpräsidenten glauben darf, wird da Arbeit im Wert von Milliarden Mark geleistet. Das Lamento, daß diese Milliarden an den Kassen der Finanzämter und der Sozialversicherungen vorbeigehen, kann dem im Übermaß geschröpften Staatsbürger ohnehin nur ein Lächeln entlocken. Eine staatliche Finanzpolitik, die den Fleiß bestraft und die Faulheit begünstigt, stellt so wenig eine «vertrauensbildende Maßnahme» dar wie eine entartete Sozial*versicherung*, die dem Bürger nicht mehr dazu hilft, sich mit eigener Leistung gegen eventuelle Schicksalsschläge abzusichern, sondern nachfolgende Generationen dazu verpflichtet, das Anspruchsdenken der gegenwärtigen zu finanzieren.

Die Handwerkskammerpräsidenten aber müssen sich in diesem Zusammenhang fragen lassen, wo ihre Handwerker wohl blieben, wenn es morgen keine Schwarzarbeit mehr gäbe? Wie viele Häuser blieben ungebaut, wie viele Wohnungen würden nicht renoviert, wie viele Fahrzeuge nicht instand gesetzt? Der Schwarzarbeiter leistet in der Regel doch nur «kostendämpfende» Vor- und Nacharbeit, ohne die viele Aufträge an die mit Steuern und Sozialversicherungen kalkulierenden Handwerksbetriebe unterbleiben müßten. Das bedeutet, daß ihnen ohne Schwarzarbeit nicht mehr, sondern weniger Arbeit zufließen würde.

Der Staat muß ihn nicht lieben, aber er sollte ihm dankbar sein, seinem Schwarzarbeiter, denn er hält das Geschäftsleben auch dort noch in Gang, wo es durch überhandnehmende staatliche Reglementierungen sonst längst zum Erliegen gekommen wäre. Und noch eines: Der Schwarzarbeiter zeigt etwas, was Gewerkschaftler und Industrieverbandsfunktionäre gleichermaßen ungern sehen: die Arbeit der Zukunft.

Sie ist, da der Mensch in den Fabriken zunehmend durch Automaten und Roboter ersetzt wird, von anderer Art als viele glauben möchten. Es ist größtenteils schmutzige, schweißtreibende Handarbeit, aber sie ist – wie in goldenen Vorvätertagen – wieder sehr viel individueller und damit freier als die Fließbandarbeit der vergangenen 100 Jahre. Wir müssen nur langsam beginnen, unsere Vorstellungen von Arbeit zu revidieren und diesen Begriff neu zu bewerten – eine Anregung, die wir in anderem Zusammenhang auch bei Fritjof Capra finden:

«Im Rahmen der Umwertung aller Werte muß auch der Begriff Arbeit neu definiert werden. In unserer Gesellschaft wird Arbeit mit dem Arbeitsplatz identifiziert. Man arbeitet für einen Unternehmer und für Geld; unbezahlte Tätigkeit gilt nicht als Arbeit. So wird der Arbeit von Frauen und Männern im Haushalt kein wirtschaftlicher Wert beigemessen; und dennoch entspricht der Wert dieser Tätigkeit monetär ausgedrückt rund zwei Drittel aller von den Unternehmen . . . gezahlten Löhne und Gehälter . . . Wir brauchen daher eine Neubewertung der Idee und Praxis der Arbeit, damit sie für den einzelnen Arbeiter wieder sinnvoll, für die

Gesellschaft nützlich und Teil der harmonischen Ordnung des Ökosystems wird.»

Das alles berücksichtigend, gibt es eine Reihe praktikabler Vorschläge, wie man die sogenannte Arbeitslosigkeit, die für die Betroffenen oft mehr ein psychisches als ein finanzielles Problem darstellt, innerhalb eines Jahres aus der Welt schaffen könnte. Vorschläge, die in Teilen durch Reportagen oder Interviews von einzelnen Unternehmern, Handwerkern, Arbeitern und Angestellten bekannt wurden und hier einmal zusammengefaßt werden:

Man begrenze die Steuern, Sozialabgaben und Tariflöhne auf ein Mindestmaß, beseitige das Monopol der Arbeitsämter und überlasse es jedem Arbeitnehmer (gleichgültig ob er 17 oder 70 Jahre alt ist) in Übereinkunft mit Betriebsrat und Betriebsleitung die Zeit, die er arbeiten möchte, und ebenso die Entlohnung, die ihm und dem Betrieb seine Arbeit wert erscheint, frei auszuhandeln. Eine individuelle zeitliche Einordnung zwischen 20 und 50 Wochenstunden ist im Zeitalter der Computer durchaus möglich und wird bereits von einigen Betrieben praktiziert; Frauen können dann für gleiche Leistung auch endlich den gleichen Lohn wie Männer fordern und erhalten.

Der Rest von Arbeitsfähigen und -willigen, die danach noch ohne Arbeit sind, paßt in ein paar Busse, die jeden Morgen vor dem Arbeitsamt stehen und die dorthin fahren, wo in Wäldern oder öffentlichen Anlagen, in Krankenhäusern oder anderen, der Allgemeinheit zugute kommenden Einrichtungen mehr als genug Arbeit vorhanden und zu verrichten ist.

Diese Arbeit wird mit nicht mehr als einem «Taschengeld» bezahlt. Aber wer auf diese Weise in einem Monat 160 Stunden abrechnen kann, erhält zusätzlich 50 Prozent des Nettobetrages, den er bei seiner letzten Stellung als Einkommen bezog (zuzüglich der Sozialversicherungs-Beiträge), oder so viel, wie zum Lebensunterhalt für ihn und seine

Familie erforderlich ist. In dieser Art mag es einige zeitweilig stellungslose Mitbürger geben, «Arbeitslose» gibt es nicht mehr.

Es ist jedoch kaum zu erwarten, daß die Verbands-, Gewerkschafts- und politischen Funktionäre eine derartige Liberalisierung der Arbeit zulassen. Nur ein pensionierter Funktionär wie der ehemalige DGB-Vorsitzende Heinz Oskar Vetter, den auf seinem Altenteil vielleicht ein Hauch von Weisheit überkam, darf sich die Frage stellen, «ob die sich wandelnden Verhältnisse nicht gebieterisch verlangen, daß wir den Staat reformieren, daß wir ihn entrümpeln, daß wir ihn dezentralisieren».

Und nicht nur den Staat.

Frag nicht nach Sonnenschein

Eines dürfte unbestritten sein: Wenn wir weiterhin unsere Sklaven, die Maschinen, für uns arbeiten lassen wollen, müssen wir für ihre Nahrung sorgen, für Energie! Damit aber stecken wir schon in einem neuen Sachzwang, weil die konventionellen Energieträger (Erdöl, Erdgas, Kohle, Holz) in absehbarer Zeit verbraucht sind und dann nur noch – nach Ansicht einiger Experten – die Kernenergie zur Verfügung steht.

Professor Heinz Haber, bekannt durch seine Fernsehsendungen und Bücher, schrieb 1981 in einem Beitrag zur *Energie Story* (herausgegeben vom Informationskreis Kernenergie), es sei seines Wissens «noch kein Energiewirtschaftler auf die Idee gekommen, sich im größeren Maßstabe auf das eindeutige Verlustgeschäft des Einsammelns von Sonnenenergie einzulassen».

Professor Haber behauptet: «Ein moderner Industriestaat wie die Bundesrepublik hat überhaupt keine Aussicht, mit der Sonnenenergie seinen Stahl zu kochen, sein Aluminium zu elektrolysieren oder seine Eisenbahnen zu betreiben. Ähnlich dürftig sieht es mit der Windkraft aus . . . und mit der Erdwärme noch schlechter.» Darum bleibt seiner Weisheit letzter Schluß, «daß wir trotz aller Bedenken der Kernenergie nicht entraten können».

Dagegen erklärt der Flugzeugkonstrukteur Ludwig Bölkow, als Mitbegründer der Firmengruppe Messerschmitt-Bölkow-Blohm eine der führenden Persönlichkeiten der deutschen Wirtschaft, eine Energiezukunft ohne Öl, Kohle und Kernkraft sei längst keine Utopie mehr, sondern lediglich «ein politisches Problem». Weil zum Beispiel Solarenergie nicht nur Öl spart, sondern – so der Wiener Universitätsprofessor Gerhard Faninger – «eine Konkurrenz gegenüber anderen Energie-Machtzentren» darstellt. Dies insbesondere, weil sie nicht nur technisch machbar, sondern auf lange Sicht sogar wirtschaftlicher sei als etwa die Kernkraft.

Der AEG-Manager Reinhard Dahlberg, Heilbronn, rechnete 1981 vor, daß ein Atomreaktor während seiner gesamten Betriebsdauer nur bis zu zwanzigmal soviel Energie liefert, wie zu seinem Aufbau, der Gewinnung und dem Transport von Uran aufgewendet werden muß. Sogenannte Solarplantagen dagegen können das Siebzigfache der zu ihrer Einrichtung erforderlichen Leistung erbringen. Ihr Produkt ist der beliebig speicherbare, leicht zu transportierende und universell verwendbare Wasserstoff.

Die Erzeugung von Wasserstoff ist eine der Möglichkeiten im Umgang mit Sonnenenergie. Es gibt jedoch noch andere: Im Jahr 1954 gelang amerikanischen Forschern durch Verwendung von Siliziumzellen die Umwandlung von fünf Prozent der eingestrahlten Sonnenenergie in elektrischen Strom.

Auf dieser Entdeckung wurden Solargeneratoren aufgebaut, die heute bereits in 45 Ländern arbeiten. Im Verhältnis zu konventionellen Energieerzeugern (Gas-, Benzin-, Dieselgeneratoren) sind sie zwar in der Herstellung noch teurer, haben sich jedoch, da sie keinen Treibstoff benötigen, innerhalb von fünf Jahren voll amortisiert. Die folgenden 30 Jahre – das ist etwa ihre Lebensdauer – arbeiten sie praktisch kostenfrei. Der Aufwand für ihre Wartung: insgesamt etwa 60 Stunden im Jahr.

In Deutschland arbeiten Firmen wie AEG, Siemens und Wacker an der Verbesserung dieser Solartechnik, in Japan nahezu alle namhaften Elektronikkonzerne. In den USA haben sich bereits Ölfirmen wie Exxon in das Geschäft eingeschaltet (böse Stimmen behaupten: um die Entwicklung zu bremsen).

Bei einer weiteren, konventionelleren Vorstellungen entsprechenden Solartechnik werden die Sonnenstrahlen durch Spiegel so auf einen Punkt konzentriert, daß einige hundert Grad Hitze entstehen und Dampf erzeugen, der dann Turbinen antreibt. Sehr viel unkomplizierter arbeitet die Stuttgarter Erfindung: Durch Sonnenwärme aufgeheizte Luft wird in eine Art Schornstein geleitet, wo die nach oben strömende Warmluft unmittelbar – das heißt ohne Umweg über den Dampf – Windturbinen und damit große Stromgeneratoren bewegt.

Die Anwendung von Solartechniken bietet sich naturgemäß für Länder an, bei denen die Sonneneinstrahlung relativ gleichmäßig über das Jahr verteilt und möglichst stark ist. Andererseits kann mit dem durch Sonnenenergie gewonnenen Strom durch das Elektrolyse-Verfahren Wasser in Sauerstoff und Wasserstoff zerlegt werden, und der so produzierte Wasserstoff – durch den die Sonnenenergie praktisch gespeichert werden kann – ist für alle Länder dieser Erde, im Norden wie im Süden, als Treibstoff der ideale Nachfolger des Erdöls.

Schon fahren in Stuttgart und Berlin – wenn auch noch nicht schneller als einst die ersten Benzinautos – die ersten Wasserstoff-Autos. Auf der japanischen Insel Kyushu sind es bereits 1000 Kraftfahrzeuge, die durch Wasserstoff statt durch Benzin angetrieben werden, und beim epochemachenden Flug der «Solar-Challenger» am 7. Juli 1981 von Frankreich nach England über den Kanal bewegte ein von Sonnenkraft gespeister Elektromotor den Propeller.

Schon einmal, mit Lindberghs Flug über den Atlantik im Mai 1927, wurde auf ähnliche Weise die Reife einer neuen Technik demonstriert. Genauso demonstrativ kochten die Bergsteiger des Deutschen Alpenvereins bei ihrer Karakorum-Expedition 1982 ihre Suppe mit Sonnenenergie und wurden in den bayerischen Alpen Telefonanschlüsse zu zehn einsamen Berghütten eingerichtet, deren Stromversorgung Solarzellen mit einer Leistung bis zu 16 Watt besorgen.

Das kommunale Freibad in Stadtsteinach im Frankenwald wird seit Sommer 1982 durch eine Solaranlage beheizt (jährliche Heizölersparnis: etwa 40 000 Liter), in den USA entsteht das erste kommerzielle Sonnenkraftwerk in der Mojave-Wüste, das elektrischen Strom für 6000 Haushalte liefern soll. In der Bundesrepublik nutzen inzwischen 15 000 Hausbesitzer die Sonnenenergie durch Kollektoren auf ihren Hausdächern.

Die Analytiker in Laxenburg bei Wien (Internationales Institut für angewandte Systemanalyse) halten in ihrer von 1973 bis 1979 erarbeiteten Studie das Einsammeln von Sonnenenergie für absolut kein Verlustgeschäft. Das Institut ist ein übernationales Unternehmen, bei dem 17 Forschungsorganisationen in Ost und West sich um die Analyse des Weltenergie-Problems bemühen. Das Ergebnis einer ersten Analyse, an deren Endfassung weitere 70 Fachkollegen aus 27 Ländern mitgewirkt haben: der 850 Seiten umfassende Bericht *Energy in a Finite World*.

Da werden der Sonnenenergie große Möglichkeiten eingeräumt, gleichzeitig wird jedoch mit guten Gründen bezweifelt, daß sie sich vor Mitte des nächsten Jahrhunderts durchsetzen wird. Um die herkömmlichen Kraftwerke noch vor der Jahrhundertwende abzulösen, müßten für die von den Laxenburgern berechneten Sonnenkraftwerke mehr Rohstoffe – vom Silizium bis zu Stahl und Beton – aufgebracht werden, als zur Zeit verfügbar sind. In der bisher bereits angewandten, mehr oder weniger auf vereinzelten privaten Initiativen basierenden Form aber paßt die Nutzung der Sonnenenergie nicht in unser gegenwärtiges, von Mammut-Kraftwerken und Konzernen beherrschtes und zentralistisch gesteuertes Energie-Wirtschaftssystem.

Genau das, was jedem Normalbürger als unschätzbarer Vorteil erscheint, die Energiequelle auf dem eigenen Hausdach, der wie vor hundert Jahren mit eigener Energie unabhängig arbeitende Bauernhof, das Kleinkraftwerk für die Kleinstadt, das alles ist nämlich bei Energieexperten und Politikern schlichtweg unerwünscht. Es paßt weder in die gedankliche noch in die reale Welt der Gegenwart.

Wer ein Rockefeller-Center in New York, ja schon, wer ein Unileverhaus in Hamburg planen, bauen, beheizen und mit Strom versorgen will, der denkt in anderen Größenordnungen. Die Energie-Versorgungs-Unternehmen, die Kohle, Öl und Kernkraft verheizenden Giganten, haben ebensowenig die Absicht, sich selbst zu entmachten, wie die an der Energieversorgung finanziell und machtpolitisch partizipierenden staatlichen Institutionen. Wer soll denn die Millionen an Steuern bezahlen, die heute auf diese Weise eingebracht werden, wenn nicht die Treibstoffverbraucher? Wie soll man die private Energie-Erzeugung überhaupt besteuern, wie kontrollieren?

Eine derartige Selbständigkeit des einzelnen Energie-Selbstversorgers und die entsprechende Unabhängigkeit kleiner Gemeinwesen würde uns zwar nicht – wie immer behauptet wird – in die Steinzeit zurückführen, aber immerhin, das muß man erkennen, zu jenen mittelalterlichen Zuständen, wo jeder Bürgermeister ein König und der Kaiser weit weg war. Nein – Politiker und Technokraten haben nichts gegen die Sonnenenergie, aber sie müßte sich halt ausschließlich auf die gleiche Weise handhaben und in gleichen Größenordnungen vermarkten lassen wie die gegenwärtig noch nutzbaren Energiequellen!

Uns ist der Wind viel zu teuer

Gleiches gilt für alle anderen möglichen Energiequellen. Natürlich gibt es bereits Bauernhöfe, die mit Biogas – einer im wahrsten Sinne des Wortes auf dem eigenen Mist «gewachsenen» Energie – bis zu 25 000 Liter Heizöl im Jahr einsparen. In der romantischen Kleinstadt Ochsenfurt in Unterfranken läuft eine Äthanol-Herstellungsanlage, die Papier- und Holzabfälle, Reste von altem Stroh, Weizen, Korn, Mais und Abwässer der Stadt (in einer Zusatzanlage) teils zu einem fast rückstandsfrei verbrennenden Treibstoff, teils zu hochwertigen Futter- und Düngemitteln verarbeitet. Ein «Versuch», der vom Bundesministerium für Forschung und Technologie gefördert wird. Aber beim Versuch wird es wohl für absehbare Zeit bleiben.

In Griechenland drehen sich auf der Kykladeninsel Kythnos fünf Windenergie-Anlagen, die 25 Prozent des Energiebedarfs der Inselbewohner decken und damit jährlich 80 000 Liter Dieselkraftstoff sparen. Aber für das an der Westküste Schleswig-Holsteins errichtete größte Windkraftwerk der Welt, «Growian», gelten andere Regeln. Das vom Bundesforschungsministerium geförderte 30-Millionen-Mark-Objekt wurde nur errichtet, um wieder abgerissen zu werden.

Die in 96 Meter Höhe sich drehenden Rotorblätter erzeugen zwar jährlich etwa 12 Millionen Kilowattstunden Strom, aber die Betreiber des auf drei Jahre befristeten Versuchs sind die Elektrizitätsgesellschaften RWE, HEW und Schleswag. Und Schleswag-Aufsichtsratsmitglied Hans Schwalbach verkündete schon bei der Gründung der «Growian»-Betriebsgesellschaft: der mit fast 10 000 Mark Gestehungskosten für ein Kilowatt Leistung viel zu teure «Growian» werde eigentlich nur gebaut, damit «der Bevölkerung deutlich gezeigt wird, daß Wind keine Alternative ist».

Würden «Growians» Investitionskosten statt auf drei, auf 30 Jahre umgerechnet, kämen nicht viel mehr als 1000 Mark auf ein Kilowatt, das wären 1600 Mark weniger als bei einem Kernkraftwerk, aber darüber wird nicht gesprochen. Reden also auch wir nicht weiter über Sonne, Wind, «Energiebäume», Wärmepumpen, Biogas und die zahlreichen anderen Möglichkeiten der alternativen Energiegewinnung, die alle im Grunde genommen viel zu einfach und fast schon für jedermann, zumindest jede Gemeinde zu installieren wären.

Das eben ist der Fehler! In unserem Wirtschaftssystem sind nur solche Energiequellen erwünscht, die Monopole gewähren und deren Nutzung durch Konzerne und Staat kontrolliert und in Gewinne und Steuern umgesetzt werden können.

Da scheint es auf den ersten Blick erstaunlich, daß die Absicht der Fernwärmeförderung durch Bund, Länder und Kommunen ebenfalls nicht zum Ziel kommt. Aber eben nur auf den ersten. Denn was sich nach zentraler Steuerung anhört, würde in Wahrheit eine weitgehende Dezentralisierung bedeuten. Wärme hat nämlich die unangenehme Eigenschaft, daß sie sich verflüchtigt. Und daher kann man sie nicht wie elektrischen Strom über Hunderte von Kilometern und Tausende von sich verästelnden Leitungen zum Verbraucher transportieren. Um ebenso sinnvoll wie sparsam Fernwärme einsetzen zu können, darf der Erzeuger in Wahrheit nicht übermäßig fern sein. Fast schon jedes Dorf, jeder Stadtteil müßte sein eigenes kleines Wärmekraftwerk haben. Eine Vorstellung, die Konzern-Technokraten kalte Schauer über den Rücken jagt.

So versuchten die Stadtväter von Erlangen vergeblich ihren Stromlieferanten zu überzeugen, daß mehrere kleine

Kraftwerke anstatt eines Großkraftwerks außer der Stromerzeugung noch die Abwärme für Stadtteile und Ortschaften nutzbar machen könnten. Gebaut wurde ein Großkraftwerk, das mehr Dampf erzeugt, als ganz Erlangen je gebrauchen kann. Aber – erklärten die Stromerzeuger – «die Abwärme-Nutzung würde für die Stadt ohnehin viel zu teuer» (*Spiegel* 20/82).

Während kleine Orte mit einzelnen Firmen zu ganz vernünftigen Lösungen kommen können (wie etwa die Schongauer mit einer Papierfabrik in Augsburg), sind Gespräche zwischen Gemeinden und Konzernen meist zum Scheitern verurteilt: So bei Waidhaus im Oberpfälzer Wald, wo die Ruhrgas AG die 420 Grad heißen Dampfschwaden aus der Kompressorstation ihrer Ferngasleitung lieber über den Wäldern verwehen läßt, als den Waidhausern billige Abwärme anstelle teuren Heizgases zu verkaufen.

Es wird also in absehbarer Zeit nichts mit der billigen Energie aus der Nachbarschaft. Von teuren Energiequellen, die nur für Milliarden zu erschließen und damit leicht dem Monopolanspruch des Staates verfügbar sind, ist jedoch nur eine einzige bekannt, die unsere Umwelt nicht unbedingt weiter vergiften würde: die Erdwärme. Man wird sie sicher eines Tages an vielen Orten und auf verschiedene Weise nutzbar machen.

In Südbayern ist es ein 50 bis 80 Grad heißer Grundwasserstrom, der sich als Wärme- und Energiequelle anbietet. Und überall auf der Erde, wo Vulkane tatig sind oder waren, könnte glühendes Magma nicht allzutief unter der Erdoberfläche eingeleitetes Wasser in zischenden Dampf verwandeln, der dann unermüdlich Turbinen antreibt.

Dort, wo die heißen Wasserdämpfe ohne technische Hilfe an die Erdoberfläche austreten wie in Kalifornien oder im italienischen Lardarello, erzeugen sie teilweise schon seit Jahrzehnten Hunderte von Megawatt elektrischen Stroms. Und unter der Eifel ortete der Vulkanologe Hans-Ulrich

Schmincke von der Ruhr-Universität Bochum genug glühendes Magma, um das ganze Ruhrgebiet mindestens 200 Jahre lang ausreichend mit Strom zu versorgen. Aber für diese Energiequelle gibt es noch keine verantwortbare Technik, die es erlauben würde, Wasserleitungen auch nur nahe genug an derartige Magmabecken heranzubringen, ohne daß möglicherweise die ganze Landschaft in einem ungeheuren Ausbruch in die Luft fliegt.

Auf der anderen Seite weiß fast jedermann, daß die Vorräte unserer bisherigen Energielieferanten Erdöl, Erdgas und Kohle demnächst zur Neige gehen, wobei das Erdöl – wenn der Verbrauch in etwa gleich bleibt – noch etwa 30 Jahre, die Kohle noch schätzungsweise 100 Jahre reichen kann. Die Weltvorräte an Erdgas dürften ebenfalls Mitte des kommenden Jahrhunderts erschöpft sein.

Alle diese Schätzungen werden von den jeweils interessierten Kreisen mal bestätigt, mal bestritten. Aber alle Zahlenspielereien und Hinweise auf Umschichtungen zugunsten der einen und zum Nachteil der anderen Energiequellen, wie auch alle Spekulationen auf neue Techniken, mit deren Hilfe noch einige weitere Reserven erschlossen werden könnten, bringen nicht mehr als da oder dort ein paar Jahrzehnte. Wenn es also nicht unsere Kinder sind, dann sind es unsere Enkel, für die Begriffe wie Erdöl, Erdgas oder Kohle zu Fremdwörtern werden.

Es sieht so aus, als bliebe uns allein die Kernenergie. Wobei wir allerdings den Vortrag des Generaldirektors der Internationalen Atomenergiebehörde der Vereinten Nationen, Dr. Hans Blix, zur Kenntnis nehmen müssen, der am 28. Oktober 1982 ausführte, daß die bekannten Weltvorräte an Uran nur genügen, um Kernkraftwerke bis zum Jahr 2040 oder 2050 zu betreiben. Diese Erkenntnis wird auch von den Laxenburger Energieforschern bestätigt und veranlaßte den Tübinger Professor für theoretische Physik, Harald Stumpf, zu der Feststellung: «Der Einsatz der Kernenergie verschiebt nur den Zeitpunkt, aber verhindert nicht den Zusammenbruch unseres gegenwärtigen Systems.»

Die «Pille» wird's schon richten

Wer sich bewußt macht, um welche finanziellen Dimensionen es geht, welch ungeheures Geschäft sich heute hinter dem Begriff «Atom» verbirgt, der kann in etwa ahnen, warum Politikern bei diesem Thema die Knie weich werden und Wissenschaftler ihr Gewissen an den Nagel hängen. In den USA wurden 1982 sieben Reaktorbauten gestoppt und die Einstellung von weiteren 19 angekündigt, ohne daß jemand über die Milliardenverluste (zwei Milliarden Dollar allein für zwei angefangene Kernkraftwerke im Staat Washington) auch nur ein Wort des Erschreckens in der Öffentlichkeit laut werden ließ.

Der in der Bundesrepublik bei Kalkar im Bau befindliche Schnelle Brüter, dessen Kosten 1959 auf 500 Millionen Mark geschätzt worden waren, wird mindestens 6,5 Milliarden kosten. Die Kosten für den Schnellen Brüter am Clinch-River in Tennessee, 1971 auf 600 Millionen Dollar geschätzt, wurden 1982 (vor Baubeginn) auf 3,5 Milliarden Dollar veranschlagt.

Wirtschaftlich arbeiten werden Brutreaktoren nach Ansicht der Experten frühestens ab 2010. Bis dahin ist ihre Stromerzeugung mindestens doppelt so teuer wie die von normalen Druckwasserreaktoren. So auch bei dem französischen Schnellen Brüter Superphénix am oberen Rhônelauf, der von 1984 an Strom liefern soll. Aber die hohen Strompreise stören offenbar niemand, denn Schnelle Brüter erzeugen schließlich auch Plutonium, das man für Atombomben braucht.

Außer den Schnellen Brütern sind es – vor allem in der Bundesrepublik – die sogenannten Wiederaufbereitungsanlagen, in die Milliarden investiert werden, obwohl jede auf diese Weise gewonnene Tonne Reaktorbrennstoff das Vielfache des Weltmarktpreises für Uran kostet. Die Energie-Unternehmen spekulieren jedoch auf die Zeit, da Uran knapp wird, und sie sind sicher, dann mit Wiederaufbereitungsanlagen und Schnellen Brütern das große Geschäft zu machen.

Und dieses Geschäft ist so gewaltig, daß nicht einmal die Milliarden Mark oder Francs oder Dollar ins Gewicht fallen, um die sich die Unternehmen oder Regierungen schon bei den Druckwasser-Reaktoren – die ja immerhin seit den fünfziger Jahren arbeiten – verrechnet haben. Auf 40 Jahre Betriebszeit waren die Kernkraftwerke angelegt, und fast störungsfrei, jedenfalls ohne aufwendige Reparaturen, sollten sie Strom erzeugen.

Tatsächlich aber korrodierten beispielsweise die Rohre im Dampferzeuger wesentlich schneller als erwartet, und als erstes mußte in der Bundesrepublik das Demonstrationskraftwerk Lingen nach nur elfjähriger Betriebszeit stillgelegt werden. In den USA tauschte man inzwischen ganze Dampferzeuger gegen neue aus. Das kostete jeweils runde 100 Millionen Dollar, wobei der Einnahmeausfall durch die monatelange Stillegung des betroffenen Kraftwerks nicht berechnet ist.

Die Baukosten für Kernkraftwerke, wie sie derzeit in der Bundesrepublik geplant sind, liegen bei vier Milliarden Mark. Dazu kommen dann die staatlichen Atombehörden bis hinauf zur Internationalen Atomenergie-Organisation der UN (IAEA), die mit 1650 Bediensteten einen Jahresetat von 90 Millionen Dollar verbraucht. Aber das spielt alles keine große Rolle. Denn der Energieinhalt von einem Gramm Kernbrennstoff ist dreimillionenmal größer als der von einem Gramm Kohle.

Kein Wunder also, daß die Laxenburger Analytiker von dem Schnellen Brüter als der «Voraussetzung für die Kernenergie-Zukunft» schwärmen, weil er den Kernbrennstoff nicht nur wie der Druckwasser-Reaktor zu einem Prozent, sondern zu 60 Prozent nutzt. Da könnte man die Uranerzgruben tatsächlich für die nächsten Jahrtausende schließen, denn so lange würde der bereits geförderte Vorrat an Uran reichen.

Auf die Leistung eines Schnellen Brüters umgerechnet, bedeuten die vergleichsweise bescheidenen Uranvorkommen im Fichtelgebirge und im Schwarzwald für die Bundesrepublik im Verhältnis «mehr Uran als etwa Libyen Erdöl» besitzt, erläuterte Dr. Willy Marth, der Leiter des Projekts Schneller Brüter im Kernforschungszentrum Karlsruhe.

Er versteht es auch, an einem einfachen Beispiel deutlich zu machen, daß 6,5 Milliarden Mark für den Schnellen Brüter Kalkar eigentlich kein Geld sind: Rechnet man nämlich für die Bauzeit 15 Jahre, entfallen auf jedes Jahr «nur» knapp 435 Millionen Mark. Den Steinkohlebergbau aber subventionierte die Bundesregierung im Jahr 1981 mit drei Milliarden Mark, und für den Rohölimport flossen im gleichen Jahr mehr als 40 Milliarden Mark ins Ausland.

In solchen Kostenrechnungen fehlen allerdings die Milliarden, die von den Steuerzahlern auf dem Umweg über staatliche Subventionen insgesamt für Forschung, Verwaltung und Ausbau der Kernenergie aufgebracht werden müssen. Und es fehlen natürlich auch alle Folgekosten, die eines Tages für die sogenannte Entsorgung (die Vergiftung der Umwelt mit radioaktivem Material) anfallen. Der amerikanische Kongreß kam 1978 folgerichtig in einem Report zu dem Schluß, Kernenergie sei eigentlich doch «keine billige Energiequelle»: 100 Millionen Tonnen Uranrückstände im Südwesten der USA, metallhaltige Abfälle mit radioaktiver Abstrahlung für etwa 80 000 Jahre, waren soeben als neues Problem erkannt worden.

Die UN-Kernenergiebehörde stellt den Umgang mit Radioaktivität und ihre zusätzliche Erzeugung dennoch als einen logischen Schritt der Menschheitsentwicklung dar: «Vor einer Million Jahren brauchte der primitive Mensch lediglich eine Energie, die er sich aus der Nahrung holte: 6300 Kilojoules pro Tag. Vor 100 000 Jahren hatten unsere jagenden Vorfahren gelernt, mit Feuer zu kochen und sich zu erwärmen, und brauchten die vierfache Energie (25 000 Kilojoules). Im 15. Jahrhundert, mit Zugtieren, Wind- und Wassermühlen, wurden 120 000 und um 1875 mit Hilfe der Dampfmaschine 340 000 Kilojoules pro Mensch und Tag verbraucht. Heute sind es in der Industriegesellschaft eine Million Kilojoules.» Also folgt ganz selbstverständlich auf die Muskeln der Zugtiere, «die Wasser- und Windmühle, die Dampfmaschine, der Atomreaktor». So einfach ist das.

Der großartige Energiespender in so einem Reaktor ist ein kleines Stückchen Uran, eine «Pille» von 20 Gramm, die aber soviel Energie spendet wie eine Tonne Erdöl. Die «Pille» heizt ein Einfamilienhaus einen ganzen Monat, sie kocht fünf Jahre lang Mittag- und Abendessen für vier Personen, und mit ihrer Energie könnte man ein Auto ein ganzes Jahr lang fahren.

In der Bundesrepulbik erzeugen solche «Pillen» inzwischen 20 Prozent des elektrischen Stroms, und auch in der DDR behaupten die Energie-Experten, daß an der Atomenergie kein Weg vorbeiführe. Ähnlich erklärt Dr. Joachim Grawe vom Wirtschaftsministerium des Landes Baden-Württemberg: Selbst wenn wir in den nächsten zwei Jahrzehnten die «Zuwachsrate des Primärenergieverbrauchs auf einen Wert wenig über Null» zurückführen wollten, kämen wir zumindest in dieser Zeit «um die Kernenergie nicht herum».

Weil aber ein Druckwasser-Reaktor drei Tonnen Uran in der Woche verbraucht und die abbauwürdigen Uranvorkommen der Erde nur etwa 2,5 Millionen Tonnen betragen (und vielleicht weitere 2,5 Millionen Tonnen, die noch nicht erschlossen sind), wäre der Vorrat in etwa 50 Jahren – also in nicht einmal einem Menschenalter – erschöpft. Darum, sagt der bereits erwähnte Dr. Willy Marth, brauchen wir den Schnellen Brüter.

Seltsamerweise gibt es jedoch nach wie vor Stimmen, die dieser durchaus einleuchtend klingenden Beweisführung widersprechen. Die angebliche «Unersetzlichkeit der Kernspalttechnik», erklärt Professor Stumpf, sei «durch einseitige Investitionslenkung vorgetäuscht». Und der schwedische Nobelpreisträger für Physik, Professor Dr. Hannes Alfvén, bezeichnet Kernkraftwerke gar als «Fortschreibung veralteter Konzepte».

Ähnlich formulierte es im Herbst 1982 auch der Vorsitzende der Bundestags-Enquete-Kommmission *Zukünftige Kernpolitik*, Harald B. Schäfer, der nicht einsehen wollte, warum man, nur weil etwas technisch machbar ist, Milliardenbeträge (die an anderer Stelle dann fehlen) «in eine möglicherweise veraltete Technologie» stecken soll. «Der Preis», so der Heidelberger Professor Dr. Dr. Günter Altner, «für die Suche nach wachsenden Bequemlichkeiten beginnt unangemessen hoch zu werden.»

Das Risiko heißt Tod

Der scharfe Widerspruch zwischen dem fast jungenhaften Schwärmen für eine Kernenergie-Zukunft und ihrer Verurteilung als ein «Großexperiment, das auch mißlingen kann» und das wegen seiner Auswirkung auf die gesamte Organismenwelt «unerlaubt und moralisch nicht vertretbar» sei (Dr. Bodo Manstein, Universität Münster), fordert von jedem, der sich dafür oder dagegen entscheiden will, eine genauere Kenntnis der Atomtechnik und ihrer Folgen:

Gemeinhin genügt es zu wissen, daß in den sogenannten Druck- oder Leichtwasser-Reaktoren Brennstäbe mit angereichertem Uran bei einer teilweisen Umwandlung in andere

Elemente (davon ein Prozent Plutonium und 3,5 Prozent als Spaltprodukte bezeichnete radioaktive Abfälle) Energie abgeben. In einem Leichtwasser-Reaktor mit etwa 1000 Megawatt Leistung (Bundesrepublik 1982: 14 Kernkraftwerke, davon neun mit 630 bis 1240 Megawatt) müssen pro Jahr 30 Tonnen Brennstoff und 12,5 Tonnen Hüllen- und Strukturmaterial ausgetauscht werden (Bundesrepublik 1982: 300 Tonnen abgebrannter Brennstäbe). Dabei entstehen zwei Probleme.

Problem 1: Beim Betrieb selbst kommt es zu Störfällen. Aggressive chemische Stoffe fressen Wandungen durch. Rohrleitungen korrodieren. Kleine Explosionen zerstören Rohre und Ventile. Radioaktive Gase oder Flüssigkeiten entweichen. Die Praxis ergab eine Häufung derartiger oder ähnlicher Störfälle in einzelnen Reaktoren nach etwa fünf bis sieben Jahren.

Professor Dr. Dr. h. c. Karl Bechert (von 1962 bis 1965 Vorsitzender des Bundestagsausschusses für Atomenergie) stellte fest, daß die Listen über solche Störfälle oft unvollständig, oft verharmlosend sind und mitunter sogar falsche Angaben enthalten. Außerdem werde die Wahrscheinlichkeit technischen Versagens meist völlig falsch berechnet (Beispiel NASA, statt bei 1:10000 – wie vorausberechnet – lag die tatsächliche Versagerquote der Raketenabschüsse bei 1:25).

Außerdem ist das Problem der Notkühlung für Leichtwasser-Reaktoren nicht gelöst, und noch immer gilt der Bericht des Bundesinnenministers, daß Gefahren beim Transport von Atombrennstoff «noch nicht völlig in den Griff zu bekommen sind». Dr. Ing. Karl-Heinz Lindackers (als Sachverständiger für Fragen der Reaktorsicherheit und des Strahlenschutzes für den TÜV Rheinland, für das Bundesforschungs- und das Bundesinnenministerium tätig) bestätigt, daß «die absolute Sicherheit . . . nicht erreichbar» sei und daß es bei der Reaktortechnik um Schadensrisikowerte gehe, «für die Vergleichswerte fehlen».

Tatsächlich ist das Risiko des Reaktorbetriebs mit keinem anderen Betrieb vergleichbar. Eventuell ließe sich noch die Gefahr der Staublunge beim Arbeiter im Kohlenbergbau und die Gefahr der Krebserkrankung bei den im Uranbergbau Beschäftigten auf einer Ebene sehen. Diese Gefahren lassen sich jedoch, nachdem man sie erkannte, durch bessere Belüftung und weitgehende Automatisierung der Arbeit mindern, der Reaktorbetrieb hingegen arbeitet mit einer Strahlung, die weder zu fühlen, noch zu riechen, noch zu schmecken, noch in ihren Nachwirkungen auf den einzelnen Organismus abzuschätzen ist. Für die Bevölkerung gibt es keine andere Industrieform, bei der sie in gleicher Weise dem Risiko tödlicher Einwirkungen ausgesetzt ist.

Problem 2: Wohin soll man mit den abgebrannten radioaktiven Brennstoffen, dem Spalt- und Hüllenmaterial? Und was geschieht mit stillgelegten, im Inneren aber radioaktiv verseuchten Kernkraftwerken? In den vierziger Jahren hat man in den USA Atommüll – und dies sagt einiges über das Verantwortungsbewußtsein von Wissenschaftlern gegenüber der Allgemeinheit aus – an rund 30 Stellen in den Staaten heimlich vergraben. Jetzt mußten die Behörden das Material wieder mühsam zusammensuchen.

Man hat damals auch radioaktiv verseuchtes Gold in den Handel gegeben. Daraus wurden unter anderem Eheringe gefertigt. 1981 mußte das Gesundheitsministerium des Staates New York der Bevolkerung empfehlen, jeglichen Goldschmuck auf Radioaktivität untersuchen zu lassen, weil Goldringe und goldene Armreife Krebs verursacht hatten und demzufolge Finger und Hände amputiert werden mußten.

In der Bundesrepublik lagern inzwischen 55 800 Fässer mit schwachaktivem und 1500 Fässer mit mittelaktivem Atommüll. Belgien, Holland und die Schweiz haben 10 000 Tonnen radioaktiver Abfälle allein im September 1982 rund 700 Kilometer vor der nordspanischen Küste in den Atlantik versenken lassen. England schließt sich dieser Maßnahme gelegentlich an.

Hochaktiven Müll will die Schweiz demnächst in einem Stollen mit 100 Meter Felsüberdeckung im Kanton Aargau lagern, während die Belgier eine Tonschicht in 150 Meter Tiefe für sicher genug halten. In der Bundesrepublik spekulierte man als Endlagerstätte auf die Salzstöcke bei Gorleben in Niedersachsen, bis Ende 1982 ein neues Gutachten auch die hier vermutete «Sicherheit» als fragwürdig erkennen ließ.

Aber wohin mit dem Teufelszeug, von dem jedes durchschnittlich große Kernkraftwerk jährlich ein Strahlungspotential von 1000 Hiroshima-Bomben produziert? Es muß, sagt der Bundesinnenminister, mehrere 100 000 Jahre in staatlichen «Entsorgungs»-Depots gelagert und kontrolliert werden! Leider vergaß er hinzuzufügen, wo und wie. Also lagert man den Atommüll inzwischen in Deutschland wie andernorts oberirdisch bei den Kernkraftwerken. Die Betreiber der Werke müssen nachweisen, daß sie ihre radioaktiven Abfälle mindestens sechs Jahre lagern können.

Diese sechs Jahre sind für einige Atomreaktoren längst vorbei, aber der Müll liegt immer noch da. Und täglich kommt mehr dazu. 1982 waren es in den USA schon 77 000 Behälter mit hochradioaktivem Müll, nach Schätzungen der US-Atomenergie-Kommission 8300 Tonnen, die ständig gekühlt werden müssen, weil sich die hochaktiven Abfälle jahrelang selbst aufheizen.

An leicht- bis hochaktiven Abfällen erwartet die UN-Atombehörde bis zum Jahr 2000 etwa 200 000 Tonnen. Über die Zwischenlager bis 1990 konnte sie jetzt eine umfassende Studie vorlegen, aber für die Zeit danach «existiert keine ausgereifte Planung» (*Bild der Wissenschaft* 1/83). Dabei ist die Phantasie der Wissenschafts-Romantiker ungebrochen: Da wird beispielsweise vorgeschlagen, die Abfälle doch einfach in die Sonne zu schießen. Aber für die erforderlichen Raketen hat niemand das Geld, und außerdem sind sie nicht sicher genug (die NASA-Ausfallquote bei Raketenstarts beträgt 1:25).

Eine andere Empfehlung: Man möge den Abfall in Erdspalten packen und darauf hoffen, daß er durch geologische Bewegungen (gedacht ist an die neuen Erkenntnisse der Plattentektonik) ins Erdinnere befördert wird. Aber leider verraten die Platten nie vorher, wann, wie oft, wie sehr und in welcher Richtung genau sie sich gegenseitig verschieben.

Da schien es schon realistischer, radioaktive Substanzen mit geschmolzenem Borsilikat zu kleinen Kügelchen zu verarbeiten und dann in einem Bleizylinder in eine wasserundurchlässige Tonschicht zu verbuddeln. Doch dann kam jemand darauf, daß man eigentlich noch nicht genau weiß, was ionisierende Strahlung in 1000 Jahren an einem Glaseinschluß bewirkt. Und das gilt natürlich ebenso für Keramik, Bitumen oder Beton. Mit anderen Worten – und dies ist eine von niemand ernsthaft bestrittene Tatsache: Auf der ganzen Welt wird täglich Atommüll produziert, und kein Mensch weiß wohin damit!

Das sei auch nicht weiter schlimm, beteuerte ein Mitarbeiter der UN-Atombehörde, denn Radioaktivität zerfalle ja, und somit hätten alle diese Stoffe die angenehme Eigenschaft, täglich ungefährlicher zu werden. Das ist absolut richtig, nur hat zum Beispiel Plutonium eine Halbwertzeit von 24 360 Jahren (und es wird allgemein angenommen, daß Radioaktivität erst nach der zwanzigfachen Halbwertzeit für Lebewesen ungefährlich wird), und also dürfte kaum jemand von uns die Ungefährlichkeitsphase von dem Plutonium erleben, das in den vergangenen vier Jahrzehnten in den Atomreaktoren erzeugt wurde.

Selbstverständlich gibt es auch radioaktive Substanzen, die kürzere Halbwertzeiten haben: bis zu 30 Jahren. Das heißt, in 30 Jahren ist die Hälfte des radioaktiven Elements zerfallen, nach 60 Jahren existiert nur noch ein Viertel, nach 90 Jahren ein Achtel und so weiter (bis das Material nach etwa 600 Jahren ungefährlich wird).

Aber bleiben wir noch einen Augenblick beim Plutonium, von dem ein Milligramm im Blut tödlich wirkt, von dem jeder Kernreaktor pro Jahr etwa 200 bis 270 Kilogramm herstellt und von dem in den USA bis 1980 bereits rund 300 Kilogramm und in England immerhin 10 Kilogramm aus Reaktoren oder Zwischenlagern verschwunden sind. Bei der Verbrennung von Plutonium entstehen feinste Staubpartikel, die leicht eingeatmet werden können. Eine entsprechende Menge über einer Stadt zerstäubt, würde genügen, 100 Quadratkilometer für 100 000 Jahre zu verseuchen (US Office of Technology Assessment).

Trotzdem kommen die Laxenburger Analytiker zu dem Schluß, daß sich Plutonium zum Beispiel bei der Wiederaufbereitung sicher verarbeiten ließe. «Selbst wenn es hier und da durch menschliches Versagen zu Pannen kommen sollte», wie PR-Chef Robert Gerwin zugesteht.

«Die Wahrheiten, die Wissenschaftler aufschließen», sagt der Psychiater, Neurologe und Anthropologe Dr. Hans Burkhardt, «sind die Wahrheiten einer reduzierten Wirklichkeit.» Ähnlich wie bei Politikern, die dazu dann gern noch probate Phrasen ins Spiel bringen: so zwei Mitglieder der Bundestags-Kommission für den Schnellen Brüter, die «Mut zur Technologie-Entwicklung und die zwangsläufig damit verbundene Risikobereitschaft» forderten.

Von Risiko sprechen mag einer, der ein Auto verkauft und an die Unfallgefahren denkt, aber doch nicht derjenige, der andere zur Fahrt mit einem Auto veranlaßt, in dem – wie er weiß – irgendwann eine Bombe hochgehen wird. Ein Politiker, der sein Volk auf eine solche Reise schickt, fordert in Wahrheit nicht Mut zum Risiko, sondern die Bereitschaft zum Selbstmord.

Die zweifellos zutreffende Erklärung, daß Kernkraftwerke während des Normalbetriebs weniger Radioaktivität abstrahlen als ein herkömmliches Kohlekraftwerk, spricht gegen letzteres, aber nicht für einen Atomreaktor. Außerdem ist das nicht der springende Punkt: Was mit der Kohlenasche anzufangen ist, wissen wir, aber was macht man mit dem Atommüll? Wie will man über Jahrtausende hinweg verhindern, daß irgendwann einmal Lebewesen mit ihm in Berührung kommen?

Nach einer Aufstellung der UN-Atombehörde ist der Mensch pro Jahr 60 Strahlungseinheiten (Millirem) aus dem Weltraum und von der Sonne ausgesetzt, 25 kommen aus dem Wasser und der Nahrung hinzu, ein Flug von London nach New York belastet mit vier weiteren, eine Röntgenaufnahme mit 20 und die Nachbarschaft eines Atomkraftwerks mit einem Millirem.

Nur – es kommt nicht auf die Einzeldosis an, sondern auf die Summe der zusammenwirkenden Strahlungseinheiten. Der Bruchteil von einem Millirem kann genau die Menge sein, die für einen Organismus zuviel ist. Niemand erkrankt oder stirbt an einer radioaktiven Bestrahlung von einem Millirem. Aber für den, der unwissentlich bereits mehr als die für ihn verträgliche Dosis an Strahlungseinheiten aufgenommen hat, ist ein zusätzliches Millirem bereits der Schritt über die Schwelle zum Tod.

«Das Auftreten von Strahlenspätschäden ist nicht an bestimmte Strahlendosen gebunden», und «die kritische Dosisschwelle läßt sich nicht eindeutig definieren», bekennt Dr. Alfred Feldmann von der Kernforschungsanlage Jülich. Und Dr. Manstein erinnert daran, daß Strahlenbelastung noch immer in einer mehr oder weniger willkürlich gewählten Größenordnung zugelassen ist, obwohl «sich alle damit zusammenhängenden Aussagen auf keine wissenschaftlich exakten Unterlagen stützen».

Zahlreiche Kernphysiker, die einst tatkräftig das Konzept der Atomenergie mitentwickelt haben, stehen heute – anders als die meisten Politiker – in der Reihe der Gegner. So auch der Nobelpreisträger Hannes Alfvén, der noch in den fünfziger und sechziger Jahren als Mitglied der schwedischen Atomenergie-Kommission für den schnellen Aufbau von Kernkraftwerken mitverantwortlich zeichnete, dann aber nach den Diskussionen um das *Bulletin of Atomic Scientists* (1970) seine Meinung revidierte. Heute erklärt er die Atomenergie als «nicht akzeptabel».

Die Überzeugung der fünfziger Jahre, alle Probleme, die durch die neue Technologie aufgeworfen werden, durch weitere neue Technologien lösen zu können, wurde als romantischer Irrglaube erkannt. Statt mit einer rundum nützlichen und billigen Energiequelle haben wir es bei der Atomkraft, sagt Alfvén jetzt, mit einer «Massenproduktion riesiger Mengen von radioaktiven Giftstoffen» zu tun.

Zu der erschreckenden Tatsache der Mengen von «verschwundenem» Plutonium erklärte der Bundestagsabgeordnete Dr. Herbert Gruhl: «Wo Zehntausende Menschen beteiligt sind, ist menschliches Versagen und Verbrechen einprogrammiert.» Und das ist ein Punkt, wo sich sogar sonst fortschrittsgläubige Zeitgenossen sorgen, weil jedem klar ist, daß die Folgen nicht auszudenken sind, wenn irgendwann einmal radioaktive Stoffe in falsche Hände geraten (*Spiegel* 36/83).

Wer aber soll das verhindern? In diesem Jahrhundert, im nächsten Jahrhundert – und weiter, immer weiter, kaum vorstellbar viele Jahrhunderte lang! Nie darf es «falschen Händen» gelingen, auch nur an einige Gramm des dann in gewaltigen Mengen verscharrten radioaktiven Materials heranzukommen. Wo gibt es einen Menschen, der dafür je die Garantie übernehmen könnte?

Auf die technischen Träume der sechziger Jahre folgte das böse Erwachen: Die Wiederaufbereitungsanlagen sind ein Quell ständig neuer Probleme, aber keine Lösung: Bei La Hague waren 1982 schon 178000 Kubikmeter Atommüll gelagert, und jedes Jahr kommen 20000 Kubikmeter hinzu. Nicht eine der sechs Wiederaufbereitungsanlagen der Welt hat bisher ihr Planziel erreicht, und keine wird es in diesem Jahrhundert erreichen.

Auch der Schnelle Brüter, «so gefährlich wie drei Tonnen Typhusbazillen» (Eugene Wigner, Nobelpreisträger für Physik), wird in diesem Jahrhundert keine billige Energie mehr liefern. Und der Fusionsreaktor, bei dem sogar die Laxenburger warnen, man soll von ihm keine Wunderdinge erwarten, ist noch nicht einmal als Modell technisch funktionsfähig.

Mit anderen Worten: Die großen Zukunftshoffnungen der Atomtechnik sind genau zu jener Zeit nicht realisierbar, zu der sie den Verbrauch der letzten Energiereserven von Erdöl, Erdgas und Uran bremsen und die Weltwirtschaft vor der Pleite bewahren sollten. Was uns bleibt, sind die ordinären Druckwasser-Reaktoren mit all ihren Unzulänglichkeiten und wachsenden Halden radioaktiven Abfalls, für dessen Beseitigung es keine sichere Lösung gibt! Weder die UN-Atomenergie-Behörde noch die Laxenburger Energie-Analytiker haben hier ein klares Konzept anzubieten.

Auf diese unbestreitbaren Tatsachen aber reagieren Politiker mit Beschwichtigungen und einige unbelehrbare Wissenschaftler mit ihrem «Aberglauben an das Ausgedachte» (H. Burkhardt). Bayerns Ministerpräsident Strauß sagte in seiner Regierungserklärung 1982 unmißverständlich, «daß die friedliche Nutzung der Kernenergie nur vertretbar ist, wenn rechtzeitig die notwendigen Maßnahmen zur Entsorgung der Kernkraftwerke eingeleitet und verwirklicht werden». Wofür wiederum die Voraussetzung ist, «daß zeitgerecht ein Endlager des Bundes für radioaktive Abfälle in einer geeigneten geologischen Formation, das heißt in einem Salzstock der norddeutschen Tiefebene zur Verfügung steht»!

Ähnlich forderte etwas später auch Bundesforschungsminister Heinz Riesenhuber: «Anstatt die Rahmenbedingungen des Umweltschutzes einer Technik hinterher aufzupfropfen, sollten und müssen sie die Entwicklung der Technik selbst begleiten, und zwar so, daß die neuen Technologien und die Realisierung ihrer Rahmenbedingungen gleichzeitig zum Erfolg kommen.»

Beide, Ministerpräsident und Forschungsminister, sprachen sich damit indirekt aber eindeutig *gegen* die Verwendung von Kernenergie aus (auch wenn sie das selbst nicht wahrhaben wollen). Beide, Riesenhuber wie Strauß, wissen (das darf man bei intelligenten und informierten Zeitgenossen voraussetzen), daß exakt die von ihnen aufgeführten Forderungen und Vorbehalte bei der Kernenergie-Technik illusionär sind.

Wozu aber dann die sprachlich umständlichen Bemühungen, im selben Atemzug die Realität zu packen und ihr aus dem Weg zu gehen, das Richtige zu erwähnen, um das Falsche zu dulden? Es gibt nur eine Erklärung: Sie alle kommen aus dem Sachzwang (billige Energie oder Massenelend) nicht mehr heraus und haben Angst, das einzugestehen, weil sie wie Stuttgarts Oberbürgermeister Manfred Rommel fürchten, nicht «mit den Risiken fertig zu werden, denen wir uns im Falle des Verzichts auf Kernkraft aussetzen».

Jahrelang wurde der Menschheit eingeredet, die Kernenergie verheiße, beziehungsweise erhalte jenes Paradies auf Erden, das in den Industrieländern verwirklicht wurde: Waschmaschine und Tiefkühltruhe, die zentralbeheizte Wohnung und den Urlaub im sonnigen Süden, Auto, Fernsehen und immer mehr Geld für immer weniger Arbeit. In der Bundesrepublik Deutschland glaubten 1983 noch mehr als 60 Prozent der Bundesbürger daran, daß die Kernenergie genau das alles schafft oder wiederbringt: Wachstum, Vollbeschäftigung, Wohlstand.

Und jetzt? Jetzt sollen die gleichen Politiker – denen man gern unterstellen darf, daß sie in den sechziger Jahren selbst noch guten Glaubens auf eine hybride Wissenschaft hereingefallen sind – öffentlich zugeben, daß sie jahrelang falsche Hoffnungen weckten, daß sie noch in den siebziger Jahren Zusagen für eine *Entsorgung* machten, die sich inzwischen als Jahrhunderttausende währende *Vergiftung* der Umwelt herausstellte? Politiker sind keine notorischen Selbstmörder. Deshalb haben sie mit Recht Angst, das auszusprechen, was Energie-Wissenschaftlern wie Professor Stumpf leicht über die Zunge geht: «Die harte Tatsache ist, daß, unabhängig von der Gesellschaftsordnung, auf diesem Planeten eine expansive Wirtschaftsweise nicht mehr tragbar ist.»

Allein gelassen stehen die Politiker nun da und fürchten wie der ehemalige Bundesforschungsminister Hans Matthöfer «Massenarbeitslosigkeit und Wirtschaftskrisen», und daß, wie der baden-württembergische Wirtschaftsminister Dr. Rudolf Eberle sagt, «die Bürger . . . dafür keinerlei Verständnis aufbringen». Darum müssen wir nun mit der Kernkraft leben und sterben: Weil die Angst vor der Wahrheit, vor unpopulären Entscheidungen und dem damit zwangsläufig verbundenen eigenen beruflichen Debakel den Politikern die Hände bindet.

Die Wissenschaftler und Techniker aber, die sich mit der Atomenergie beschäftigen, leben in den meisten Fällen auch von ihr. Sollen sie nun um einer neuerkannten Wahrheit willen ihre eigene Existenz, ihr Renommee, das Glück und den Wohlstand ihrer Familien ruinieren? Sie haben doch praktisch außer den neuen Erkenntnissen und ihrem Gewissen gegen den Willen von Staat und Wirtschaft nichts in die Waagschale zu werfen. Deren erklärter Wille aber heißt: Machterhaltung und Stabilisierung der gesellschaftlichen Gegebenheiten in Ost und West. Daher sind letzten Endes auch die Wissenschaftler und Techniker, genauso wie die Politiker, Gefangene der Illusionen von gestern. Mit gebundenen Händen aber gibt es kein Entkommen.

Man muß diesen Sachzwang nüchtern erkennen: Eine Entscheidung gegen die Atomenergie, gegen Umweltvergiftung und gegen Industriewachstum, so notwendig sie wäre, bedeutet – wie die Dinge nun einmal stehen – eine Entscheidung für die Armut. Denn ohne Energie gibt es keine Maschinen und ohne unsere «Maschinensklaven» fallen wir zurück in die Zeit der dominierenden Agrarwirtschaft, in die Zeit vor der Dampfmaschine.

Mit diesem Gedanken könnte man sich durchaus anfreunden, wäre da nicht der kleine Unterschied, daß heute vier Milliarden Menschen mehr leben als damals (Weltbevölkerung im 18. Jahrhundert: 700 Millionen). Ohne Energie, die Maschinen antreibt und sich in Nahrung, Kleidung und Wärme wandeln läßt, wäre infolgedessen die gesamte gegenwärtig lebende Menschheit – wären also auch wir – zu Hunger und Elend verurteilt.

Da aber die herkömmlichen Energiequellen im kommenden Jahrhundert versiegen und künftige Energiequellen wie Sonne, Wind usw. aufgrund jahrzehntelanger Versäumnisse noch keinen ausreichenden Ersatz bieten, ist die Atomenergie für die gegenwärtig Regierenden die einzige realistische Alternative zu weltweiter Not. Und wer so zu wählen hat, der hat keine Wahl. Darum kann und wird sich nichts ändern: Wir ziehen weiter auf der Straße des Wohlstands von heute in das Massensterben von morgen.

Es bleibt uns ja noch Zeit, auf ein Wunder zu hoffen, von dem niemand weiß, wie es aussehen könnte, durch das sich aber – wie es Robert Gerwin, der Sprecher der Laxenburg-Analytiker, formulierte – «ein in den Bereich des Vorstellbaren gerückter, weltweiter Energie-Verteilungskampf abwenden läßt, ein Kampf in Dimensionen, wie sie die Bibel am Ende der Welt sieht».

Flucht

Flucht in die Sucht

Wo alle Auswege versperrt sind, wie in unserer Gegenwart nicht nur durch die Begrenztheit der Erde, sondern vor allem durch die Sachzwänge, bleibt nur die Fluchtrichtung nach innen. Eine Art «Flucht nach innen» ist es auch, an Wunder zu glauben oder seine Hoffnung auf eine plötzliche Wende zu richten: «Nun muß sich alles, alles wenden!» (Ludwig Uhland, *Frühlingsglaube*).

Wunder und Hoffnungen haben ihre eigenen Gesetze und sagen daher auch einiges über eine Zeit aus, in der nur noch wenige Menschen wirklich an Wunder glauben oder auf bessere Zeiten hoffen. – Hoffen zu können, ist eines der ursprünglichsten menschlichen Bedürfnisse. Weil aber selbstverständlich immer nur Gutes erhofft wird, empfindet jener, dem Gutes reichlich zuteil wurde und dem nicht mehr viel zu hoffen bleibt, dies im Endeffekt gar nicht mehr als ein besonderes Glück.

Paradoxerweise fühlt sich ein solcher Mensch «um seine Hoffnung betrogen». Hoffnungslos zu sein, gilt als ein trostloser Zustand; nach herkömmlicher Auffassung, wenn eine Situation so «schlecht» ist, daß keine Hoffnung mehr bleibt, tatsächlich aber auch, wenn die Situation für so «gut» gelten muß, daß jedes weitere Hoffen – worauf? – unsinnig wäre.

Die meisten Menschen fühlen sich offenkundig wohler, wenn es ihnen zumindest ein bißchen schlechtgeht, und sie die Hoffnung hegen dürfen, sich aus der Misere herausarbeiten zu können.

Mit den Wundern ist es ähnlich: So beruhigend es für manche Menschen ist, an Wunder zu glauben, wirklich wichtig werden sie immer erst in Not und Gefahr. Wunder setzen grundsätzlich einen Negativzustand voraus, den sie verbessern. Ein reicher Mann, der über Nacht sein Geld verliert, sagt nie: Es ist ein Wunder geschehen! Umgekehrt aber sagen alle, wenn ein armer Mann plötzlich zu Geld kommt: Da geschah ein Wunder!

Es ist in unsere menschliche Denkweise einprogrammiert, das Unangenehme als selbstverständlich vorauszusetzen, das Angenehme, das Glück, als Ausnahmezustand zu empfinden.

Weil aber kein Mensch auf Dauer in einem Ausnahmezustand leben kann, sind viele Menschen in den westlichen Industrieländern spätestens seit den sechziger Jahren durch das nahezu unglaublich angenehme Leben, das sie genießen durften, seelisch überfordert. Über diese Tatsache, wenn auch nicht über die Ursachen, sind sich die Psychologen einig. Ein unübersehbares Symptom für diese Diagnose ist die weitverbreitete Erscheinung Flucht in unserer Welt.

Einige der feststellbaren Fluchtbewegungen lassen sich natürlich rational erklären. Wenn Tausende von Vietnamesen sich lieber den Gefahren des Meeres anvertrauen, als sich den Verfolgungen durch das kommunistische System auszuliefern, oder wenn sich Millionen Menschen in Asien, Afrika und Mittelamerika Bürgerkriegen und Hunger durch die Flucht zu entziehen versuchen, so bedarf dies keiner weiteren Erläuterung.

Was aber treibt Bewohner der Industrienationen, sich in Massen aus ihrer realen Welt in die Irrealität des Rausches zu flüchten, oder – was gleich(un)wertig danebensteht – in

Sektierertum, Ideologien, Aggressionen oder in die Scheinsicherheit des – nicht nur bei Behörden anzutreffenden – weltweit zunehmenden Bürokratismus? Namhafte Psychologen, Ärzte, Soziologen und Theologen haben sich dieser Frage angenommen und verschiedene Antworten gefunden. Hier ein paar der wichtigsten Gründe:

Die schnellen Veränderungen, denen alles in unserer Zeit unterworfen ist: Wo man als Kind noch einen Wald zum Spielen hatte, da steht heute ein Industriegelände; einen Beruf, den man vor dreißig Jahren erlernte, gibt es nicht mehr; der Freundeskreis, mit dem man groß wurde, verliert sich; es ereignet sich nur noch wenig in unserer Umwelt, was nicht gleichzeitig eine augenfällige Veränderung bedeutet.

Die Angst vor der Zukunft, die Armut, Hunger und sogar den Dritten Weltkrieg bringen kann.

Ein Unbehagen an der Gegenwart, die vielen mehr zu versprechen schien, als sie jedem einzelnen gegenüber zu halten vermochte. Jene aber, die alles haben, empfinden jetzt

Übersättigung, ein Gefühl, an das sich jeder plastisch erinnern wird, der schon mal in seinem Leben zuviel gegessen und getrunken hatte und anschließend nicht wußte, wie er das Völlegefühl wieder loswerden könnte. Der Übersättigung benachbart ist das Gefühl einer scheinbaren

Sinnlosigkeit des Lebens, die jenen ratlos werden läßt, der nicht mehr um Nahrung und Kleidung kämpfen muß, sich keine weitere Aufgabe zu stellen vermag und darum sein Leben und sich selbst plötzlich als überflüssig empfindet. Dazu kommt dann meistens noch

mangelndes Gottvertrauen, ein Gefühl des Verlassenseins und der Trostlosigkeit, das alle anderen Ängste und seelischen Nöte unüberwindlich werden läßt.

Wenn man jedes Motiv für sich betrachtet, erscheint keines so zwingend, wie es das Fluchtbedürfnis unserer Zeitgenossen dokumentiert:

Gewiß sind die schnellen Veränderungen in unserer Umgebung eine höchst unerfreuliche Zeiterscheinung, aber es ist dem einzelnen noch durchaus möglich, sich im kleinen Rahmen des Familienlebens dem zu entziehen,

a) indem er nach Regeln lebt, nach denen schon der Großvater den familiären Alltag ordnete;

b) indem er sich an das hält, was nachweislich Bestand hat, und allem Neuen mit großer Skepsis begegnet.

Millionen Menschen bergen sich täglich in dieser sicheren Burg der kleinen Traditionen und überstehen die äußerlichen Veränderungen der Gegenwart auf diese Weise auch ohne Flucht.

Die Angst vor dem, was die kommenden Jahre bringen werden, ist subjektiv verständlich, objektiv aber unbegründet.

a) Unser Hiersein beweist, daß wir vergangenes Unheil in Gestalt unserer Vorfahren genauso überlebt haben, wie wir künftiges in Gestalt unserer Kinder zu überleben vermögen.

b) Sofern die Angst dazu führt, daß wir versuchen, unsere Kinder für dieses Überleben zu trainieren, indem wir ihnen Unwesentliches fernhalten, um ihnen Wesentliches mitzugeben, ist sie produktiv und gibt unserem Leben einen Sinn im Hier und Jetzt.

Wer heute vor der Zukunft davonlaufen möchte, vergißt, daß sie die Gegenwart der heranwachsenden Generation sein wird.

Bleiben also eigentlich nur jene etwas vagen Begründungen des Unbehagens und der Übersättigung, die letztlich ihre Ursache in mangelndem Gottvertrauen haben. Sie zeigen uns einen «Menschen ohne Hoffnung», dem nichts anderes die Hoffnung raubte als das viel zu angenehme Leben. Für diesen Typ Menschen sind Alkohol und Rauschgift eine jener vermeintlichen Inseln der Seligkeit, die dem, der sie erreicht, Vergessen und Frieden verheißen.

In Frankreich rangiert der Alkohol inzwischen als Todesursache an dritter Stelle (hinter Herz-, beziehungsweise

Kreislaufkrankheiten und Krebs). In der Bundesrepublik gibt es nach neuesten Statistiken rund 1,8 Millionen Alkoholabhängige, und jährlich sterben 17000 Menschen auf die eine oder andere Weise am Alkohol. Von den Autofahrern in der Bundesrepublik haben nicht weniger als 68100 in einem halben Jahr (von Januar bis Juni 1982) ihren Führerschein «vertrunken».

An Rauschgift starben 1983 im Bundesgebiet 472 Menschen (1982: 383), obwohl es sich eigentlich herumgesprochen haben sollte, daß man sich mit Rauschgift zugrunde richtet. Es ist – wie schon der Name sagt – eben kein einfaches Betäubungsmittel, sondern ein tödliches Gift.

Auch das gehört zur besonderen Schizophrenie unserer Zeit: Noch keine Generation zuvor reagierte allergischer und aggressiver gegen Gifte, zumal auf die Bedrohung durch giftige Schadstoffe, während gleichzeitig die Nachfrage nach (Rausch-)Giften weltweit wächst. Und die «Nachfragenden» sind überwiegend Jugendliche (darunter Zehn- und Zwölfjährige). Die Zahl der Drogenkonsumenten und die Produktion der Drogen steigen mit jedem Jahr. Laut offiziellem Bericht des Bundesinnenministers blühen Schmuggel und Handel mit Rauschgiften in der Bundesrepublik trotz aller Bekämpfungsmaßnahmen durch Polizei und sonstige Behörden wie nie zuvor.

Von manchen Süchtigen wird nach eigenen Bekundungen das «Gefühl des Alleinseins» gesucht, und umgekehrt soll das Gift ebensooft helfen, das «Gefühl des Verlassenseins» zu überwinden. Wahrscheinlich gibt es kein Motiv, das Süchtige nicht für sich in Anspruch nehmen. Wem irgendwas nicht paßt, der greift eben zur Ampulle oder zur Pulle.

Gelegentlich kritisiert in Rußland das Parteiorgan *Prawda* den hohen Alkoholverbrauch, weil er den Familien Unglück bringe und zudem große Schäden in der Wirtschaft verursache. Aber das bremst auch in den sozialistischen Staaten nicht die Entwicklung, derzufolge immer mehr Jugendliche die Flucht in den Rausch antreten. 77 Prozent aller jugendlichen Kriminellen, so erkannte die Moskauer Staatsanwaltschaft 1982, standen zur Tatzeit unter Alkohol.

Alkohol und Kriminalität werden hier zu Recht in einem Atemzug erwähnt: Sucht und Aggression sind zwei Erscheinungen der gleichen Fluchttendenz.

Aggression als Ausweg?

Zunehmenden Aggressionen begegnen wir heute auf einem breiten Feld. Wir finden sie am Arbeitsplatz und in der Familie, wo immer mehr die Formen glättender und das Leben erträglich gestaltender Höflichkeit einer rücksichtslosen und das Ich voranstellenden Ruppigkeit weichen. Über aggressive Ideologien und Pseudoreligionen reicht das Spektrum bis zur Mißhandlung Wehrloser und Gewaltkriminalität.

Die Motive mögen von Fall zu Fall verschieden sein, eines aber scheint übereinzustimmen: In den jeweiligen Verhaltensweisen zeigt sich etwas Zwanghaftes, Krankes. Die zunehmenden Aggressionen sind die Spitzen einer Fieberkurve der gegenwärtigen Gesellschaften, die offensichtlich den Kontrast zwischen übersteigerten Wunschvorstellungen und Realität nicht verkraften. Der seit jeher zum Scheitern verurteilte Versuch, sich auf Kosten anderer das Paradies auf Erden zu schaffen, hatte bisher nur eines zur Folge: eine Massenbewegung neurotischer Bösartigkeit.

Die von vielen nicht mehr bewältigte Konfrontation mit der Wirklichkeit löste Intimkriege aus, die zu psychischen Ausnahmezuständen führen. Jeder fünfte Bundesbürger leidet bereits an behandlungsbedürftigen psychischen Störungen, jeder dritte bis vierte an zeitweiliger Schlaflosigkeit. Die Fortschreibung der Psychiatrie-Enquete der Bundesregierung stellte 1983 fest, daß jährlich rund 600000 Erwachsene (1975: 200 000) derart schwer seelisch erkranken, daß sie einer nervenärztlichen Behandlung bedürfen.

Da sich die seelische Unausgeglichenheit der Eltern und Erzieher auf Jugendliche besonders stark überträgt, sind in der Bundesrepublik 25 Prozent, also ein Viertel (!) aller Vorschulkinder und Schulanfänger «gestört, krank oder behindert» (Deutsche Gesellschaft für soziale Psychiatrie). Die Chefärztin einer rheinischen Landesklinik faßte die sich immer mehr auswirkende Konfliktbelastung in einem Bonmot zusammen: «Wir haben alle so viel mit uns selbst zu tun, wir können eigentlich gar keinen Patienten gebrauchen.»

Was in der ironisch gemeinten Diagnose der Chefärztin zum Ausdruck kommt – narzißtische Weltflucht, das Leugnen menschlichen Aufeinanderangewiesenseins, der Rückzug auf das noch allein liebenswert erscheinende Ego –, hängt sicher zum Teil mit dem durch die Übervölkerung unserer Welt entstandenen Druck zusammen, aber zweifellos auch mit der Überreizung durch unaufhörliche Information und Kommunikation, die ebenfalls Abwehrreaktionen auslöst.

Die Flucht in die Krankheit wird tragisch ergänzt durch die Flucht in den Tod: «Nie seit Bestehen der Bundesrepublik nahmen sich so viele Deutsche das Leben» (*Spiegel* 3/82). In Österreich sterben zur Zeit mehr Menschen durch Selbstmord (in den Jahren 1980 und 1981 knapp 4000) als im Straßenverkehr. Und auch bei vielen tödlichen Verkehrsunfällen kann – so die Polizei in der Bundesrepublik – «Selbstmord nicht ausgeschlossen» werden. Die Kölner Psychologin Dr. Lieselotte Moser schätzt, daß jeder zwanzigste Verkehrstote in Deutschland freiwillig starb. In anderen Ländern – darunter Ungarn und die Schweiz – stieg die Zahl der Selbstmorde ähnlich.

In England macht sich der psychische Ausnahmezustand gegenwärtig bei jungen Müttern bemerkbar, von denen immer mehr ihre Neugeborenen aussetzen. In den letzten Jahren wurden von ihnen jede Woche durchschnittlich 17 bis 18 Babys irgendwo vor Kliniken, Häusern, Kirchen oder Telefonzellen «abgelegt». Dies ist noch eine der mildesten Formen der Kindesmißhandlung, über die Robin Clarke (*La course à la mort*) aus England berichtet:

Dort hat die Gesellschaft zur Verhütung von Kindesmißhandlung im Zeitraum eines Jahres 114641 Kinder untersucht und in 39223 Fällen ihre Eltern vor Gericht gebracht. Ähnlich dramatische Zahlen aus den USA finden wir in Friedrich Hackers Buch *Aggression – Die Brutalisierung der modernen Welt.*

Eine andere, schleichende Form der Gewalt praktizieren jene Sekten, die ihre Mitglieder durch psychischen Terror, eine Art Gehirnwäsche und unablässige Beeinflussung bei der Stange halten. Während Religionen normalerweise die Seele des einzelnen lösen und befreien sollen, wie dies insbesondere bei den etablierten christlichen Kirchen durch die sonntägliche Predigt und gelegentlichen Zuspruch in einem persönlichen Gespräch mit dem Pfarrer geschieht, verpassen Sekten ihren Mitgliedern ein straffes Korsett der Lebenshilfe.

Diese «Hilfe» ist bei fast allen pseudoreligiösen Gemeinschaften gleich. Auch wenn sie sich nach außen hin verschiedener Gewänder und Methoden bedienen, intern wenden sie nach geglückter Überrumpelung eines «Weltflüchtlings» ähnliche Methoden des Psychoterrors an, den man der «Vereinigungskirche» – wie sich die Mun-Sekte nennt – inzwischen laut höchstrichterlichem Urteil offiziell vorwerfen darf.

Insgesamt kennen die Sekten in ihrem Geschäftsgebaren und in ihrer Geldsucht wenig Hemmungen. Einige schicken ihre weiblichen Mitglieder auf den Strich und ihre männlichen Anhänger zum Betteln. Es hieße jedoch die Tatsachen verkennen, wollte man übersehen, daß es für manche Menschen kein größeres Glück gibt, als ohne eigene Meinung und unter völliger Aufgabe der eigenen Persönlichkeit, sich «einer guten Sache» zu opfern. Die Sektenbosse ziehen daraus ihren

Nutzen, indem sie Einnahmen in Milliardenhöhe kassieren (die «Scientology-Kirche» des Amerikaners Hubbard verbucht allein an «Lehrgangsgebühren» in Deutschland jährlich mehr als 50 Millionen Mark).

Unmittelbarer wirkt sich die Flucht in die Aggression bei jenen aus, die ihre oder die Probleme der Welt lösen wollen, indem sie raubend und mordend ihre Mitbürger terrorisieren. Es gibt inzwischen eine erschreckend große Zahl von Menschen, die Gewalt für ein legitimes Mittel der Problemlösung halten.

Einem Umfrageergebnis aus dem Jahr 1982 zufolge erklären in der Bundesrepublik 28 Prozent der Erwachsenen und 40 Prozent der Sechzehn- bis Dreiundzwanzigjährigen die Anwendung von Gewalt «für notwendig, um Aufmerksamkeit zu erregen». Und auf die Frage, wie sie umgekehrt die Gewaltanwendung anderer beurteilen, äußerten 46 Prozent der Erwachsenen und 74 Prozent der Jugendlichen «Verständnis für aggressive Reaktionen»!

Demokratische Politiker streiten sich, ob man Kriegsspielzeug verbieten soll, während sich rundum die Rückkehr zum primitiven Faustrecht erkennen läßt. Selbst in den straff regierten Ländern des Ostblocks zeigt man sich irritiert und besorgt über die wachsende Gewaltkriminalität in den Großstädten und Ballungsgebieten.

In den USA hat sich die Zahl der Gewaltverbrechen in sieben Jahren um 57 Prozent erhöht. In London sind die bewaffneten Raubüberfälle heute zehnmal häufiger als vor 10 Jahren. In der Bundesrepublik haben sich in den letzten 15 Jahren schwere Körperverletzungen verdoppelt. Schon 1982 erklärte der Chef des Landeskriminalamts Hannover: «Ohne ein Sicherheitskonzept aus einem Guß läßt sich diese Lawine nicht mehr stoppen.»

Wer aber will diese Lawine aufhalten, wenn drei Viertel (74 Prozent) aller Heranwachsenden Aggression tolerieren? Was ist los mit dieser fast verfassungsändernden Mehrheit von jungen Menschen?

Es ist nicht zu übersehen, daß in dieser Welt, trotz Sozialstaaten und allgemeiner Wohlfahrt (oder wegen all der scheinbar schönen Dinge) nicht nur keine Hoffnung auf ein besseres Morgen aufkommen will, sondern schon die Gegenwart vielfaches Unbehagen fördert. Und es sind keineswegs nur übersättigte Erwachsene, die für sich und diese Welt keine Zukunft mehr sehen, die Begriffe «No future» und «Null Bock» wurden von der Jugend geprägt.

Dabei hat die jeweils heranwachsende Jugend in den vergangenen 30 Jahren alles Erdenkliche versucht, sich das Leben ein bißchen aufregend, abenteuerlich und interessant zu gestalten: Sie kämpfte für die Solidarität der Völker oder zumindest die Einheit Europas, ließ sich als Entwicklungshelfer in Urwälder und Wüsten schicken, und als die Begeisterung und der gute Glaube an eine segensreiche Weltpolitik bitterer Enttäuschung wichen, versuchten die Blumenkinder und Hippies vergeblich eine friedlich-fröhliche Separatwelt zu installieren.

Nachdem auch die wütenden Proteste der Studentenrevolten und der Rassenkrawalle verpufft waren, blieben eigentlich nur noch die langen Mähnen, die an ritterliche Urständ oder an Rousseaus – übrigens von ihm selbst nie gebrauchte Formel – *Zurück zur Natur* erinnerten. Urgroßvaters männliche Bartzier, die Schnurr- und Vollbärte, wurden ebenfalls wiederentdeckt und zu neuen Ehren gebracht. Aber all das war eigentlich weder besonders einfallsreich noch imponierend.

Auch die vorläufig letzte Großaktion, die Hausbesetzungen, verstimmte mehr, als sie mitriß, weil hinter der sozialen Attitüde der etwas kindliche Eigennutz durchschimmerte. Das Gerede von der Wohnungsnot war so unrealistisch, wie es routinierte Politiker nicht unrealistischer hätten formulieren können. Und nicht nur, weil die armen Hausbesetzer fast alle ihre Wohnungen (an anderen Orten) hatten, sondern weil man wußte, daß den Menschen in der ganzen Geschichte noch nie soviel gutausgestatteter Wohnraum zur Verfügung stand wie zu dieser Zeit in diesem Land.

Es gab nur noch nie soviel junge Leute, die als Achtzehnjährige schon ihre eigene Wohnung haben wollten (möglichst zum *Null-Tarif*). Und welche Studenten hätten noch mit Kammern als «möblierten Zimmern» vorlieb genommen wie ihre Großväter? Wobei umgekehrt natürlich auch zu fragen ist, wie viele Familien mit größeren Wohnungen es heute noch «nötig haben», möblierte Zimmer zu vermieten?

Es gab also, verursacht durch Wohlstand, sozialistische Wohnungspolitik (die negative Rolle der *Neuen Heimat* soll nicht unerwähnt bleiben) und jugendliche Anmaßung eine künstlich erzeugte Knappheit an Wohnraum, aber die Bezeichnung «Wohnungsnot» war für jeden, der sich an die Jahre nach 1945 erinnerte, ein böser Mißbrauch des Wortes «Not». Doch auch diese Aufwallung jugendlicher Energie verebbte und mündete in die große Welle der Resignation ein, die zu dieser Zeit, wie der *Spiegel* notierte, schon jeder fünfte von 100 befragten Frankfurter Studenten «ausdrücklich zu Protokoll» gab.

Was blieb also noch, als gelegentlich bei Demonstrationen mitzumarschieren, Schaufenster einzuschmeißen und Autos umzustürzen? Natürlich trifft so etwas meistens Mitbürger, die an all dem, was die jungen Randalierer stört, so viel Schuld haben wie ein Hase an der Treibjagd. Aber damit muß man sich heute wohl genauso abfinden wie vorzeiten, denn die Klage über die Umtriebe jugendlicher Rowdys dürfte so alt sein wie die Welt. In einem Bericht über den Retter des Abendlandes, Prinz Eugen (1663–1736), heißt es von den Pagen, zu denen er in seiner Jugend gehörte:

«In Scharen streifen sie durch die Straßen, behelligen die Frauen, reißen die Schilder der Wirtshäuser ab und zerbrechen die Scheiben. Sie ziehen, eines Wortes wegen, den Degen; bedrohen den Vorübergehenden, dessen Nase ihnen nicht gefällt, mit der Pistole und flößen den friedlichen Einwohnern einen derartigen Schrecken ein, daß man alle ihre Forderungen erfüllt.»

Inzwischen bemüht man sich jedoch, die Ursachen jugendlichen Randalierens psychologisch aufzuhellen und gelegentlich sogar politisch zu motivieren. Die Schweizer Jugend-Enquete, die 1980 nach den Züricher Krawallen erstellt wurde, entschuldigt gleichsam jegliches ungebärdige Verhalten der Jugend mit dem, was die Welt von heute ihnen bietet:

«Der von Produktion und Konsum bestimmte Lebensrhythmus erstickt die Entfaltung von Persönlichkeit und Gesellschaft. Belastung und Verwüstung der Umwelt schließlich stehen nicht nur als abstrakte Aussicht auf ein apokalyptisches Ende am fernen Horizont, beides wird in der städtischen Lebenswelt täglich erfahren.»

Die jungen Leute selbst drücken sich zwar nicht so perfekt aus, meinen aber, wenn man sie danach fragt, wohl ziemlich das gleiche. Eine junge Berlinerin, 21 Jahre alt, schildert ihren Eindruck der Situation – laut *Stern* (21/82) – so: «Die Krise spitzt sich weiter zu. Es wird immer mehr Arbeitslose geben, und dann kriegen wir ein Regime, das uns noch mehr unterdrückt – oder es knallt morgen. Was soll man da noch machen?»

Diese mehr oder weniger rhetorische Frage scheint indessen durch die Tat beantwortet: Man flüchtet sich in die nächste Diskothek. Darum schießen Diskotheken zur Zeit wie die Pilze aus der Erde und sind schon bald in jedem Dorf zu finden. Auch sie sind eine Art Rauschgift. Jeder, der sich dem zuckenden Licht (einer trefflichen Imitation des Nervenzuckens) und der tosenden Geräuschsauna aussetzt, hat nach spätestens einer halben Stunde Teile seines Bewußtseins verloren.

Und haargenau das ist Sinn und Zweck der Übung: Im

kreiselnden Geflimmer von Glitzerfarben und im Hämmern der Bässe die nur noch unwillkommenen Gedanken über einen unscharfen Rand gleiten zu lassen, jenseits dessen sie nicht mehr faßbar sind. Da wirkt die reale Welt dann verschoben, abgeglitten ins Unbestimmbare, Unnahe, Unwichtige: Schule, Eltern, Arbeit, Politik – das alles ist in dieser dröhnenden Pseudowelt nicht mehr interessant.

Die Flucht in die Irrealität gelingt offensichtlich auch auf diese Weise. Millionen junger Menschen beweisen es Tag für Tag.

Kein Volk für Barrikaden

Arme Jugend. Da finden wir sie neben- und übereinandergeschichtet als Massen einer Massengesellschaft, wie einst die lebende Ware auf den Sklavenschiffen des 18. und 19. Jahrhunderts. Und so kommen sie sich wohl auch vor. Außerdem widert sie ohnehin alles an: die Betriebsamkeit ihrer Väter, gleichzeitig deren Untätigkeit, und am meisten die Ahnung, daß sie, die Jungen, zehn Jahre später genau so betriebsam sein werden, wo es um materielle, und genau so untätig, wo es um geistige Auseinandersetzungen geht.

Erschreckende Jugend, an der nichts jung ist; angestaubt in einem Dornröschenschlaf, auf den Kuß eines Prinzen wartend, der nie kommt. Wo ist ihr Hutten mit seinem Aufschrei: «Ich hab's gewagt!»? Wo ihr Arndt mit seinem trotzigen «Der Gott, der Eisen wachsen ließ!»? Was Ulrich von Hutten (1488–1523) und Ernst Moritz Arndt (1769–1860) jeweils in der Sprache ihrer Zeit für ihre Zeit artikulierten, war so neu, aufrüttelnd und jung, wie Begeisterung, Hingabe und Glaube nur jung sein können. Hören wir dagegen heute, wie die Jugend hundertjährige sozialistische Parolen aufsagt, so ist das etwa so neu und aufrüttelnd wie das «Om mani padme hum» einer tibetischen Gebetsmühle.

Der Sozialismus war einmal eine Bewegung für die Jugend. In jeder seiner Formen mitreißend und glühend, ob als internationaler oder nationaler Sozialismus, ob unter dem Liktorenbündel oder unter Hammer und Sichel. Aber der Blütenstaub des Sozialismus wurde hinweggespült von Strömen von Blut, die in seinem Namen vergossen wurden. Sich selbst und Millionen andere opferte die Jugend der Welt für ihre sozialen Träume, übrig blieben menschenfeindliche Diktaturen.

Wie ermattet hocken sie nun herum, die jungen Leute. Müde Kinder, die im Halbschlaf gern gehörte Märchen nacherzählen. Im Jahr 1924 schrieb der deutsche Soziologe Helmuth Plessner in seinem Essay *Grenzen der Gemeinschaft*: Die «vor keinem äußeren Hindernis zurückschreckende, durch nichts aufzuhaltende Ausdehnung technisch-wissenschaftlicher, auf Dienstbarmachung der Natur gegründete Zivilisation beginnt in Widerspruch zum Kulturbewußtsein des Abendländers zu geraten. Bedeutende Köpfe, wertvolle Jugend meutern gegen die Konsequenzen der abendländischen Idee, weil sie ihren sozial-ethischen Prämissen die Anerkennung verweigern».

Der Widerspruch wurde übertüncht: Die merkantilen Ausuferungen der abendländischen Idee arrangierten sich mit dem Sozialismus, und die sozial-ethischen Prämissen wurden vergessen. Der heute ohne große Überzeugung als jährliches Ritual ausgestoßene Schrei nach mehr Lohn und weniger Arbeit ist eine der letzten Zuckungen im Zusammenbruch der Traumwelt. Sie aufzugeben, hieße aber bekennen, daß Sozial-Ethik durch den Sozialismus nicht erfüllt, sondern verhindert wird; daß der Wohlstand der Massen nicht die Zufriedenheit, sondern die Unzufriedenheit nährt; daß der Neid, den man weckte, nicht schaffensfroh, sondern auf ewig unfroh macht; daß Haß kein Leben zeugt und alle Erkenntnisse der Wissenschaft nur in die eine Erkenntnis münden, so machtlos ausgeliefert zu sein wie nie zuvor.

Man muß dies erwähnen, weil die Wissenschaft der vergangenen hundert Jahre an der Irreführung der Jugend keinen geringeren Anteil hat als alle politischen Ideologien. In gewissem Sinne ergänzten sich die beiden, indem sie vorgaben, jede auf ihre Weise die Welt besser einrichten zu können, als es die Schöpfung vermochte. Und nun steht eine Jugend vor den Scherben und hat nichts mehr, woran sie sich halten könnte. Nicht einmal mehr den kleinen Finger des lieben Gottes.

Niemand bestreitet, daß Einsteins Vorstellungen der Welt eine gewaltige Errungenschaft des menschlichen Geistes sind, aber sie haben die Menschen nicht besser gemacht. Niemand bestreitet, daß Robert Kochs Entdeckung der Bakterien die Medizin einen großen Schritt weiterbrachte, aber sie machte die menschliche Natur nicht gesünder. Niemand bestreitet, daß der Sozialismus eine notwendige Ergänzung des Kapitalismus war, aber beide machten die Menschen nicht glücklich.

Es war eine Irreführung der Jugend, zu behaupten, die Laternen einiger großer Geister seien das Licht der Welt. Und es war eine weitere Irreführung, ihnen diese Laternen in die Hand zu drücken mit der Behauptung, sie könnten damit das Licht des Tages besser sehen. Sie konnten es natürlich nicht. Weil das Tageslicht ein Teil der Schöpfung ist und wie alle wesentlichen Dinge des Lebens zwar vom Menschen erkannt, aber nicht geschaffen werden kann.

Dies blieb von den Laternenträgern der Wissenschaften und der Ideologien unerwähnt. So haben sie Klarheit vernebelt und eine babylonische Sprachenverwirrung an die Stelle ewig gültiger Wahrheit gesetzt. Westliche Jungakademiker reden heute von Sozialismus und meinen Freiheit, sie plädieren für Staatskapitalismus und meinen in Wirklichkeit die Flucht aus den Zwängen der arbeitsteiligen Industriegesellschaft, sie fordern mehr Demokratie und meinen die Abschaffung von Parteien und Parteipolitikern. Das rigorose Beherrschtwerden durch wirtschaftliche Macht verdammen sie, wo Fords Erben, aber begrüßen sie, wo Lenins Funktionäre ihre Geißeln schwingen.

Die Flucht der Unerwachsenen vor Wahrheit und Wirklichkeit zeitigt noch andere Seltsamkeiten: So wenn sie – wie erwähnt – nach «mehr Demokratie» rufen, weil sie meinem, die etablierten Politiker hörten nicht mehr genug auf die Stimme des Volkes. Als ob demokratische Parteipolitiker es sich überhaupt leisten könnten, nicht ständig den Stimmen ihrer Wählermassen zu lauschen. Und als ob das, was an demokratischer Politik produziert wird, nicht genau diesem Tatbestand entsprechen würde.

Nur ist das Volk halt nicht so, wie jene, die von Basisdemokratie und Volkswillen reden, es gern hätten. Völker bestehen aus einer Mischung von Einfalt und Intelligenz, und nicht aus lauter Churchills, Bismarcks oder Lincolns. Aber mit einem von denen wären unsere jungen Leute wahrscheinlich erst recht nicht zufrieden.

Junge Menschen sollten sich nicht ständig in die Illusion flüchten, «das Volk» zu sein. Zum Beispiel, wenn gerade mal ein Haufe von ihnen sich zu einer Demonstration zusammenfindet. Selbst 300 000 Friedensmarschierer oder Atomgegner oder sonstige Demonstranten sind noch lange nicht die Bundesrepublik. Und wenn auch das archaische Erlebnis einer Massendemonstration dazu verführt, in die Zählweise der Primitiven zu verfallen: Eins, zwei, drei, viele! – viele sind noch lange nicht «das Volk».

Die Überschätzung der Wirkung demokratischer Spielformen, wie sie Demonstrationen oder Proteste darstellen, nimmt bei jungen Menschen heute aufgrund jahrelanger Irreführung manchmal groteske Formen an. So erfahren wir aus einem Bericht des Frankfurter Psychotherapeuten Jörg Bopp:

Ein älterer Professor erzählte einer Reihe von Studenten von der Not der Nachkriegsjahre in Deutschland, dem Mangel an Nahrung und Kleidung, an Heizmaterial und Möbeln, und von den vielen Tagen, an denen es nur stundenweise Wasser, Strom und Gas gab. Die Studenten wollten das nicht glauben. Sie konnten sich nicht vorstellen, daß die Bevölkerung sich so etwas habe gefallen lassen. Als ihnen dann versichert wurde, es sei aber so gewesen, fragte einer von ihnen kopfschüttelnd: «Warum haben sie denn nicht dagegen demonstriert?»

Ungeprüft plappern die jungen Leute sozialistische Kindergartensprüchlein nach. So auch Frankfurter Studenten, die Anfang der achtziger Jahre nach ihren Vorstellungen von der künftigen Gestaltung der Bundesrepublik gefragt wurden: 74 Prozent von ihnen fiel nichts Besseres ein als eine weitgehende gesellschaftliche Kontrolle über private Investitionen und eine Vergesellschaftung der Großindustrie und der Großbanken. Nur 20 Jahre weiter, und diese Mehrheit denkfauler Jungakademiker sitzt an den Schalthebeln der Macht.

«Der Unterschied zwischen ihren Vorstellungen, ihren Absichten und dem ideologischen Instrumentarium, das sie benützen, ist abgrundtief», schrieb Löbl über diese Jugendlichen in seinem Report *Gespräche mit den Ratlosen*.

Eugen Löbl, 1907 in der Slowakei geboren, wurde einer der führenden marxistischen Wirtschaftstheoretiker. 1948 zum ersten Stellvertreter des Prager Außenhandelsministers berufen, danach zeitweise im Zuchthaus, später rehabilitiert und mit dem «Orden der Arbeit» ausgezeichnet, floh Löbl beim Einmarsch der Sowjets in die Tschechoslowakei nach Österreich. Heute wirkt er in den USA und begegnet an den dortigen Universitäten der gleichen verzweiflungsvollen Ideenlosigkeit der Jugend wie wir in Europa.

In seinem Buch formulierte er unser aller Erschrecken: Das «Eingeständnis der Irrtümer und Fehlschlüsse aus meinem langen politischen Leben veranlaßte mich, bestimmte Ansichten, die heute in weiten Kreisen der jungen Generation vertreten werden, sehr scharf zu verurteilen . . . handelt es sich doch um Ideen, die bereits vor 40 Jahren anfingen, überholt zu sein, aber dennoch heute als modern und revolutionär akzeptiert werden.»

Ideen, die vor 40 Jahren anfingen überholt zu sein – und in die sich junge Menschen noch heute aus der Wirklichkeit flüchten! Was ging eigentlich in den Köpfen derjenigen vor, die diese Ideen vor 100 Jahren entwarfen? Und was blieb von diesen Ideen bei ihrer Umsetzung in die Realität?

Rockefellers Brüder

Es gibt bis heute keine neue Idee, wie man den von Plessner erwähnten «sozial-ethischen Prämissen» die wünschenswerte Anerkennung verschaffen könnte. Aber wieso haben eigentlich die sozialistischen Ideen nicht zu dem vorgegebenen Ziel geführt? Da müssen – schlußfolgern junge Sozialisten messerscharf – einige böse alte Männer am Werk gewesen sein, die das verhindert und die schönen Pläne eines Marx, eines Lenin oder später eines Mao sabotiert haben: etwa ein Stalin, der den internationalen Sozialismus, oder ein Hitler, der den nationalen Sozialismus vom rechten Weg abbrachte.

Wobei es bei manchen jugendlichen Gesprächspartnern (und manchen Altsozialisten) schon den ersten Schock auslöst, wenn Nationalsozialisten – oder Faschisten, wie manche gleichsetzen – in einem Atemzug mit Kommunisten genannt werden. Die Tatsache, daß die einen bei ihrem Kampf um die Macht die Todfeinde der anderen waren, ändert jedoch nichts daran, daß beide auf ihre Weise sozialisieren wollten und ihre sozialen Programme auch weitgehend realisierten.

Sich gegenseitig Abweichung von der reinen Heilslehre vorzuwerfen, ist in den Bereichen konkurrierender Ideologien allgemein üblich und bei religiösen Glaubensfragen nicht anders. In der Tat aber begegnen sich die menschheitsbeglückenden Ansprüche der verschiedenen sozialistischen

Weltanschauungen auf der gleichen Ebene: Unterdrückung und Mord. Sie unterscheiden sich im Ergebnis nirgends, gleichgültig ob sie im Namen eines nationalen oder eines internationalen Sozialismus ausgeübt werden.

Man erzählt den Heranwachsenden, daß Hitlers Nationalsozialismus sich mit dem Kapital *verbündet* habe, und verschweigt, daß der Marxismus-Leninismus nie etwas anderes wollte, als sich des Kapitals zu *bemächtigen*, um das Kapital selbst zu sein. Die unbeschränkte Beherrschung der Massen und ihre konsequente Ausrichtung auf das Ziel der Weltherrschaft durch Industrialisierung schafft nur ein Kapitalismus, der sich – unter dem Vorwand totaler Sozialisierung – selbst zum Staat macht.

Irreführend ist natürlich auch die naive Formel: Arm = Sozialist = gut! Reich = Kapitalist = böse! Oder: Gewalt von links = gut! Gewalt von rechts = schlecht! Vielleicht muß man, um die Irreführung zu verdeutlichen, statt des Begriffs «Kapital» einmal einen anderen Begriff einsetzen. Wir sprachen zuvor bei der Flucht in die Irrealität von dem anderen Rauschgift, das ähnlich gefährlich ist wie jede Ideologie. Setzen wir nun den Begriff «Rauschgift» anstelle von «Kapital», so läßt sich ohne Schwierigkeit feststellen, daß nicht etwa derjenige rauschgiftsüchtig ist, der mit einem Koffer voll Heroin durch die Lande reist, ohne es zu gebrauchen. Süchtig ist, wer nach dem Gift giert, wer hemmungslos jedes Mittel anwendet, es in seine Hand zu bekommen, um es einzunehmen.

Tauschen wir jetzt die beiden Begriffe wieder aus, sind wir der Wahrheit einen Schritt näher: Kapitalist ist jener, der das Kapital als Machtinstrument (auch ein Rauschmittel) nutzen will und dem darum jedes Mittel recht ist, um Verfügungsgewalt über das Kapital zu erlangen!

Man muß den großen Irreführern – von Marx über Lenin und Hitler bis zu Mao – bescheinigen, daß sie nahezu wissenschaftlich perfekte Arbeit geleistet haben. Die Jugend der

Welt hat es zum überwiegenden Teil bis heute nicht begriffen, daß es zwischen dem von ihnen abgelehnten Kapitalismus und dem von ihnen erwünschten Sozialismus keinen wirklichen Gegensatz gibt, daß Sozialismus totalisierter Kapitalismus ist.

Alle namhaften Sozialisten waren und blieben Kinder ihrer Zeit, der Zeit des Kapitalismus. Mögen auch einige von ihnen Habenichtse gewesen sein, sie alle waren fasziniert von der sich gewaltig entwickelnden Maschinenwelt, von den Gott ersetzenden Wissenschaften, von den in Mammutindustrien manipulierbaren Menschenmassen. Keiner von ihnen dachte auch nur im Traum daran, an diesen Gegebenheiten das geringste zu ändern. Nur eines sollte sich ändern: die Köpfe an der Spitze.

Während ein Rockefeller oder Ford, ein Krupp oder Thyssen ihre Wirtschaftsimperien aufbauten, strebten die Sozialisten nichts anderes an, als mit Hilfe der Massen die Macht über diese perfekt funktionierenden Imperien zu übernehmen. Das ist Sozialismus! Das ist jene Ideologie, in die sich Menschen – insbesondere junge Menschen – überall auf der Welt noch heute flüchten, weil sie meinen, in der propagierten Gleichheit (die letztendlich doch nur Armut für alle bedeutet) die Chance für eine glücklichere Zukunft zu sehen. Aber ein Kronzeuge der Vergangenheit bekennt andere Vorstellungen vom Sozialismus:

Karl Marx schrieb nicht nur *Das Kapital* und ähnliche Werke, sondern auch viele interessante Briefe an seinen Freund und Mäzen Friedrich Engels. Aus dieser Korrespondenz kann jeder erfahren, warum sich Marx in der Internationalen Arbeiterassoziation engagierte (die ihm übrigens 1883 nach seinem Tod keine Träne nachweinte: seinem Sarg folgten keine zehn Menschen). Er sah in dieser Vereinigung lediglich einen Hebel, um sich früher oder später persönlich an die Macht zu hieven: «Und bei der nächsten Revolution», schrieb er Engels, «die vielleicht näher ist, als es aussieht, haben wir (das heißt Du und ich) diese mächtige *engine* Maschine in unserer Hand.»

Marx hatte keinerlei Ambitionen, etwa für den Arbeiter zu schreiben. Als Engels ihn – nachdem *Das Kapital* 40 Jahre auf sich warten ließ – wieder einmal drängte, es fertigzustellen, erklärte Marx unumwunden: Die Kunst ist, den Leser «zu mystifizieren und ihm Kopfzerbrechen zu verursachen». Die Konsequenz: «Ich dehne diesen Band mehr aus, da die deutschen Hunde den Wert der Bücher nach dem Kubikinhalt schätzen.»

Fast ist es amüsant, wenn heute bei Gelegenheit ein Politiker – wie der Bundestagsabgeordnete Theo Waigel im März 1983 – zu der Erkenntnis kommt: «Erstaunlich ist in diesem Zusammenhang die Tatsache, daß Marx keine konkrete Alternative zur Wettbewerbswirtschaft entwarf.» Als ob er das je beabsichtigt hätte. Sein Sozialismus war keine Alternative zum kapitalistischen Wirtschaftssystem, sondern dessen geplante Vollendung!

Kapitalistisches Bemühen mündet immer in Zusammenfassung von Macht, im Bereich der Privatwirtschaft durch Bildung von Kartellen und Konzernen, die letztlich vollkommene Machtfülle aber findet es nur im Staatskapitalismus.

Wenn sie auch verschiedenfarbige Kappen tragen, die Verwandtschaft ist doch unübersehbar zwischen Rockefeller, Marx und ihren anderen Brüdern.

Verteile, was du nicht besitzt

Wohin wir auch blicken, der Kapitalismus dient dem Sozialismus, der Sozialismus dem Kapitalismus. Um eine Orientierungshilfe in diesem Ringelspiel der Macht zu geben, wollen wir dabei bleiben, daß der Sozialismus dem Menschen zugeordnet sei, der Kapitalismus dem Geld. Das bedeutet: Wo es dem Menschen gutgeht, dient der Kapitalismus dem Sozialismus, umgekehrt dient dort, wo «übergeordnete Interessen» (wie Geld, Macht, Staat) den Vorrang vor dem Menschen haben, der Sozialismus dem Kapitalismus. Wo es dem Menschen bessergeht, hat also der Sozialismus den Vorrang (der Kapitalismus dient ihm).

In den USA, in der Hauptstadt Washington, steht ein Arbeiter 43 Minuten an der Maschine, um ein Kilo Rindfleisch kaufen zu können. Sein Kollege in Moskau muß dafür 128 Minuten arbeiten. Für einen halben Liter Wodka muß ein Werktätiger in Washington 52 Minuten, in Moskau 380 Minuten «malochen». Ein Warenkorb mit der genau gleichen Wochenration an Lebensmitteln für vier Personen kostet im Westen 12,5 Stunden Arbeitszeit, im Osten 42,3 Stunden; beim Arbeitsanzug steht es 20 gegen 68 Stunden, beim Kühlschrank 43 gegen 208 Stunden, beim Auto 4 gegen 35 Monate.

Diese Liste ist beliebig fortzusetzen und ändert sich auch kaum, wenn man München gegen Leipzig oder Paris gegen Warschau stellt. Die Konsequenz: Im Westen hat der Sozialismus den Vorrang, im Osten der Kapitalismus. Das stellen sich viele zwar genau umgekehrt vor, aber nicht umsonst haben sich die demokratischen Politiker des Westens seit Jahren bemüht, ihre Länder zu sozialisieren. Bewährt hat sich dabei vor allem das beliebte Umverteilungsprinzip, bei dem die Minderheit (Politiker) eine andere Minderheit (Wohlfahrtsempfänger) mit den Geldmitteln ausstattet, die eine Mehrheit erarbeitet.

Zweifellos wäre es im christlichen Sinne verdienstvoller, wenn jeder Bürger von sich aus, ohne staatlichen Zwang, andere in Not geratene Mitbürger nach seinen Möglichkeiten unterstützen würde. Was er auch sehr viel besser könnte, weil er einen Einzelfall, um den er sich kümmert, anders zu überblicken vermag, als dies eine Behörde je kann. Aber auch, weil allem, was von Herzen und von Mensch zu Mensch gegeben wird, ein anderes Gewicht innewohnt als dem, was ein anonymer staatlicher Verteilmechanismus nach dem Gießkannenprinzip ausgibt.

Da indessen der Mensch sich bisher weniger altruistisch als egoistisch zeigte, blieb eine Sozialpolitik auf der Basis des Samariter-Ethos in der Vergangenheit stets in den Ansätzen stecken. Insofern ist es durchaus begrüßenswert, daß Politiker nun «von Staats wegen» erkennbare Not in angemessenen Grenzen lindern und zeitweilig Benachteiligte so weit unterstützen, daß sie in Kürze wieder auf eigenen Beinen stehen können. Um jedoch noch von verantwortungsbewußter Realpolitik sprechen zu können, müßten zwei Bedingungen erfüllt sein:

Erstens dürften Geldbeträge nicht höher sein und nicht länger an Notleidende ausgeschüttet werden als erforderlich ist, um die Not zu beseitigen.

Zweitens sollte ein deutlicher Unterschied zum geringsten Nettoeinkommen des arbeitenden Bürgers gewahrt bleiben, damit nicht Abertausende zu Narren gestempelt werden, weil sie arbeiten, statt sich als Wohlfahrtsempfänger vom Staat versorgen zu lassen.

Wir wissen alle, daß diese Bedingungen heute nicht mehr eingehalten werden. Im Schatten des Sozialismus zogen sich nach dem Zweiten Weltkrieg die meisten Politiker des Westens vor der harten Realität, Grenzen ziehen und haushalten zu sollen, in das Wolkenkuckucksheim einer staatlichen Wohlfahrt zurück, die schon vom Begriff her nichts weiter als schiere Anmaßung ist. Der Staat als eine erdachte und daher im Grunde besitzlose Institution hat gar nicht die Möglichkeit, von sich aus Gutes zu tun (zu geben), ohne zuvor Schlechtes getan (genommen) zu haben. Seine anonymen Sozialleistungen sind in Wahrheit die erzwungenen Guttaten seiner Arbeiter.

Diese fragten in den Jahren, in denen ihre Lohntüte ständig voller wurde, nicht viel nach den überhöhten staatlichen Forderungen. Sobald allerdings die Kassen knapper wurden, minderte sich das Verständnis für eine staatliche Ausgabenpolitik, die mit ungebührlichen Steuern – und dazu noch den indirekten Steuern der sogenannten Sozialabgaben – finanziert werden soll. Jetzt erst merkten es auch die Arbeiter und Angestellten: «Wer hier echt arbeitet, wird doch mit Steuern dafür geprügelt!»

All die guten Absichten, die Parlamentarier mit dem Geld der Arbeitnehmer haben, interessieren jetzt plötzlich die Massen nicht mehr. Ein Staat, der vor lauter behördlich verordneter Wohlfahrt die Hand nicht mehr aus den Taschen seiner Bürger bekommt, ist diesen ein Alptraum.

Die Ausgaben und Schulden eines sogenannten Sozialstaats tragen nämlich – entgegen allen sozialistischen Behauptungen – nicht etwa nur die Reichen, sondern die Gesamtheit des Volkes, also auch die Ärmsten der Armen. Es ist eine sehr unfromme Unwahrheit (die jeder Sozialpolitiker kennt und verschweigt), daß die von Jahr zu Jahr wachsenden Milliarden-Ausgaben etwa mit dem finanziert werden könnten, was man einigen Millionären oder Zahnärzten (die so gern als Beispiel der «Großverdiener» angeführt werden) abnehmen könnte. Das würde nie reichen.

Es ist und bleibt das Millionenheer der kleinen und mittleren Arbeitnehmer, die mit ihrem Geld für die wie auch immer gearteten Ambitionen einer Handvoll Parlamentarier bluten: Von 1950 bis 1983 wurden in der Bundesrepublik die Sozialabgaben der Werktätigen fast um das Doppelte erhöht (von 19,8 auf 35,1 Prozent vom Bruttoverdienst). Die Hälfte dieser Beiträge zum Sozialstaat zahlt zwar der Arbeitgeber, die Lohnsteuer (1967: 19,6 und 1982 123,4 Milliarden Mark) aber müssen die Arbeitnehmer allein aufbringen.

Ihre Abgabenlast hat sich damit seit 1950 insgesamt fast verdreifacht; damals gingen von Lohn und Gehalt 12,5 Prozent, 1982 aber 31,2 Prozent ab. 1983 wurde den Arbeitnehmern von den Mehreinnahmen in Höhe von 11,7 Milliarden Mark der schier unglaubliche Betrag von 10,1 Milliarden Mark abgeknöpft!

Unbestreitbar kann ein Staat, können Länder und Gemeinden mit dem so geschöpften Geld einige hübsche Effekte erzielen: In Hamburg etwa hatte schon Mitte der siebziger Jahre eine alleinstehende Frau mit drei Kindern Anspruch auf 15 180 Mark Sozialhilfe im Jahr. Zusätzlich wurden ihr die volle Miete einschließlich der Heizkosten sowie Kosten für Kleidung und Hausrat mittlerer Qualität als Hilfe zugebilligt. Das ergibt im Jahr einen Nettobetrag von durchschnittlich 22 770 Mark!

Wohlgemerkt mußten von diesem Betrag keine weiteren Abgaben wie Steuern, Sozialversicherungen oder ähnliches geleistet werden. Es ist kein Geheimnis, daß ein Großteil der Arbeitnehmer und sehr viele Selbständige nach Abzug aller Steuern und der arbeitsbedingten Aufwendungen keine 20 000 Mark netto im Jahr zur Verfügung hatten und haben, um ihre Familien nähren, kleiden und mit allem Notwendigen versorgen zu können.

1981 wurden nicht weniger als 31 Prozent des gesamten bundesdeutschen Wirtschaftsaufkommens für Sozialleistungen aufgewendet: 484 Milliarden Mark (1961 beschränkte es sich noch auf 70 Milliarden Mark). 1970 zahlte die Bundesrepublik 3,3 Milliarden Mark an 1,5 Millionen Sozialhilfe-Empfänger aus, 1981 an 2,2 Millionen das Viereinhalbfache: 14,8 Milliarden Mark.

Gleichzeitig wurde jeder Bundesbürger stillschweigend um 1000 Mark «enteignet», indem die «öffentlichen Hände», Bund, Länder und Gemeinden einen Schuldenberg von insgesamt 615 Milliarden Mark auftürmten (zwölf Jahre zuvor, 1970, waren es nur bescheidene 126 Milliarden Mark).

Man kann jedoch die bedenkenlose Ausgabenwut der Sozialpolitiker nicht beklagen, ohne auf der anderen Seite die Tausende von ebenso bedenkenlos aufgehaltenen Händen all derjenigen zu sehen, die sich für berechtigt oder es einfach für opportun halten, vom Staat zu holen, was immer sie bekommen können. Sie werden es nie begreifen (oder begreifen wollen), daß der Staat in Wahrheit kein Geld hat, daß also jeder Pfennig, den sie als Sozialhilfe – oder unter ähnlichen Titeln – bekommen, zuvor anderen, die ihn erarbeitet haben, abgenommen werden mußte.

Vielleicht würde den betreffenden Wohlfahrtsempfängern dieser Umstand etwas deutlicher ins Bewußtsein gerückt, wenn sie gezwungen würden, jeden Tag bei ihren Bäckern und Metzgern und mindestens drei anderen Geschäftsleuten oder Handwerkern, Verkäuferinnen, Angestellten und Arbeitern in ihrer Nachbarschaft ein lautes und vernehmliches Dankeschön dafür zu sagen, daß diese für sie mitarbeiten und das Geld für sie mitverdienen.

Deren Steuern und Sozialabgaben sind es nämlich, die im Zuge der «Umverteilung» den anderen ein finanziell sorgenfreies Leben sichern. Die oft erzählte und gern geglaubte Geschichte vom freundlichen Vater Staat, der ebenso anonym wie großzügig an alle Leute, die uns bedürftig erscheinen, seine Geschenke verteilt, ist nichts anderes als ein Märchen für Erwachsene. Das Lieblingsmärchen aller Sozialromantiker, die ihr goldenes Herz beweisen, indem sie das Geld anderer Leute verteilen.

Es bleibt dabei – und das sollte man genausooft wiederholen, wie Menschen von den Wundern des Sozialismus reden – die Spenden des Staates sind die Opfer des kleinen Mannes. Das ganze sozialistische Wunder besteht darin, ihm etwas wegzunehmen, um es anderen zu geben.

Die freie Welt des Neandertalers

Gelegentlich gelingt es auch in zivilisierten Ländern einigen auf eine Ideologie eingeschworenen Politikern, einen Staat nach ihren Vorstellungen zu gestalten. Für den Bürger eines solchen Landes genügt dann oft keine Flucht in die Irrealität mehr, er muß mitunter – manchmal möchte er auch nur und kann nicht – tatsächlich davonlaufen. Diese Art Flucht ist nicht leicht zu bewerkstelligen. Wer sein Land verlassen und sich in einem anderen ansiedeln will, der braucht Lichtbildausweis, Zuzugs- und Aufenthaltsgenehmigungen, Arbeitsbescheinigung, Bürgen, den Nachweis ausreichenden eigenen Kapitals oder ähnliches.

Das konnte dem Neandertaler nicht passieren. Er konnte wandern, wohin er wollte und bleiben, wo er wollte. Wenn er nicht gerade gewaltsam in ein fremdes Revier eindrang, gehörte ihm die Erde, so weit die eurasisch-afrikanischen Kontinente reichten. Steinzeit war Wanderzeit, und wenn man den neuesten Forschungsergebnissen vertrauen darf, wurden damals bereits von einzelnen, Familien oder ganzen Sippen gewaltige Entfernungen zurückgelegt. Die Menschen wanderten, und nahezu nichts – bis zu den Ozeanen – hielt sie auf.

Etwas später, in der Bronzezeit, wurden bereits Meere überquert. Diese inzwischen wissenschaftlich gesicherten vorgeschichtlichen Wanderungen und Seefahrten belegen, daß Seßhaftigkeit und damit die heute für selbstverständlich gehaltene Eingebundenheit des Menschen in Nationen und Grenzen durchaus nicht unser aller ursprünglichem und natürlichem Verhalten entspricht. Jede staatliche Maßnahme, die einen Menschen mit seinem Hab und Gut innerhalb gewisser Grenzen festhalten will, ist von daher gesehen eine Vergewaltigung.

Es wird sicher auch unter unseren Vorfahren schon einige gegeben haben, die froh waren, eine Höhle gefunden zu haben und sich ihr Leben lang nicht mehr weit von ihr entfernten. Aber es gab eben auch jene anderen, deren Blut noch immer in uns lebendig ist. Das ererbte Bedürfnis nach Weltoffenheit läßt uns Eingriffe in unsere Bewegungsfreiheit mit gutem Grund als unerträgliche Knebelung und die Reglementierungsversuche der Staaten als geradezu grotesk empfinden.

Vor 100 Jahren konnte jeder Handwerksbursche ungehindert von Stockholm nach Neapel, von Moskau nach Lissabon wandern. Seine Zeit war praktisch unbegrenzt. Er konnte schauen, lernen, arbeiten und verweilen, wo es ihm gefiel und solange ihm das Schicksal mit einem gelegentlichen Verdienst gnädig war. Genau an diesem Punkt scheiden sich allerdings die Geister: Der Handwerksgeselle von damals lernte nämlich nicht nur fremde Arbeitsmethoden und Lebensweisen kennen, sondern vor allem auch das Risiko. Er lernte das Auf und Ab des Lebens ertragen und gelassen überstehen. Seine Urenkel aber fürchten dieses Risiko wie den Tod und begegnen einem Schicksalsschlag mit der Hilflosigkeit unmündiger Kinder (oder mit der Flucht in psychische Ausnahmezustände bis hin zur selbstmörderischen Depression).

Kaum noch jemand leistet sich heute die Freiheit des Wanderns über alle Grenzen hinweg, die Freiheit des echten Abenteuers; kaum noch jemand kann sie sich leisten. Ob Ost oder West, unser Leben ist eingeengt in tausend Zwänge, seien sie staatlicher oder gesellschaftlicher Natur, denen wir uns tatsächlich nur durch Flucht entziehen könnten. Meistens riskieren wir diese Flucht nur zeitweilig, für ein paar Ferientage, in denen wir ausbrechen aus dem Alltagstrott und so tun, als gehöre uns die Welt: eine halbherzige Flucht in die Illusion.

Konsequenter sind da schon jene, die wir meist mit leichtem Stirnrunzeln ansehen, weil sie ganzjährig den bürgerlichen Tugenden und Freuden von Ordnung und Sparsamkeit bis zum trauten Heim den Rücken kehren, weil sie es vorziehen, als Stadtstreicher von den Brosamen ihrer Umwelt zu existieren (Landstreicher gibt es kaum mehr, weil die Wüsteneien der Städte die Fluchtregion des weiten Landes ablösten). Wir nennen sie Asoziale, weil sie nichts für die Gesellschaft tun, von der sie leben, aber – sie haben immerhin die Gefahren einer Freiheit auf sich genommen, die den meisten von uns bereits unerträglich wären.

In gewisser Weise haben die Stadt- oder Landstreicher inzwischen Nachahmer gefunden, Menschen, die zwar noch auf eine gesicherte Existenz und ihren bürgerlichen Status Wert legen, die aber zumindest dem Gerangel auf der Karriereleiter und dem bereits erwähnten Reigentanz der Eitelkeiten – wie ihn berufliche und gesellschaftliche Repräsentation erheischt – den Rücken kehrten. Gemeint ist jene neue Gilde der «Aussteiger»: Männer und Frauen, die ihre oft gehobenen Positionen verlassen und sich in das «einfache ländliche Leben» flüchten: Irgendwohin, möglichst weit weg (aber natürlich mit allem Komfort), um nicht mehr in der bisherigen Weise im Geschäftsleben aktiv sein, entscheiden, gestalten zu müssen.

Genau dies – in ihrem gewohnten Beruf aktiv sein und frei entscheiden und gestalten können, ohne durch übermächtige Bürokratie und frustrierende Steuergesetzgebung eingeengt zu werden – wollen im Gegensatz zu den Aussteigern die Auswanderer. Sie verzichten für diese Freiheit sogar auf das von vielen Politikern hochgelobte dicht gestrickte «soziale Netz», das in Wahrheit für die meisten Menschen eher hinderlich als förderlich ist.

Diese Auswanderer und die zur Auswanderung Entschlossenen sind keineswegs nur ein paar hundert Querköpfe, auf die jedes Land leicht verzichten könnte. In der Bundesrepublik sind es gegenwärtig Hunderttausende, darunter Ärzte, Ingenieure, Handwerker, Arbeiter, Beamte, kaufmännische Angestellte, Lehrer, Wissenschaftler und Freiberufler. Sie alle wollen, so berichtete der *Spiegel* (39/82), nur eines: «Weg von hier – um jeden Preis!»

Seit Mitte der siebziger Jahre kauften sich Zehntausende Deutsche Land in Südamerika (allein in Paraguay 1500 bis 2000 Bundesbürger pro Jahr!). Die Auswanderungsbehörde der australischen Botschaft registrierte in den drei Jahren von 1979 bis 1981 eine Zunahme der Anfragen von 36061 auf 126226! Ähnlich überlaufen waren und sind auch die Konsulate von Südafrika, Kanada und den USA.

Was treibt diese Menschen, denen es doch in der Bundesrepublik so gutgeht wie noch keiner Generation in Deutschland zuvor? Warum verbringen sie nicht den Rest ihrer Tage in ihren kleinen Häuschen mit Garten und warten, was ihnen noch weiter – durch Fortschritt und Wohlfahrt – Gutes geschieht?

Nun, auch dieses Häuschen mit Garten hat inzwischen einige Schattenseiten. Die zunehmende Motorisierung gab in den westlichen Industrieländern Millionen Menschen die Möglichkeit, aus den Steinwüsten der Städte zu entfliehen. Aber wo Millionen im Grünen wohnen, wohnt man eben auch schon wieder in Wüsten: in Siedlungswüsten. Um das nicht so deutlich sagen zu müssen, benutzt man für die landschaftszerstörenden Vorstadtsiedlungen den angelsächsischen Ausdruck «Suburb», was soviel wie Unter- oder Nebenstadt bedeuten soll.

Dazu kam noch, daß in den frühen zwanziger Jahren die sozialistische Vorstellung populär wurde, man müsse die familiäre und private Welt des Menschen von seiner Arbeitswelt trennen. So entstanden überall in Ost und West die gehäuften Industrieansiedlungen, davon getrennt die Büro- und Verwaltungszentren, wieder woanders die endlos-häßlichen Wohnblocks für die Arbeitnehmer und schließlich nach dem Zweiten Weltkrieg die riesigen Teppiche reiner Schlafsiedlungen. Aus der erdachten Trennung des guten Lebens von der bösen Arbeit wurde in der Realität die erzwungene Mobilität, die jeden Morgen und jeden Abend Millionenheere in Bewegung setzt.

So hat man nun die Menschen in Gang gebracht, «mobil gemacht» und darf sich nicht wundern, wenn viele von ihnen laufen und laufen und laufen – als ob sie sich selbst entfliehen müßten. Sehen wir uns doch einmal um: Unter denen, die nicht auswandern wollen, die weder ausgestiegen sind noch in Aggressionen oder Depressionen flüchten und kein Rauschgift nehmen – selbst bei jenen sind unübersehbare Fluchttendenzen zu beobachten. Manche Karriere ist nichts anderes als eine gelungene Flucht vor Frau und Kindern; mit der Ausrede «Keine Zeit» entzieht man sich oft einer wie auch immer gearteten Zweisamkeit; Lieblosigkeit wird benutzt, um sich nicht zu seinem Nächsten und Unzufriedenheit, um sich nicht zu sich selbst bekennen zu müssen. Nur laufen, laufen, laufen . . .

Und nicht darüber nachdenken, wie es diese Zivilisation schaffen soll, mit all ihren gegenwärtigen Erscheinungsformen das Jahr 2000 zu erreichen. Zu diesen Erscheinungsformen gehören amerikanische Farmer und europäische Bauern, die ihr Land zerstören; die Anbaumethoden praktizieren, mit denen sie nicht einmal mehr ihre eigenen Familien ernähren könnten. Gott verhüte, daß ein Wirtschaftszusammenbruch kommt, die Energieversorgung ausfällt und die Industrie einmal keine Düngemittel und Pestizide mehr liefern kann.

Zu diesen Erscheinungsformen gehören auch Wissenschaftler, die Kuhmägen durch die Außenhaut mit dicken Röhren anzapfen, um den Kühen während und nach dem Fressen Magensäfte absaugen zu können. Auf diese Weise will man neue Wege zur Steigerung der Milchproduktion erforschen. Andere Wissenschaftler nehmen sich den Menschen selbst vor: zum Beispiel die «Verrückten», die Regimegegner, die in einem kommunistischen Land in Nervenheilanstalten eingeliefert und dort psychiatrisch «behandelt» werden.

Es waren weitaus geringere Anlässe, die vor zweitausend Jahren die Propheten des Alten Testaments ausrufen ließen: «Gott wird sie strafen!» Und Gott strafte. Und nicht nur den einen oder den anderen – es waren ganze Völker, die er untergehen ließ. «Gottes Mühlen», sagten die Alten, «mahlen langsam, mahlen aber trefflich klein.»

Haben wir also guten Grund, den letzten Fluchtweg anzutreten, der uns in dieser Welt ohne Notausgang noch möglich erscheint: den Kopf in den Sand zu stecken? Auch wenn es schon wieder verbreiteten Vorstellungen zuwiderläuft: Es sind nicht die Optimisten, es sind die Pessimisten, die heutzutage Vogel-Strauß-Politik betreiben und die Augen vor dem verschließen, was rings um uns herum vorgeht.

Zumindest ist das *eine* Form des Pessimismus. Die andere setzt den Menschen in Vergleich zum Saurier und behauptet, wir würden demnächst genauso von der Erde getilgt wie jene vor 60 Millionen Jahren. Einige Paläontologen meinen, die Saurier seien umgekommen, weil sie zu viele (so weit stimmt der Vergleich mit dem Menschen) und zu groß geworden seien. Neuere Untersuchungen haben jedoch ergeben, daß eine kosmische Katastrophe von nahezu unvorstellbarem Ausmaß vorausgegangen sein muß.

Aber selbst wenn eine derartige Katastrophe für unsere Zeit zu erwarten wäre, dürfte der Mensch wohl kaum als «Saurier des 20. Jahrhunderts» dessen Schicksal teilen. Immerhin besitzen wir zwei Eigenschaften, die keine der Saurierarten in gleicher Weise besaß. Die eine, allerdings nicht immer genutzte Eigenschaft: unsere Fähigkeit zum selbständigen Denken; die andere und wohl wichtigste, weil allgemein verbreitete: unsere Anpassungsfähigkeit.

Genau diese Fähigkeit aber ignoriert, wer sich heute am vermeintlichen Gipfel abendländischer Zivilisation festkrallen möchte, wem ein Leben ohne Auto, Tiefkühltruhe und Geschirrspülmaschine nicht lebenswert erscheint. Über das, was lebenswert ist, urteilt man hinterher anders als vorher, das weiß jeder, der im vergangenen Krieg einen Bombenteppich überlebt hat oder heil aus einer Kesselschlacht herausgekommen ist. Wer da meint, der Wille zu überleben sei an gutes Essen, ein frisch bezogenes Bett und fließend

Warm- und Kaltwasser gebunden, der weiß nicht, wovon er spricht.

Wenn Experten der Friedensbewegungen versichern, es sei zu empfehlen, keine Bunker zu bauen, weil man bei einem bevorstehenden Atomkrieg besser gleich umkomme, als irgendwann wieder aus dem Bunker heraus auf die zerstörte Erde zurückkehren zu müssen, so vergessen sie, daß weder in Hiroshima noch in Nagasaki alle Menschen gleich umkamen, daß es Tausende von Leidenden gab, die jahrelanges Siechtum erdulden mußten. Angenommen, bei einem nächsten Krieg der Großmächte werden tatsächlich Atombomben eingesetzt – was durchaus nicht feststeht –, wer will dann die aufgrund solcher unüberlegter Empfehlungen verursachten Leiden von Millionen Menschen verantworten, die in Bunkern oder Schutzräumen möglicherweise unversehrt geblieben wären?

Und es lohnt sich mit Sicherheit, danach weiterzuleben. Allein schon weil eine große Zahl jener Experten, die uns mit ihrem Sachverstand alle unlösbaren Probleme dieser Zeit – einschließlich des möglichen Atomkriegs – beschert haben, danach genauso verschwunden sein werden wie ihre Probleme.

Mag der Anfang nach dem Chaos auch fürchterlich und die folgende Zeit schwer werden – aber dann: Es kann eine Lust sein, zu leben!

Vielleicht kommt die Menschheit – wie der Bärenhäuter im Märchen – ja doch einmal dahin, das durchlöcherte Fell ihrer tierischen Vergangenheit abzustreifen und sich ganz zum zwar instinktarmen, aber geistig-moralischen Menschsein zu bekennen. Die freie Welt des Neandertalers haben wir ohnehin verloren, und wenn wir schon gebunden sein müssen, warum binden wir uns dann nicht selbst: an die Ethik der Menschenliebe. Damit der Vers aus Schillers *Lied von der Glocke* endlich Lügen gestraft werde: «. . . jedoch der schrecklichste der Schrecken, das ist der Mensch in seinem Wahn.»

PAROLEN

Ein neues Menschenbild

Schiller konnte wahrhaftig nie verdächtigt werden, je mit willkürlicher Fürstenmacht oder einer Unterdrückung des Volkes durch andere Institutionen sympathisiert zu haben. Sein 1781 erschienenes Drama *Die Räuber* war für seine Zeitgenossen durchaus «revolutionär», aber er selbst stellte sich unmißverständlich gegen Revolutionen als «Eigenhülfe», mit der – von Schlagworten berauscht – «sich die Völker selbst befrein». Die Parole der Französischen Revolution «Freiheit, Gleichheit, Brüderlichkeit» nannte Schiller eine «Losung zur Gewalt».

Dagegen beten seit zwei Jahrhunderten alle, die liberal, das heißt: dem jeweiligen Zeitgeist gegenüber aufgeschlossen erscheinen wollen, die vergötzten und damit weitgehend irreal gewordenen Lehr- (oder Leer-)Formeln der geistigen Väter der Französischen Revolution nach. Ohne sie zu durchdenken – und das macht heute wie damals den (Un-)Wert solcher Slogans aus –, werden Begriffe verwendet, in denen sich immer wieder genau das, was Schiller als des Menschen «Wahn» bezeichnete, manifestiert.

Die Menschheit schlittert nicht nur deshalb in das Desaster der kommenden Jahre, weil Industrialisierung, Sozialisierung, das Wettrüsten und vor allem die Bevölkerungsexplosion jetzt Probleme heraufbeschworen haben, die «evolutionär» nicht mehr zu bewältigen sind, sondern weil sie sich in ihrer ganzen Geschichte stets, wenn bei ruhiger Überlegung auch andere, bessere Lösungen zu finden gewesen wären, die Hirne von Parolen vernebeln ließ und ihnen teilweise noch heute absolut unkritisch begegnet. Gerade die Begriffe «Freiheit», «Gleichheit», «Brüderlichkeit» sind das beste Beispiel, und es lohnt sich, jeden dieser drei Begriffe einmal unter die Lupe zu nehmen.

Tatsache ist: Unter diesen Parolen brandete eine Welle der Gewalt über die Völker, die noch nicht verebbt ist. Der Erfolg der Französischen Revolution machte jene ideologisch begründete Menschenverachtung salonfähig, mit der seither Massenmorde weltanschaulich entschuldigt werden. Die menschliche Unreife der Revolutionspolitiker beim Umgang mit der Macht war eklatant und wurde nur übertroffen durch ihre Unfähigkeit, die von ihnen geweckten brutalen Instinkte des Mobs im Zaum zu halten.

Genaugenommen war diese Revolution absolut überflüssig und nur ein trauriges Resultat von Ungeduld und Übereilung. Wie sich später in anderen Ländern Europas zeigte, bedurften weder Aristokratie noch Kirche eines derartigen Gewaltakts, um ihre morsch gewordene Herrschaft vollends zu verlieren. Sie hatten mit Kastendenken und Formalismus konsequent ihren langsamen Selbstmord vorbereitet.

Parallel dazu entwickelten sich unter den Völkern Europas einige idealistische philosophische Ideen, denen ein wirklichkeitsfremdes Menschenbild zugrunde lag: Der Mensch sei von Natur aus gut und werde nur durch die korrupten Einrichtungen des Staates und durch ungerechte Gesetze verdorben. Außerdem sei er frei geboren, und nur Adel und Kirche machten ihn zum Sklaven. Also müßten Adel und Kirche beseitigt werden, dann würden alle Menschen frei. Und gerechte Gesetze sowie tugendhafte Einrichtungen des Staates («Tugend» war ein Lieblingswort der damaligen Revolutionäre) brächten alle Menschen dahin, von nun an nur noch ihre besten Eigenschaften zu zeigen!

Im August 1789 verabschiedete die von Frankreichs König Ludwig XVI. einberufene Nationalversammlung die «Deklaration» der Menschen- und Bürgerrechte. Deren Artikel 1 lautete: «Die Menschen sind und bleiben von Geburt frei und gleich an Rechten.» Offensichtlich stellte niemand die Frage, ob und inwieweit Menschen wirklich von Geburt an frei sind. Sie mit ja zu beantworten, hieße nämlich, den Begriff «Freiheit» für etwas zu verwenden, was ausschließlich im Bereich geistig-religiöser Vorstellungen liegt. Der Mensch als ein beseeltes Wesen besitzt ohne Zweifel jene transzendentale Freiheit bewußten und unbewußten Seins, die ihm über das animalische Fühlen hinaus in seinen Träumen und Gedanken die Weite des Universums öffnet.

Das aber ist eine Freiheit, die nie und durch nichts einzuschränken ist, weil sie auf der Unsterblichkeit der Seele gründet. Sie ist Angelegenheit des Glaubens, nicht der Politik. Soweit sich Politik als ein Mittel zur Durchsetzung christlicher Glaubensvorstellungen versteht, kann man natürlich auch diese unantastbare Freiheit in einem Programm erwähnen, gerade ihre Unantastbarkeit macht es jedoch unsinnig, sie als Forderung, sie als eine Art einklagbares Recht zu deklarieren.

Jene andere Freiheit aber, mit der die mehr oder weniger eingeschränkte Durchsetzbarkeit menschlichen Willens angesprochen ist, unterliegt anderen Gesetzen. Ihren Gegebenheiten und Möglichkeiten kommt man näher, wenn man erst einmal ihr Gegenteil, die naturgemäßen Abhängigkeiten und Unfreiheiten des Menschen definiert.

Da ist nicht zu übersehen, daß jegliches Leben in eine Kette von Abhängigkeiten eingeflochten ist: Schon wer sich Durst, Hunger und den Gefahren extremer Witterung entziehen will, muß erhebliche körperliche oder geistige Anstrengungen auf sich nehmen. Es gibt im realen Bereich des Lebens keine Freiheit, die nicht ihren Preis hätte. Das Wechselspiel gegenseitiger Abhängigkeiten erlaubt es dem Menschen lediglich, zwischen verschiedenen Formen der Unfreiheit zu wählen. Wobei es selbstverständlich graduelle Unterschiede gibt.

Der Zwang eines leibeigenen Bauern, für seinen Herrn zu arbeiten, ist sicher anders zu bewerten als dessen ursprünglich einmal freigewählte Aufgabe, seine Bauern unter Einsatz seines Lebens vor feindlichen Angriffen zu schützen. Die Wurzeln dieser gegenseitigen Abhängigkeiten reichen bis in die Völkerwanderungszeit zurück, gegen deren Ende Bauern in allen Teilen Europas ihren Schutz den kampfgewohnten Führern von Kriegergefolgschaften (den nachmaligen Burgherren) anvertraut hatten.

Als Jahrhunderte danach durch den stärker gewordenen Schutz der Staatsmacht die Aufgabenstellung der Grundherren sich nur mehr darauf beschränkte, auf die Jagd zu gehen und ihr Leben in mutwillig gesuchten Ehrenhändeln zu riskieren, während die Fron der Bauern immer drückender wurde, war die möglicherweise einmal sinnvolle Aufgabenteilung sinnlos geworden, und die gegenseitigen Leistungen waren in ein krasses Mißverhältnis zueinander geraten.

Solcherart «gewachsene» Mißverhältnisse beruhen jedoch entgegen einer weitverbreiteten Annahme keineswegs auf einem Fehler des jeweiligen Systems, sondern einfach auf dem Alterungsprozeß, dem menschliche Einrichtungen nicht weniger unterworfen sind als der Mensch selbst. Darum müssen – soll das Zusammenleben zufriedenstellend funktionieren – von Zeit zu Zeit Korrekturen vorgenommen werden. Diese Aufgabe war auch den Abgeordneten der ersten französischen Nationalversammlung gestellt. Daß sie bei dieser Gelegenheit in völliger Fehleinschätzung ihrer Aufgabe weit über das Ziel hinausschießende Wünsche und Hoffnungen in den Rang politischer Forderungen erhoben (die weder sie selbst erfüllen konnten, noch je eine Macht der Welt zu erfüllen vermag), wirkt als ungeheure Belastung im Sozialgefüge der Völker bis heute nach.

1791 waren in Frankreich nach zwei Jahren Nationalversammlung erbliche Privilegien abgeschafft und der reaktionäre Adel war – soweit er örtliche Aufstände und Massaker überlebt hatte – gefangengesetzt oder aus dem Land getrieben worden. Die Kirche hatte ihre Unabhängigkeit und ihre Besitztümer verloren. Aber – und das ist das Bezeichnende an dieser von Schlagworten aufgeheizten Situation – niemand war zufrieden. Alle waren angeblich frei, doch keiner fühlte sich frei. Es war, als müßte es zu einem Exzeß kommen, in dem man sich die Freiheit selber beweisen könnte.

Die Gelegenheit bot sich in Paris im September 1792, als ein Flugblatt die Volksseele zum Kochen brachte. Niemand weiß, woher das Flugblatt kam, wer seine Urheber waren; es warnte vor einem angeblichen Komplott der Royalisten und Priester: Alle Gefangenen würden von ihnen befreit und alle Revolutionäre getötet werden.

Daraufhin stürmte die Menge die Gefängnisse. Adlige und bürgerliche Anhänger der Monarchie, Priester, Dienstleute des Königs und der Königin, Schweizer Gardisten, Männer und Frauen, alt und jung, mehr als 1300 Menschen wurden innerhalb von fünf Tagen mit Säbeln, Messern, Piken und Knüppeln niedergemacht.

Natürlich hatte die Gesetzgebende Versammlung schon am ersten Abend von den Vorfällen Kenntnis, aber weil die Abgeordneten zu dem Schluß kamen, es sei ihnen wohl kaum möglich, die Metzelei aufzuhalten, stimmten sie ihr zu. Ein von der Versammlung bevollmächtigter Anwalt begab sich zu den Mordbanden und beglückwünschte sie: «Mitbürger, ihr schlachtet eure Feinde; ihr tut nur eure Pflicht.»

Am 10. März 1793 ernannte der Nationalkonvent ein «Komitee für allgemeine Sicherheit», das praktisch unbeschränkte Befugnisse hatte, Hausdurchsuchungen ohne

Warnung durchzuführen und jedermann zu jeder Zeit bei Verdacht auf Verrat oder aufgrund der Beschuldigung eines anderen Verbrechens zu verhaften. Zur Aburteilung der Verdächtigen richtete man gleichzeitig ein Revolutionstribunal ein.

Die Verdächtigen zu benennen, die dann – und zwar bald schon – ohne weitere Nachprüfung zum Tode verurteilt wurden, übernahm 1793 der Wohlfahrtsausschuß (Comité du salut public). Eine Bezeichnung, in der man einen weiteren Ansatz zu Orwells Antisprache sehen kann. Der Wohlfahrtsausschuß kontrollierte außerdem den Geheimdienst und die Armee, die er durch Masseneinberufungen auffüllte, wie es sie in der Geschichte bis dahin nicht gegeben hatte.

Seine Sonderbeauftragten unterdrückten erbarmungslos jede Gegnerschaft in allen Teilen Frankreichs. Einer von ihnen, Jean Baptiste Carrier, verbot in Nantes Gerichtsverhandlungen als Zeitverschwendung. Da die Gefängnisse überfüllt waren und Lebensmittelknappheit – hier wie in ganz Frankreich – herrschte, ließ er 1500 Männer, Frauen und Kinder auf Schuten und anderen Wasserfahrzeugen zusammenpferchen und diese in der Loire versenken. Auf solche und ähnliche Weise «reinigte» er Nantes innerhalb von vier Monaten von 4000 «unerwünschten Personen».

Joseph Fouché, später Napoleons Polizeiminister, «befreite» mit entsprechenden Methoden die Stadt Lyon von allen wirklichen und vermeintlichen Rebellen. Innerhalb eines knappen Jahres (1793/1794) fielen den innerpolitischen Befriedungsaktionen des Wohlfahrtsausschusses nach vorsichtigen Schätzungen mehr als 30000 Menschen zum Opfer (allein im Juni/Juli 1794 wurden in Paris 1376 Männer und Frauen guillotiniert).

Nicht gezählt wurden die Toten der Masse des Volkes, die zu Hunderttausenden während der Revolution und in den durch sie ausgelösten Kriegen den seltsamen Vorstellungen von Freiheit, Gleichheit und Brüderlichkeit zum Opfer fielen. Und schon damals fraß die Revolution ihre Kinder: Mit den gleichen Anklagen und Verleumdungen, mit denen die Feinde der Revolution ausgeschaltet worden waren, gingen die Abgeordneten bald auch gegen politische Gegner in den eigenen Reihen vor.

Von ursprünglich 750 Abgeordneten erschienen im Sommer 1794 nur noch 117 zu den Sitzungen; die anderen waren umgebracht worden, geflohen oder hielten sich versteckt. Und schließlich, am 28. Juli, rollte unter der Guillotine auch der Kopf von Maximilien Robespierre, der zum mächtigsten und gefürchtetsten Politiker der Revolution avanciert war. Sein einstiger Mitstreiter Danton, den er noch kurz zuvor, am 5. April, hatte köpfen lassen, sagte, als man ihn verhaftete: «An einem Tag wie heute organisierte ich das Revolutionstribunal. Dafür bitte ich Gott und die Menschen um Verzeihung. Bei Revolutionen sind immer die größten Schurken an der Macht.»

Das tatsächliche Geschehen der Französischen Revolution widerspricht in jeder Phase der Annahme, daß durch sie mehr Freiheit in die Welt gekommen sei. Einige Freiheiten sind wohl umverteilt worden, aber die Unfreiheit hatte erstmals ihre moderne, eine ganze Nation erfassende Organisation erfahren. Effektiv frei war nur wieder einmal der Weg zu einem schrecklichen Abschnitt der Geschichte, der Weg für Volkstribunen und Gewaltherrscher wie Napoleon, Stalin, Hitler und ihre Epigonen. Spätestens die durch die Technologien des 20. Jahrhunderts möglich gewordenen Massenvernichtungen machen deutlich, daß nicht die Ansprüche, sondern allein die Folgen der Revolutionen zählen dürften. Und die waren und sind verheerend, weil sie fast ausnahmslos zu erheblichen Rückschritten in der sittlichen und geistigen Haltung der Völker führen.

Und noch eines zeigte die Französische Revolution: Es ist nie allein die Handvoll fanatisierter Revolutionäre, die Völker ins Unglück stürzt. Sie kommen nicht zum Zuge, wenn ihnen nicht die Unterstützung – durch heimliche Mitarbeit, durch Duldung oder zumindest Schweigen – von den Massen biederer Bürger zufließt, die aus Dummheit, moralischer Labilität und um der vermeintlich «guten Sache» willen helfen, die Mordmaschinen in Gang zu setzen.

Diese unscheinbaren Helfer sind die eigentlichen Stückwerk-Ingenieure des Bösen. Den Ausdruck «Stückwerk-Ingenieure» prägte einer der bedeutendsten unter den deutschsprachigen Philosophen, der am 28. Juli 1982 achtzig Jahre alt gewordene Sir Karl Raimund Popper. Von ihm stammt auch die neue Formulierung einer alten Erkenntnis: daß der Versuch, den Himmel auf Erden einzurichten, stets nur die Hölle schafft.

Eine Zeit wie unsere Zeit

Die Wurzeln aller Revolutionen der jüngeren Geschichte reichen ein halbes Jahrtausend zurück. Vieles von dem, was uns noch heute bewegt, finden wir in Ansätzen dort: Die Umsetzung von geistigen Impulsen zu zündenden Parolen; die Fragen nach dem Sinn des Lebens; das Aufbegehren der Jugend; das Gefühl, in einer Zeit zu leben, in der sich alles verändert; die Hilflosigkeit auf der einen und die zynische Menschenverachtung auf der anderen Seite. Und das Bedürfnis, alles in Frage zu stellen.

Es war eine Zeit wie unsere Zeit. Man nennt sie Renaissance oder Beginn der Neuzeit, und man bewundert an ihr die Eroberungen neuer Reiche des Geistes und der Erde. Die Aufbruchstimmung des 15. und 16. Jahrhunderts, die gewaltigen Veränderungen im Denken und Handeln, die mitunter verblüffenden Parallelen zur Aufbruchstimmung des 19. und der Beklemmung angesichts der dramatischen Veränderungen im 20. Jahrhundert lassen erkennen, daß fast nichts von dem, was wir gegenwärtig erleben, ganz neu ist. Sogar die Angst, daß dem Ringen um immer mehr persönliche und geistige Freiheiten ein böses Erwachen folgen könnte, war damals so verbreitet wie heute.

Wir wissen, daß diese Angst für den geistigen Herd der damaligen Unruhe, für Mitteleuropa, leider nur zu berechtigt war. Aber auch vor 500 Jahren konnten und wollten die meisten Menschen nicht wahrhaben, daß Gefühle oft bessere Wegweiser zur Wahrheit sind als unser Verstand (weil oft das hinter den Dingen Verborgene wesentlicher ist als das Sicht- und Deutbare).

Sichtbar und als offenkundig befriedigender Fortschritt zu deuten war im 15. und 16. Jahrhundert das Wachsen der Städte, der materielle Wohlstand, den viele Bürger erwerben konnten und ein nahezu unaufhörlicher Fluß neuer, erregender Informationen: von der Entdeckung neuer Kontinente, vom Durchbruch zu neuen Erkenntnissen. Um 1400 kannten die Europäer kaum mehr als 11 Prozent der Erdoberfläche, Ende des 16. Jahrhunderts aber fast schon die Hälfte. Die Welt wurde täglich größer, der Lebensrhythmus schneller und intensiver.

Und wie die Konquista neue Erdteile, so eroberte sich auch der Geist neue Räume. Johannes Gutenberg erfand um 1450 den Buchdruck, und um 1500 gab es bereits mehr als 1000 Druckereien, waren mehr als 35 000 Druckerzeugnisse mit etwa 10 Millionen Gesamtauflage produziert worden, und eine päpstliche Bulle verhängte 1501 schon die erste Bücherverbrennung als Strafe über unerwünschte Schriften. Von Glasgow im Norden bis Valencia im Süden, von Warschau bis Poitiers wurden zwischen 1361 (Pavia) und 1607 (Gießen) über 30 neue Universitäten gegründet.

Johann von Neumarkt (1310–1380) war der erste große Humanist nördlich der Alpen; er war Kanzler Kaiser Karls IV. und hatte wesentlichen Anteil an der Ausbildung der hochdeutschen Schriftsprache. Andere wie Erasmus von Rotterdam und Ulrich von Hutten verhalfen dem Humanismus zum Durchbruch und bereiteten die Reformation vor. Der fast orientalische Prunk der Kirchenfürsten und ihre Geldgier lösten vor allem im nördlichen Europa immer lauter werdenden Protest aus. Gegen entsprechende Barzahlung, so erklärten die Priester, würde Gott die Strafe für alle Sünden erlassen (gegen sechs Dukaten bei Ehebruch, acht Dukaten bei Mord und neun Dukaten bei Meineid). Aber es gab Menschen, die das nicht glauben wollten. Einer der ersten war der böhmische Reformator Johann Hus. Er wurde 1415 als Ketzer verbrannt.

Dank Humanismus und Aufklärung war das 100 Jahre später nicht mehr überall möglich. Da gab es Städte und Fürsten, die sich um keinen päpstlichen Bann mehr kümmerten und einem Reformator – einem Ketzer – sicheren Aufenthalt gewährten. So dem Augustinermönch und Professor für Bibelerklärung, Dr. Martin Luther, der am 31. Oktober 1517 seine Thesen über den Ablaß an der Tür der Schloßkirche zu Wittenberg anschlug, um sie öffentlich zu diskutieren.

«O Jahrhundert, o Wissenschaft!» jubelte 1518 Hutten und starb fünf Jahre später an der Syphilis, die von spanischen Söldnern aus der Neuen Welt eingeschleppt und nach der Belagerung von Neapel – wo um 1495 Söldner vieler Länder zusammentrafen – schnell über ganz Europa verbreitet worden war. Und wie die Spirochäten im Blut der Völker, so verbreiteten sich die neuen Ideen in den Köpfen.

Aber es waren nicht die Militärs oder die Revolutionäre, nicht die Humanisten und die Reformatoren, denen die damalige Welt die entscheidende Umsetzung der Freiheitsvorstellungen in die Praxis verdankte, es waren die Kaufleute. Sie wagten und sie gewannen: Sie begannen ihr Geld gegen Zinsen zu verleihen wie vordem nur die Juden, verstießen damit zwar gegen ein Gebot der christlichen Kirche, aber die nahm das mit einem verständnisvollen Augenzwinkern hin. Bei derartigen Sündern, die zahlungskräftig waren und für ihr Seelenheil auch noch einiges springen ließen, wollte kaum ein Priester weniger päpstlich sein als die geldgierigen Stellvertreter Christi auf Erden.

So machten alle Teile gute Geschäfte und veränderten ganz nebenbei die Welt: Wo bisher nur Gaugrafen, Herzöge und Könige große Fluchtburgen zum Schutz des Landes und seiner Bewohner gegründet hatten, da mauserten sich jetzt Marktflecken zu mauerumwehrten Städten und Städte zu bürgerlichen Bollwerken. Und Mauern und wehrhafte Bürger waren nicht nur gut, die Freiheit gegen äußere Feinde zu behaupten, sie hielten notfalls auch gegen die eigenen Landesherren stand.

«Stadtluft macht frei», wurde darum zur Parole jener Zeit. Es galt die Regel: Wer ein Jahr innerhalb der Mauern lebte und arbeitete, sollte er zuvor Leibeigener, Höriger oder Lehnsmann gewesen sein – er war es nicht mehr länger. Mochte darob auch so mancher Grundherr der umliegenden Ländereien «in Harnisch» geraten, der Reichtum der Städte machte sie den Landesherren wie dem Kaiser am Ende doch so wertvoll, daß sie die Stadtrechte respektierten. Das entsprechende Schlagwort war schnell gefunden: «Geld regiert die Welt!» Die großen Herren – die weltlichen wie die geistlichen – hielten sich dabei auf die bequemste Weise mit Steuern und Abgaben schadlos. Wenn die Ritter und Grundherren da mithalten wollten, blieb ihnen nur eines: Sie mußten ihre Bauern auspressen wie nie zuvor.

So betrugen dann Mitte des 16. Jahrhunderts die Naturalabgaben der Bauern an ihre Grundherren etwa 66 Prozent dessen, was von den Äckern zu erwirtschaften war. Und die Fürsten bedienten sich zusätzlich – wie gesagt – noch eine Etage höher: 1435 wurde in England die *progressive Einkommensteuer* erfunden, in Sachsen dachte man sich 1454 die *Vermögensteuer* aus, und in Bayern wurde 100 Jahre später – wie könnte es anders sein – die erste *Getränkesteuer* erhoben.

Mit der Einführung derartiger Steuern wurde einerseits zwar der Freiheitsspielraum der Bürger beschnitten, anderseits aber mußten die an den Steuereinnahmen interessierten Herrscher manche Freiheiten und Rechte – man nannte es Privilegien – gewähren, damit die Geschäfte florieren konnten. Und die zu Handelsherren avancierten Krämer waren klug genug, die Macht, die ihnen das Geld verlieh, zu potenzieren: Die Handelsstädte schlossen sich zu landesunabhängigen Bünden zusammen.

Am bekanntesten, erfolgreichsten und mächtigsten wurde der 1294 von Lübeck initiierte Bund der Deutschen Hanse. Ihm gehörten bald alle wichtigen freien Reichsstädte von Amsterdam bis Krakau an. Und was noch ein Jahrhundert zuvor unvorstellbar gewesen wäre: Die Kaufleute machten selbständig Politik. Sie schlossen Staatsverträge und führten – wie gegen Dänemark – ihre eigenen Kriege.

Diese Macht der bürgerlichen Händler machte die neuen Freiheiten und Möglichkeiten auch dem einfachen Volk bewußt. Und bald brandete es wie eine Flut des Aufbegehrens durch alle Länder Europas. Im Jahr 1357 erhoben sich die Bauern in Nordfrankreich, in Paris gab es Unruhen, und ein knappes Vierteljahrhundert später löste die Erhöhung der Salzsteuer überall in Frankreich Revolten aus.

Der schwäbische Kleinadel schloß sich zum Schlegelerbund zusammen und kämpfte (1366 bis 1395) gegen Großadel und Städte. In Florenz und Siena kam es zu Streiks der Wollwebergesellen und Textilhandwerker. Und in England begann im Jahr 1381 der große Bauernaufstand. Aber die englischen Bauern wurden wie 1476 die fränkischen, 1502 die rheinischen, 1513 die alemannischen und 1514 die schwäbischen zu Tausenden erschlagen oder hingerichtet.

Nur den Schweizer Eidgenossen gelang es um 1386 mit der Schlacht bei Sempach ihre Unabhängigkeit durchzusetzen. Mit Entschlossenheit und Zähigkeit, die Gunst der Stunde und ihrer Landschaft nutzend, beseitigten sie später noch die Fürstenherrschaft im Aargau und Burgau. Auch die Appenzeller erkämpften sich damals ihre Freiheit. Die Sankt Gallener erkauften sie sich von ihren Klosterherren.

Teilweise war die geistig-religiöse Unruhe jener Zeit also eine Folge der wirtschaftlich-politischen Bewegungen, zum Teil aber war es auch genau umgekehrt.

Wie herum auch immer, es war ein Anfang: Alte Herrschaftsstrukturen wurden zerbrochen, neue Mächte etablierten sich, und neue – äußerliche – Lebensformen machten Schule (indem man in Deutschland damit anfing, Schnupftücher zu gebrauchen und zum Gruß den Hut zu ziehen). Aber schon damals wechselten die Herren nur ihre Namen, wurden nur gewohnte Abhängigkeiten gegen ungewohnte eingetauscht – und alles endete in einem Blutbad ohnegleichen: dem Dreißigjährigen Krieg.

Rom – Zutritt verboten

Am Ursprung des Dreißigjährigen Krieges wie der Napoleonischen Kriege stand unübersehbar immer der Wille – religiös, geistig, wirtschaftlich oder politisch –, freier zu werden. Fast zwangsläufig stellt sich damit die Frage, wann die Menschen derartig unfrei wurden, daß ihr Wunsch nach mehr Freiheit sich auf so blutige Weise artikulieren mußte.

Immerhin hatte es ja in der Vorgeschichte eine Zeit gegeben, in der Europa von freien Jägern durchstreift wurde und von freien Bauern besiedelt war. Und selbst wenn man davon ausgeht, daß es schon in den Jahrtausenden der Jungstein- und Bronzezeit Beutezüge mit Plünderungen und Gefangennahmen gab, die Versklavung von Menschenmassen, wie sie in den Kulturen in Mesopotamien, Ägypten und Anatolien etwa vom 3. Jahrtausend vor der Zeitenwende an praktiziert wurde, lernte Europa erst nach

400 v. Chr. in den griechischen Stadtstaaten und später im römischen Imperium kennen.

Im Norden Europas entwickelten sich die Verhältnisse gänzlich anders, weil man dort in den germanischen Siedlungsgebieten keine Städte, also keine großen Menschenansammlungen auf engem Raum kannte. Die von manchen Historikern beklagte Uneinigkeit der germanischen Stämme zur Römerzeit war in Wahrheit die zwangsläufige Folge jener individuellen Freiheit, die solchen in kleinsten Verbänden über das Land verteilten bäuerlichen Sippen eigen ist.

Da war jeder Bauer sein eigener König, gewohnt, nach eigenem Willen zu handeln und eigenes Tun für sich und seine Sippe zu verantworten. Nur in akuten Notlagen oder unter Zwang war er bereit, seine Selbständigkeit der Führung eines anderen unterzuordnen. Auch die nicht erbberechtigten Söhne, die sich der Gefolgschaft eines Edlen oder eines erfolgreichen Beutegängers anschlossen, gingen das oft erwähnte germanische Treueverhältnis nur auf Zeit ein.

Das änderte sich erst im Verlauf der germanischen Völkerwanderung durch die Landnahme von Kriegergefolgschaften. Was damals geschah, finden wir am Beispiel der Eroberung Thüringens im *Sachsenspiegel* aus dem 13. Jahrhundert aufgezeichnet. Da heißt es von den sächsischen Eroberern: «Da ihr so viel nicht waren, daß sie den Acker möchten bauen, und da sie auch die thüringischen Herren schlugen und vertrieben, ließen sie den Bauern sitzen ungeschlagen und bestätigen ihnen den Acker zu solchem Rechte, als noch die Lassen haben.»

Das bedeutet also, daß die freien Bauern im thüringischen Land nach dem Sieg der sächsischen Krieger nur noch Halbfreie (Lassen entspricht etwa den Hintersassen oder Hörigen) waren. Bauer, Jäger und Krieger sein, war zu dieser Zeit schon nicht mehr eins. Nachdem die Bauern im Verlauf der Jahrhunderte ihre Wehraufgaben immer mehr den Kriegergefolgschaften übertragen hatten, entwickelte sich aus diesen der Stand des unabhängigen Berufskriegers und späteren Ritters. Diesen neuen Stand zu ernähren, reichten jedoch die freiwilligen Abgaben freier Bauern nicht mehr aus. So erlegte man ihnen Abgabepflichten auf und verteilte alles noch verfügbare Siedlungsland als «Herrenland» unter Fürsten, Edlen und verdienten Kriegern.

Auf diesem Land durften sich dann nachgeborene Bauernsöhne ansiedeln und ebenso siedlungswillige Zuwanderer und Kriegsgefangene. Aber natürlich waren alle, die solches Land bekamen, nicht mehr ganz frei. Der Stand der Halbfreien, jahrhundertelang nur eine Minderheit, wurde auf diese Weise zur Mehrheit. Die Halbfreien durften ihr Land selbständig bewirtschaften und auch ihren Kindern vererben. Sie durften es jedoch nicht ohne Genehmigung des Grundherrn verkaufen. Sie waren zins- und abgabenpflichtig und mußten ihrem Herrn Arbeits- und andere Dienste leisten. Ihre freie Verfügung über Land und Zeit war erheblich beschnitten.

Was jedem blieb, der frei sein wollte, war seine Bewegungsfreiheit. Ein Nachtmarsch genügte, um aus dem Bereich eines Grundherrn, drei Nachtmärsche, um sogar aus dem eines Landesherrn herauszukommen. Und niemand fragte den Bauernburschen, der sich irgendwo als Söldner verdingte, ob er der Sohn eines Freien oder eines Hörigen war. Die noch nicht mit Schlagbäumen und Wachtürmen bewehrten Grenzen hielten keinen auf, der von Tirol nach Bayern oder von Lauenburg nach Holstein wollte.

Die ersten, die vergeblich versucht hatten, die Bewegungsfreiheit der Mitteleuropäer mit Hilfe eines Grenzwalls zu beschränken, waren die Römer. Im Schweiße des Angesichts ihrer Legionäre hatten sie nach der Zeitenwende an Rhein und Donau den viele Kilometer langen Limes errichtet. Die germanischen Stämme hatten sich stets damit begnügt, zwischen ihren Siedlungsräumen riesige Waldstücke und Ödland zu lassen, und je größer und mächtiger ein

Stamm war – so berichtet Cäsar –, desto größer war das «Niemandsland», das seine Siedlungen umgab. So kam man sich ohne böse Absicht nicht ins Gehege.

Die Römer aber setzten Grenzpfähle am Rand eroberter Gebiete und achteten streng darauf, daß niemand ohne ihre Erlaubnis eine solche Grenze überschritt. Im anderen Fall marschierten ihre Truppen, um den Eindringling zu züchtigen. Nur in Mitteleuropa klappte das nicht. Die Germanen behaupteten unerschütterlich, das Schild «Rom – Zutritt verboten!» nicht lesen zu können und gingen weiterhin, wann und wohin sie wollten.

An dieser Grundeinstellung hat sich über die Jahrhunderte hinweg bei den Nachfahren der alten Kelten und Germanen – die sich in Westdeutschland bis in das heutige Hessen und in Mitteldeutschland bis Thüringen hinein durchmischt hatten – nicht viel geändert. Die vielgeschmähte deutsche Kleinstaaterei war ein Hort jahrhundertealten Freiheitswillens. Jede noch so kleine Reichsstadt behauptete ihre Unabhängigkeit, jedes Lippe-Detmold war stolz auf seinen Soldaten, und kaum einer der Ländchenväter hätte je versucht, mit so vielen Verordnungen, Verfügungen und Gesetzen gleichzeitig in das Leben aller seiner Untertanen einzugreifen, wie dies gegenwärtig sogar in den freiheitlichen Demokratien – von den Diktaturen gar nicht zu reden – geschieht.

Noch zu Beginn des 19. Jahrhunderts konnte sich der Herr von Goethe darüber erregen, daß es inzwischen überhaupt so etwas wie einige Polizisten gab: «Es darf kein Bube mit der Peitsche knallen oder singen oder rufen, sogleich ist die Polizei da, es ihm zu verbieten. Es geht bei uns alles dahin, die liebe Jugend frühzeitig zahm zu machen und alle Natur, alle Originalität und alle Wildheit auszutreiben, so daß am Ende nichts übrigbleibt als der Philister.»

In das Lob der Kleinstaaterei müssen sich gewiß auch kritische Töne mischen. Mit diesem Begriff sind zu Recht Spießertum, Kleinbürgerlichkeit und Untertanengeist verbunden, allerdings sind diese Eigenschaften auch in großen Staaten nicht unbekannt. Figuren, wie sie Schiller in der Gestalt des Wurm in *Kabale und Liebe* zeichnete, gab es und gibt es überall, sie sind keine speziell mitteleuropäische Erscheinung.

Zweifellos gab es auch preußischen Kadavergehorsam; nur sollte, wer von diesem spricht, auch erwähnen, daß keine Armee der Welt mehr auf die Unabhängigkeit und Selbständigkeit ihrer Krieger stolz war und sein konnte als eben diese preußische. Der zeitweilig lebenserhaltende notwendige Drill hat keinen Seydlitz, Blücher, Yorck, Scharnhorst oder Moltke verhindert. Und jeder dieser Namen steht für geistige Unabhängigkeit, ja sogar teilweise offenkundigen Ungehorsam.

Der Europäer – und insbesondere der Mitteleuropäer – hatte nun mal zu seiner körperlichen und geistigen Bewegungsfreiheit ein besonders inniges Verhältnis entwickelt. Parallel dazu ergab sich aus dem Jahrtausend der Wanderungen dorischer, keltischer, germanischer und slawischer Völker eine «Hochkultur» der Toleranz. Die zuvor in den «eroberten» oder einfach neu besiedelten Landstrichen lebende Bevölkerung wurde nämlich entgegen der Annahme von Historikern des vorigen Jahrhunderts in den meisten Fällen weder vertrieben noch ausgerottet.

Bis weit in das 18. und 19. Jahrhundert hinein lebten in Europa die Menschen verschiedener Stämme und Herkunft friedlich neben- und miteinander. Nachfahren der aus dem Ostseeraum stammenden Goten existierten noch nach fast zwei Jahrtausenden unter dem Namen Inguschen im Kaukasus. So frei und unbehelligt konnten sie sich in diesem Siedlungsraum erhalten, daß sogar ihre Sprache und andere völkische Eigenarten unverändert blieben. Bis zum Ersten Weltkrieg ist ihre Existenz belegt, danach gab es das Volk der Inguschen (sie wurden von den Russen für Deutsche gehalten) nicht mehr.

Zweierlei sollten wir an dieser Stelle festhalten.

Erstens entsprechen offenkundig Bewegungsfreiheit und Toleranz den Urinstinkten des Menschen. Beide Begriffe ließen sich nie als Parolen zur Unterdrückung, Vertreibung oder Vernichtung anderer Menschen und andersartigen Lebens mißbrauchen.

Zweitens wußten ebenso offenkundig die Menschen, die auszogen, zu siedeln und Land urbar zu machen, in der Vergangenheit mit den Begriffen «Grenze» und «Fremde» kaum etwas anzufangen: Wo ihr Korn wuchs, war ihre Heimat. Brachliegendes Land ist – ohne alle Schlagworte – eine der stärksten Lockungen, die es für den Menschen gibt, seit er Ackerbauer wurde.

Siedler waren und sind vielen Staaten willkommen. Die deutschen Siedlungen im Baltikum, an der Wolga, in Siebenbürgen und im Banat sind auf ausdrücklichen Wunsch Rußlands, Ungarns und Rumäniens entstanden. Und loyal dienten die deutschstämmigen Balten, die Wolgadeutschen, die Banater Schwaben und die Siebenbürger Sachsen jahrhundertelang aus freiem Willen ihrer jeweiligen neuen Heimat. Das gegenwärtige Verhalten der kommunistischen Staaten diesen Volksgruppen gegenüber zeigt daher außer der Schizophrenie sozialistischer Vorstellungen von Freiheit vor allem auch, wie leicht dieser Begriff als Schlagwort zu mißbrauchen ist:

Da plädiert die Sowjetunion vor der UN-Vollversammlung für das Heimat- und Selbstbestimmungsrecht von etwa drei Millionen Palästinensern, denkt aber gar nicht daran, den noch etwa zwei Millionen ehemaligen Wolgadeutschen die gleichen Rechte einzuräumen. Für Terrorakte der vertriebenen Palästinenser zeigen auch Polen und die Tschechoslowakei viel Verständnis, während ihnen jedoch friedliche landsmannschaftliche Treffen der vertriebenen Ostpreußen, der Schlesier und der Sudetendeutschen höchst verdächtig erscheinen.

Wir sollten uns beim Thema Vertreibung auch daran erinnern, daß Menschenraub und Versklavung vor fast eineinhalb Jahrtausenden «unmodern» wurden. Die darauf folgende Phase der zwangsweisen Umsiedlung und Vertreibung von Haus und Hof wurde schon bald durch den einfachen Landraub abgelöst, der die Menschen in ihrem Lebensraum, in ihrer Arbeit und Existenz unangetastet ließ. Die Welt wurde humaner, Eroberungen und Kriege bedeuteten immer seltener, daß Zivilbevölkerungen ihren Besitz, ihre Heimat und womöglich ihre Angehörigen verloren. Es mußte erst die Zeit der Parolen von Menschenrechten, Freiheit und Gleichheit kommen, damit der kulturelle Rückschritt in das Zeitalter der Massendeportationen, der Entwurzelungen und des Heimatraubs wieder zur geschichtlichen Realität wurde.

Noch ist Polen nicht verloren

Die Betonung der Individualität, eine spezielle Form der persönlichen geistigen Freiheit, hat den Mitteleuropäer auch veranlaßt, eine andere französische Idee für nicht so bedeutungsvoll zu halten: Die von der Jungfrau von Orleans kreierte Parole «Nationalbewußtsein». Nach einer im Sommer 1983 in Brüssel veröffentlichten Umfrage zeigen von allen Bürgern der Europäischen Gemeinschaft die Deutschen den geringsten Nationalstolz.

Das entspricht der geschichtlichen Tatsache und einem ausgeprägten Stammesbewußtsein. Der Deutsche ist in erster Linie Bayer (oder Sachse oder Schwabe usw.), auch wenn er nichts dagegen einzuwenden hat, sich zumindest in der Nationalhymne «von der Maas bis an die Memel, von der Etsch bis an den Belt» in einem großen Haus unter Brüdern zu wissen. Und er war auch im Kaiserreich erst mal

Hamburger (oder Berliner oder Kölner usw.), freute sich aber natürlich, soweit die deutsche Zunge klingt, in Bern wie in Prag, in Lemberg wie in Luxemburg verstanden zu werden (und gute Geschäfte machen zu können).

Solange sich ein Ostpreuße und ein Schlesier im Rahmen dieses «indirekten Nationalismus» als Deutsche fühlen, sind und bleiben – trotz des Rückschritts zu Massendeportationen – Breslau und Königsberg deutsche Städte. Und wenn bundesdeutsche Politiker darauf hinweisen, daß die Ostverträge keine endgültige Regelung darstellen, so bekennen sie lediglich vor dem Hintergrund der Geschichte Mitteleuropas eine zweifache Wahrheit: *Die eine* erinnert daran, daß nach dem Zweiten Weltkrieg alle diesbezüglichen Vereinbarungen unter dem Vorbehalt eines Friedensvertrags getroffen wurden, der allen Deutschen die freie Selbstbestimmung und insgesamt dem deutschen Volk Einheit und Freiheit gewährleisten soll. Die deutschen Ostgebiete sind bis dahin lediglich unter polnische – Nordostpreußen unter russische – Verwaltung gestellt, was aber ausdrücklich der Erklärung der Siegermächte vom 5. Juni 1945 (Potsdamer Abkommen vom 2. 8. 45) zufolge «nicht die Annektierung . . . bewirkt».

Die andere ist, daß alle Versuche, die Bewegungsfreiheit des Mitteleuropäers einzuschränken, seit den Tagen des römischen Imperiums, also in zweitausendjähriger Geschichte, immer wieder scheiterten. Die Freiheit, Grenzen zu überschreiten (geistige wie räumliche), wird daher auch durch sozialistische Diktaturen nicht auf die Dauer zu unterbinden scin. Daß Völker viel mehr ihrer Geschichte als der Gegenwart verhaftet sind, zeigt gerade das Beispiel Polen mit tragischer Deutlichkeit:

«Treu und Glauben sind für alle Zeiten verloren», seufzte Kaiserin Maria Theresia, als sie sich 1772 gegen ihren Willen für Österreich an der ersten Teilung polnischer Gebiete beteiligen mußte. Rußland kassierte damals einen breiten Streifen Landes bis Witebsk. Vom Nordwesten Polens holte sich Preußen den westpreußischen Korridor zu seinen östlichen Besitzungen, und Galizien fiel an Österreich.

Im Wiener Frieden 1815 wurde dann das sogenannte Kongreßpolen ausgehandelt, das zwar autonom sein, aber vom russischen Zaren mitregiert werden sollte. Nach dem vergeblichen Aufstand von 1830/31 wurde Polen endgültig russische Provinz. Posen kam wieder zu Preußen und der Freistaat Krakau zu Österreich.

Damals wie heute gehörten die Sympathien des westlichen Europa den Polen, aber Hilfe brachte ihnen niemand. Polen wurde russifiziert, die polnische Sprache verboten. Nur das österreichische Galizien unter den toleranten Habsburgern blieb mit seinen Universitäten Krakau und Lemberg den Polen als rettende Insel ihrer Sprache und Kultur.

Daran änderte sich bis zum Ende des Ersten Weltkrieges nichts. Dann aber sahen polnische Politiker – Parole: «Nationalismus!» – ihre große Chance: Das Deutsche Reich konnte sich keinen Forderungen der Siegermächte widersetzen, der habsburgische Vielvölkerstaat war aufgelöst und Rußland durch die bolschewistische Revolution handlungsunfähig. Durch Schaden kein bißchen weise geworden, forderte und erhielt Polen eine Ostgrenze, die etwa 250 Kilometer tief in russischem Gebiet lag, also weit über die polnische Volkstumsgrenze hinausreichte. Und es forderte und bekam oberschlesisches Industriegebiet, obwohl die Bevölkerung bei der Abstimmung zu 60 Prozent für Deutschland votiert hatte.

Danach bestand Polens Bevölkerung von 21,2 Millionen fast zu einem Drittel aus Minderheiten: 100000 Litauer, 1,5 Millionen Weißruthenen, 3 Millionen Juden, 4 Millionen Ukrainer und eine Million Deutsche. Nach dem Zweiten Weltkrieg blieb Polen ein von der Roten Armee besetztes Land, dem Grenzen zudiktiert wurden, die wieder nicht den Volkstumsgrenzen entsprachen. Und genau jene Selbständigkeit, die England und Frankreich garantiert hatten, und um derentwillen der Krieg begann, hat das polnische Volk bis heute nicht bekommen. Es ist offensichtlich ebenso unfähig, seinen ihm zukommenden Platz zu finden, wie die anderen Nationen, ihm diesen Platz einzuräumen.

Dazu muß allerdings gesagt werden, daß schon seit den Zügen der Goten, Vandalen und Burgunder zu viele verschiedene Stämme im Raum zwischen Ostsee und Karpaten und zu beiden Seiten der Weichsel siedelten, um hier unter dem Schlagwort «Nationalismus» je eine für alle Seiten gerechte Lösung zu finden.

Es war sicher gut gemeint, daß die USA mit der Parole «Völkerrecht» in diesem Jahrhundert verschiedentlich in das Schicksal Polens eingreifen wollten, aber Amerika ist viel zu weit weg, als daß es europäische Probleme verstehen und dem jahrhundertealten Freiheitskampf eines europäischen Volkes mehr als ein freundliches Grußwort widmen könnte. Außerdem haben die Vereinigten Staaten in ihrer ganzen Geschichte nie begriffen (die Ära Lincoln, 1861 bis 1865, vielleicht ausgenommen), daß Politik kein Geschäft und das Schicksal eines Volkes nicht mit Phrasen von Freiheit und Menschenrechten zu bewältigen ist.

Es gibt seit der englischen Magna Charta (1215), dem Amerikanischen Unabhängigkeitskrieg und der Französischen Revolution einen ganzen Haufen Rechte, von denen Politiker behaupten, daß sie dem Menschen «von Natur aus» zustünden: Das Recht auf Freiheit, das Recht auf Eigentum, das Recht auf Arbeit, das Recht auf Leben, das Recht auf körperliche Unversehrtheit, das Recht auf freie Meinungsäußerung, das Recht auf Glück.

So viele schöne Rechte – und die «Kranken» in psychiatrischen Kliniken der Sowjetunion lachen schrill, dazu die Gefolterten in den Gefängnissen Süd- und Mittelamerikas, die Hungernden in Afrika und Indien, die von Terroristen und von Gangstern Ermordeten und Millionen andere Vergewaltigte und Entrechtete. Welche Irreführung der Massen, ihnen Rechte einzureden, die niemand – kein Politiker und kein Staat – allen garantieren kann. Welche Anmaßung, das unwägbare Schicksal von Menschen und Völkern politischen Illusionen unterwerfen zu wollen!

Die Wahrheit ist: Es gibt keine naturgegebenen Rechte, für nichts und niemand. Weil jedes Recht immer nur so weit reicht wie die Schwertspitze dessen, der es zu verteidigen vermag!

In der klaren Erkenntnis dieses unumstößlichen Tatbestandes kamen Menschen seit ältesten Zeiten überein, praktikable Rechte zu konstituieren und zu verteidigen. Rechte müssen durch Macht zu verwirklichen sein, dann können sie auch durch einen Machtspruch «gesetzt» und danach durch die vollziehende Gewalt als rechtens erkannt und «durchgesetzt» werden. Diese Grundregel wurde völlig mißachtet, als es 1945 zu der aufwendigsten Farce kam, die je in der Geschichte des Rechts zu verzeichnen war: Die Siegermächte veranstalteten ein Hollywood-Spektakulum, genannt: Die Nürnberger Prozesse.

Hatten die Amerikaner vergessen, wie viele indianische Völker sie ausgerottet, wie viele Männer, Frauen und Kinder sie erbarmungslos in sogenannte Reservate getrieben und dort Elend und Tod preisgegeben hatten?

Und haben die Engländer je die Leichen gezählt, die sie von ihren Sklavenschiffen über Bord geworfen haben? Haben sie, die Erfinder der Konzentrationslager, ihre Kolonialkriege in Indien und Afrika, haben sie den Burenkrieg vergessen?

Da «erachteten es die britischen Behörden für notwendig, ganze Distrikte von ihrer Einwohnerschaft zu säubern und die Zusammengetriebenen in großen Konzentrationslagern festzuhalten. Da die Eisenbahnlinien immer wieder unterbrochen wurden, stieß die Versorgung dieser Lager mit den nötigen Lebensbedürfnissen auf Schwierigkeiten. Seuchen brachen aus, und mehrere 1000 Frauen und Kinder kamen um.» So nachzulesen im Bericht des späteren englischen Premiers, Sir Winston S. Churchill.

Und die Franzosen liebten auch 1945 noch immer ihren Napoleon und sonnten sich in dem Ruhm seiner Feldzüge, mit denen er ganz Europa in ein Schlachtfeld verwandelt hatte. Es gibt kaum einen Anklagepunkt des Nürnberger Tribunals, der nicht auch ihm, seinen Feldherren und Ministern und den Revolutionären von 1789 vorzuhalten wäre.

Über die Sowjetunion braucht in diesem Zusammenhang wohl nicht viel gesagt zu werden: Die Greuel ihrer menschenverachtenden «Sozialisierungen» sind hinlänglich bekannt. Um noch eine Zahl hinzuzufügen: Nach jüngsten Feststellungen wurden im Zuge der «politischen Säuberungen» unter Stalin etwa 15 Millionen Menschen umgebracht.

Den Nürnberger Richtern und Anklägern fiel natürlich auch nicht auf, daß zur gleichen Zeit, zu der sie über Völkermord (begangen an den Juden) verhandelten, schon wieder ein Völkermord im Gange war: Drei Millionen Deutsche starben in Rußland, in Ostpreußen, Schlesien und im Sudetenland beim Vormarsch der Roten Armee und während der Vertreibungen durch Polen und Tschechen sowie in Ungarn und Rumänien. Das einzige Verbrechen, das diese Menschen begangen hatten: Sie sprachen deutsch.

Von diesem Gericht wurde dann vor aller Welt und für alle Welt die Vorbereitung und das Führen eines Krieges, der nicht aufgezwungen war, als ein zu ahndendes Verbrechen erklärt. Von nun an mußte jeder, der einen Krieg begann, vor einem internationalen Gericht als Verbrecher angeklagt und mit dem Tod durch Erhängen bestraft werden. Das ist – wie wir wissen – in den vergangenen drei Jahrzehnten nicht geschehen.

Jedem Einsichtigen – das heißt jedem, der nicht von Haß verblendet oder von Schlagworten berauscht war – mußte schon 1945 klar sein, daß sich das Nürnberger Gericht auf diese Weise ad absurdum führen und früher oder später als politische Farce entlarven würde. Dem Recht wurde ein Bärendienst erwiesen.

Ein miserabler Mythos

Politisch ambitionierte Philosophen und philosophisch ambitionierte Politiker haben aus Menschenwürde, Recht und Freiheit ein «Geschenkpaket» der Parolen gemacht. Diese drei Begriffe im Alltag und im privaten Bereich hochzuhalten, sollte eigentlich Aufgabe jedes einzelnen sein, aber es ist natürlich bequemer, dies anonymen Instanzen zu überlassen – oder Leuten, die dafür bezahlt werden: Politikern, Juristen, Soldaten.

Parolen zu Paketen verschnürt den Völkern angeboten zu haben, gehört zweifellos zu den gelungensten Irreführungen der Geschichte. Das persönliche Einstehen für solch eine Aufgabe wurde dadurch so unmodern wie die dazu erforderliche Zivilcourage. Je mehr «Menschenwürde, Recht und Freiheit» zu einem Slogan politischer Public Relations verkam, desto mehr verschwand die Zivilcourage aus unserem Alltag.

Niemand hat bisher die Frage untersucht, was in Völkern vorgeht, bei denen sich Parolen im Sinne von Orwells Antisprache längst ins genaue Gegenteil verkehrt haben. Wie zum Beispiel in Schweden, wo mit der Behauptung, Menschenwürde, Recht und Freiheit zu garantieren, gravierende Freiheiten mißachtet und Recht und Würde der Familien «von Staats wegen» zerstört werden, indem man jährlich mehr als 3000 Kinder ihren Eltern entreißt: Fast 22 000 Kinder, vom Neugeborenen bis zum Achtzehnjährigen, waren 1981 in Zwangsfürsorge. Wenn der zuständige Sozialhelfer meint, daß Eltern nicht «den staatlichen Normen entsprechend» erziehen, wird das Kind «abgeholt». Die Eltern sehen es vielfach nie mehr wieder.

Dieses Beispiel zeigt noch eine weitere «Errungenschaft»: Die Anmaßung von Politikern und Ideologen, Völker «erziehen» oder «umerziehen» zu wollen. Bert Brecht – der sich sein Leben lang der marxistischen Ideologie verbunden fühlte – geißelte das treffend (und wohl auch betroffen), als er nach dem Aufstand der Arbeiter am 17. Juni 1953 in Ost-Berlin schrieb:

> Nach dem Aufstand des 17. Juni
> ließ der Sekretär des Schriftstellerverbandes
> in der Stalinallee Flugblätter verteilen,
> auf denen zu lesen war, daß das Volk
> das Vertrauen der Regierung verscherzt habe
> und es nur durch verdoppelte Arbeit
> zurückerobern könne. Wäre es da
> nicht einfacher, die Regierung
> löste das Volk auf und
> wählte ein anderes?

Auch die «Diktatur des Proletariats» gehört zu jenen Parolen, für die Millionen Menschen hingeopfert wurden. Was diese Diktatur brachte, erklärte Kurt Schumacher, der Vorsitzende der SPD nach dem Zweiten Weltkrieg: «Heute ist der Kommunismus der stärkste Damm gegen Menschlichkeit, gegen Fortschritt, gegen Entwicklung, gegen den Frieden, gegen das Verstehen der Völker untereinander.» Demnach haben Reformation und Aufklärung auch in der Richtung zum Sozialismus einen Irrweg gewiesen. Aber wenigstens haben sie die Wissenschaft aus den Fesseln religiöser Bevormundung befreit. Die «Freiheit der Wissenschaft» ist wohl mehr als eine Parole – eine Realität.

Nur – finden wir diese «Freiheit der Wissenschaft» gegenwärtig noch begrüßenswert? Die selbstkritischen Alterseinsichten von Albert Einstein, Otto Hahn, Niels Bohr und Werner Heisenberg zum Thema «Kernenergie» führten

1982 den Saarbrücker Oberbürgermeister Oskar Lafontaine zu der Überlegung: «Wenn jene Genies ein Leben lang gebraucht haben, bis sie wissenschaftliche Vernunft wieder durch Moral begrenzten, wie katastrophal muß sich technisches Denken derjenigen auswirken, die nicht die geistige Größe der Entdecker haben!»

Eine Begrenzung wissenschaftlicher Freiheit durch Moral? Es war doch eine Errungenschaft der Neuzeit, daß «reine Wissenschaft» weder durch moralische Aspekte eingeengt, noch unter ethisch-moralischen Gesichtspunkten zensiert werden darf! Anderseits aber ist «moralische Zensur» nur entbehrlich, wenn es die «reine Wissenschaft» tatsächlich gibt. Und genau das wird heute von manchen Wissenschaftlern bestritten.

«Die Idee der *reinen* Forschung», sagt der österreichische Physiker und Historiker Paul Feyerabend, ist nichts weiter als «ein miserabler Mythos, der mit der wissenschaftlichen Praxis und dem, was in dieser Welt und mit diesen Menschen möglich ist, nicht das geringste zu tun hat ... Das Kind [die Wissenschaft] ist inzwischen zu einem streitbaren Riesen herangewachsen und hat nach Kuckucksart fast alle anderen Geisteskinder aus dem Nest der Gesellschaft verdrängt. Aber Macht und Reichtum sind nicht Recht, und die Wahrheit des Riesen Wissenschaft ist viel zu eng und zu sehr administrativ-dogmatisch determiniert, als daß man sie zu einem grundlegenden Maßstab menschlicher Probleme ... machen könnte.»

Gibt es aber keine reine Wissenschaft, so darf es auch keine «Freiheit der Wissenschaft» geben. Der Gedanke, daß Erfindungen und Entwicklungen vertausendfachten Mord ermöglichen und Philosophien ihn legitimieren, muß wohl, so sollte man meinen, jedem Menschen unerträglich sein. Nun, die Entwicklung ist anders gelaufen.

Und wie steht es mit der «Freiheit des Glaubens»?

Der Kampf um diese Freiheit begann bei Adam und Eva.

Es entspricht dem Realismus des Buches der Bücher, schon beim ersten Menschenpaar den Drang nach neuen Erkenntnissen höher eingeschätzt zu haben als alle Freiheiten des Paradieses und ein Leben ohne Angst und Sorgen. Die Folgen sind bekannt: «Im Schweiße deines Angesichts sollst du dein Brot essen, bis daß du wieder zu Erde werdest, davon du genommen bist» (1. Mose 3/19).

Nun, es gibt Schlimmeres, als sein Brot im Schweiße seines Angesichts zu essen und dafür die Freiheit zu haben, etwas zu schaffen, etwas zu bewirken. Dies ist nämlich auch eine, und wahrscheinlich sogar die befriedigendste Freiheit; wie schon Frau Eva erkannte, «daß es ein lustiger Baum wäre, weil er klug machte; und sie nahm von der Frucht und aß» (1. Mose 3/6). Dem guten Adam mag es freilich, als er so plötzlich vor der Tür stand, gegangen sein wie den meisten Menschen, die es erstmal – gleichgültig ob sie was Gescheites angestellt haben oder was Dummes – nicht gewesen sein wollen.

Er konnte ja nicht ahnen, daß die Freiheit, die er seinen Kindern mit auf den Weg gab, nur ein Anfang war; daß einer seiner Urenkel namens Jesus den Menschen zusätzlich noch die von unendlichem Stolz getragene Freiheit der Seele schenken würde: «So dir jemand einen Streich gibt auf deinen rechten Backen, dem biete auch den andern dar» (Matthäus 5/39). Für jene, die über Menschen herrschen wollen, ist es eine ewige Herausforderung zu erproben, ob über die Verknechtung der Körper nicht auch Geist und Seele zu unterwerfen sein könnten. Sie sind es nicht. Aber viele, die dieses Wissen in sich tragen, müssen heute noch den gleichen Weg des Leidens gehen wie vor Zeiten.

In der Türkei waren Anfang dieses Jahrhunderts christliche Bevölkerungsteile (wie die Armenier) Metzeleien, Vertreibungen und Folterungen ausgesetzt. Endlose Deportationszüge, die im Nirgendwo endeten, kosteten allein im Jahr 1915 einer Million Christen das Leben.

In Albanien «durften» nach dem Zweiten Weltkrieg die Lehrer mit ihren Schülern alle religiösen Gebäude mit Brettern vernageln oder zerstören. Priester, die es wagten, Kinder zu taufen, wurden hingerichtet. Eine Mutter, von der bekannt wurde, daß sie ihre zwei Söhne taufen ließ, kam acht Jahre ins Konzentrationslager.

In Polen wurden in diesen Tagen Gläubige von organisierten «Schlägertrupps» überfallen. In Litauen starben Priester unter Folterungen, andere wurden unter Lastkraftwagen gestoßen. Wer Jugendlichen Religionsunterricht erteilt, wird in der Sowjetunion zu schweren Haftstrafen verurteilt (Professor Skuodis vom Helsinki-Komitee bekam sieben Jahre Haft und wurde für weitere fünf Jahre in die Verbannung geschickt. Sein Verbrechen: Er hatte den Atheismus «geistigen Völkermord» genannt).

Unter dem Christus-Wort «Liebet eure Feinde» unterstützt heute ein Weltkirchenrat sozialistisch-rassistische Aggressionen. Für sein «Antirassismus-Programm» unterhält er einen Sonderfonds, aus dem jährlich hunderttausende Dollar sogenannten Befreiungsbewegungen zufließen: «Größtenteils in Moskau ausgebildete Terroristen . . ., die morden und foltern und deren Opfer zum überwiegenden Teil schwarze Stammesgenossen und unschuldige Menschen aller Hautfarben sind. Die evangelische Kirche in Deutschland trägt 38 Prozent des Finanzbedarfs des Weltkirchenrats» (Hans Graf Huyn, MdB). Die Sowjetunion vertritt im Weltkirchenrat 70 Millionen Gläubige – da kann sie gar nicht genug haben. Dem Generalsekretär des Rates, dem Methodisten Philip Potter, wies Huyn aufgrund zahlreicher entsprechender Äußerungen «einseitige Förderung des Marxismus-Leninismus» nach.

Das Christentum als Vehikel des Klassenkampfes? Der französische Kardinal und Erzbischof von Paris, Jean-Marie Lustiger, nennt das «eine säkularisierte Verkehrung der christlichen Logik», und «eine der leidenschaftlichsten und dramatischsten Versuchungen des westlichen Denkens». Das moralische Bewußtsein muß, erklärte er, genau wie der Glaube, dazu Stellung nehmen, «ganz entschieden, wenn es um Tod und Leben geht, um Freiheit und Würde von Millionen Menschen».

Es gibt Formulierungen, in denen Begriffe wie «Tod und Leben», «Freiheit und Würde» nicht wie leere Vokabeln, nicht wie gängige Parolen der politischen Alltagssprache klingen. Formulierungen, hinter denen die Wahrheit einer tragischen Entwicklung steht.

Es hat mehr als ein halbes Jahrhundert gedauert, sagte Kardinal Lustiger, bis man die Dinge beim Namen zu nennen wagte, «weil man erst bereit sein mußte, seine Illusionen zu verlieren, eine Art Niederlage der Vernunft einzugestehen und des Ehrgeizes, einen neuen Menschen zu schaffen. Dennoch glaube ich nicht, daß ein Verlust der Illusionen den Verlust der Hoffnung bedeutet, ganz im Gegenteil.»

Das hat sich Gott so gedacht

Wie alle der bisher erwähnten Parolen, von der «Freiheit» bis zu den diversen «Menschenrechten», so hat auch die «Gleichheit» schon oft in die Irre geführt. Es bleibt eine unbestrittene Tatsache, daß derartige Begriffe nicht überflüssig sind, daß sie einem Bedürfnis der Menschen entsprechen, aber ebenso unbestreitbar wurden sie in der Vergangenheit und werden sie in der Gegenwart mißbraucht. Gerade weil hier echte und tiefe Bedürfnisse angesprochen werden, haben es Scharlatane der Politik, haben es Demagogen und andere Künstler des Wortes und der Feder oft leicht, mit «dem rechten Wort zur rechten Zeit» ihre Mitbürger nicht nur zu führen, sondern auch zu verführen.

Da wir in einer begrenzten Welt – ohne Notausgang – leben, gibt es hier letztendlich keine *Aus*wege. Mit anderen

Worten: Wir müssen jeden Weg, den wir einmal beschritten haben, bis zu seinem guten oder bitteren Ende gehen. Genau das ist die Crux, der wir in vielen Situationen der Geschichte begegnen, daß ganze Völker leichten Herzens und frohen Sinnes unsichere Pfade eingeschlagen haben, in der Hoffnung, man werde da schon auf die eine oder andere Weise weiterkommen oder man könne ja notfalls umkehren. Aber in der Geschichte gibt es kein Zurück.

Die englische Sprache hat einen Ausdruck, der treffend auf diesen Punkt zielt: *point of no return*! Es ist immer nur ein einziger Schritt, nach dem keine Umkehr mehr möglich ist, und wir gehen ihn täglich neu, müssen ihn gehen, weil es in der Geschichte noch ein Zweites nicht gibt: die Stagnation. Irgendwie geht tatsächlich immer alles weiter – nur ob zum Guten oder zum Schlechten, das ist die Frage. Und das ist auch die Gefahr, die uns von jenen Begriffen droht, die uns – wie ein gewisses Maß an «Gleichheit» – fast selbstverständlich scheinen, uns aber als Parolen so leicht vom rechten Weg abbringen.

Der Ursprung der Parole «Gleichheit» reicht zumindest bis in das 13. Jahrhundert zurück. Damals waren es einige selbsternannte Prediger und ihre Mitläufer, die mit der Forderung nach religiöser, gesellschaftlicher und politischer Gleichheit aller Menschen zuerst in Deutschland und in Nordfrankreich Bewegungen auslösten, die dann im 14. Jahrhundert auf die Niederlande, Norditalien und Spanien und etwas später auch auf Böhmen und die Schweiz übergriffen. Aus den bescheidenen Ansätzen entwickelten sich in den folgenden Jahrhunderten radikale Massenbewegungen und aus der Behauptung der Gleichheit die gewaltsame Gleichmacherei, die dann bei den Bauernaufständen, der Französischen Revolution und vielen weiteren Revolutionen und Bürgerkriegen Ströme von Blut forderten.

Selbstverständlich gibt es partielle Gleichheiten bei den Menschen. Alle haben Kopf und Gliedmaßen an den gleichen Stellen, alle kennen die gleichen Gefühle wie Freude und Leid, empfinden Wärme und Kälte, Schmerz und Hunger; aber genauso unübersehbar sind die Unterschiede: Allein schon wie Menschen ihre Gefühle zum Ausdruck bringen, kann unendlich verschieden sein. In Augenblicken der Gefahr reagiert der eine kopflos, der andere beherzt, dieser möchte sich am liebsten verkriechen und jener übernimmt wie selbstverständlich die Führung.

Das interessierte die ersten Prediger der Gleichheit jedoch wenig. Sie gingen vom christlichen Glauben aus und sagten: Jeder Mensch ist ein Geschöpf Gottes. Ob als Ritter oder als Höriger geboren, vor dem Angesicht des Höchsten ist jeder Mensch gleich. Und daraus folgerten sie: Wenn jeder von Gott gleich gedacht ist, wie darf sich der einzelne dann erdreisten, Unterschiede machen zu wollen? Mit diesem eher kühnen als logischen Gedankensprung kamen sie von der *Feststellung*, daß der Mensch Gottes Geschöpf sei, zu der *Unterstellung*, Gott habe alle Menschen gleich gedacht und geschaffen.

Vollends konfus wurde diese Argumentation, wenn die religiösen Fehlinterpretationen zu politischen Forderungen umgemünzt wurden. Als ob die erfahrbaren Gleichheiten (daß zum Beispiel jeder Mensch normalerweise eine Nase im Gesicht hat) für die gesellschaftliche Rolle bedeutsamer seien als die erkennbaren Unterschiede, die sich aus dem individuellen Fühlen, Denken und Handeln des einzelnen ergeben. Immerhin gab es ja auch bei den Gleichheitsfanatikern Führende und Geführte, ja, in einigen der frühen Bruderschaften übten die Anhänger der absoluten Gleichheit sogar völlige Unterwerfung.

Gleichheit fordern und Ungleichheit zelebrieren – Inkonsequenz, dein Name ist Mensch.

Tatsächlich steckte – zu jener Zeit religiös wie später ideologisch verbrämt – hinter aller Auflehnung gegen die bestehende Ordnung außer der in vielen Fällen verständlichen

Unzufriedenheit auch das übliche Quantum Neid und Mißgunst. 1381 wiegelte der Prediger John Ball die englischen Bauern mit den Worten auf: «Gute Leute, die Dinge können in England nicht gutgehen und werden das auch nie, bis alle Dinge allen gehören!» Und in Böhmen predigten die Taboriten (so benannt nach ihrer Siedlung, einer Art ersten Kommune) den Klassenkampf: «Alle Edeln, Herren und Ritter sollen wie Geächtete in den Wäldern niedergemacht und ausgelöscht werden.»

Die Taboriten weigerten sich, privates Eigentum anzuerkennen oder gar Steuern und Pachten zu bezahlen. Schließlich lehnten sie noch jegliche Autorität und jede Arbeit ab. Da sie jedoch leben wollten, blieb ihnen nichts anderes übrig, als die benachbarten Gemeinden auszurauben. Die Folge waren Blut und Tränen. So endete eine der ersten Utopien von absoluter Gleichheit.

Nicht berücksichtigt wurde und wird von den Gleichmachern die Tatsache, daß sie eine erhebliche Beschränkung der Freiheit voraussetzt. Selbst wenn man wie die religiösen Fanatiker an die Abhängigkeit von Gottes Willen, oder wie moderne Ideologen an die totale Abhängigkeit des Menschen von seiner Umwelt glaubt, es sollte ihm doch wenigstens möglich sein, sein Leben so frei zu gestalten wie ein Musiker die Variationen zu einem Thema, das heißt also auch: anders sein zu dürfen als die anderen. Wo diese Freiheit nicht mehr gegeben ist, sagt Hans Burkhardt, bedeutet Gleichheit «den Ausverkauf der Individualität».

Feststellungen der Biologen zufolge gibt es außer dem Pferd nur ein Säugetier, dessen Individualität extrem ausgeprägt ist: den Menschen. Wenn wir diese Tatsache akzeptieren, so erscheint der Versuch, menschliche Schicksale und damit die Menschen insgesamt einander angleichen zu wollen, von Anbeginn an zum Scheitern verurteilt. Trotzdem wurde und wird es immer wieder versucht. Die «pathetisch-blutigen Quacksalbereien der Revolutionäre» (Friedrich

Nietzsche) schaffen dann tatsächlich oft für alle Mitbürger eine zeitweilige Gleichheit in Not und Schrecken. Sie ist der gesuchte Balsam für diese Form geistiger Verklemmtheit, die Dostojewski in seinem Roman *Die Dämonen* beschreibt:

«Schigaljow ist ein Genie. Er hat die Gleichheit erfunden. Es steht alles so schön in seinem Heft. Bei ihm gibt es auch die Spionage. Er will, daß die Mitglieder der Gesellschaft sich gegenseitig kontrollieren und anzeigen. Jedermann gehört allen, und alle gehören jedem einzelnen. Alle sind sie Sklaven und gleich in der Sklaverei. Im Notfall gibt es Denunziation und Mord, aber die Hauptsache bleibt doch die Gleichheit.»

Von Menschlichkeit und Freiheit ist in diesem Zusammenhang selbstverständlich nicht mehr die Rede, denn – wie Popper sagt – «erzwungene Gleichheit löst die Freiheit des einzelnen auf». Da also Freiheit die Ungleichheit, und Gleichheit die Unfreiheit bedingt, durfte schon die Parole der französischen Revolutions-Philosophen – hätten sie sich weniger an ihren Schlagworten berauscht und etwas intensiver nachgedacht – nicht lauten: Freiheit *und* Gleichheit, sondern bestenfalls, Freiheit *oder* Gleichheit!

Tatsächlich verwirklicht wurde bei der Französischen Revolution allerdings *weder – noch*. Alles Blutvergießen hatte nichts anderes zur Folge als eine durch die Unfähigkeit der Regierenden herausgeforderte Ablösung in der Ausübung der Macht. Eine Gruppe machte einer anderen das Recht auf Führung streitig und setzte den eigenen Anspruch mit einem weit überzogenen Aufwand an Gewalt durch. Mit anderen Worten: Entgegen der propagierten Gleichheit wurde die Ungleichheit der Machtzuweisung und -ausübung bestätigt und festgeschrieben. Einige gutbürgerliche, königstreue Mitläufer mögen am Anfang vielleicht noch an die Parole «Egalité» geglaubt haben, für die eigentlichen Revolutionäre war sie im Endeffekt nichts als eine Zwecklüge:

Sie hatten gewiß nie die Absicht, die Aristokraten gleichberechtigt neben sich zu dulden oder die Führung mit ihnen zu teilen.

Das Ergebnis aller bisherigen Anstrengungen, die Menschen mit Gewalt einander gleich zu machen, entspricht stets dem in jener bissigen Anekdote, in der ein Mann einen automatischen Rasierapparat erfunden hat: Da ist ein Loch, man steckt den Kopf hinein, dahinter rotieren zahlreiche Messer – ratsch und der Bart ist ab. Das kann doch nicht gehen, wendet jemand ein, die Köpfe sind doch alle verschieden. «Nur vorher», versichert der Erfinder, «nur vorher!»

Die Ukrainer wollten Anfang der dreißiger Jahre eine eigene Republik mit eigenen nationalen Lebensbedingungen, weil sie – wie sie meinten – von den Moskowitern verschieden seien. «Nur vorher», versicherte Josef Stalin und verordnete der Ukraine mit der totalen Zwangskollektivierung der Landwirtschaft eine Hungerkur, an der schätzungsweise sieben Millionen Menschen zugrunde gingen. Danach war die Kollektivierung der bis dahin selbständigen ukrainischen Bauern erfolgreich abgeschlossen. Die Ukraine war eine sozialistische Sowjetrepublik wie alle anderen auch. Unterschiede gab es, davon konnte Stalin die Welt überzeugen, «nur vorher»!

Die einzige Chance, einen ehrlichen politisch-gesellschaftlichen Ausgleich zu schaffen, bietet wohl für alle Zeiten allein die schlichte Urform demokratischer Spielregeln: Sie mildert die nie zu beseitigende Ungleichheit zwischen den Führenden und den Geführten, indem sie es diesen in die Hand gibt, jene in regelmäßigen Abständen abzuwählen.

Auf diese Weise dominiert zwar weniger die Gleichheit als die Begriffsstutzigkeit der Massen, aber den Führenden ist immerhin die Macht genommen, allzu viel Böses anzurichten. Allerdings ist ihnen auch die Macht genommen, ausreichend Gutes zu tun, weshalb demokratische Ausgewogenheit letztlich nicht viel Positives bringen und das Negative nie ganz verhindern kann.

Die Feuerzangenbowle brennt nicht mehr

In der zweiten Hälfte dieses Jahrhunderts wurde die alte Parole «Gleichheit» nun um eine interessante Variante bereichert: die «Chancengleichheit». Gemeint ist damit, daß jeder junge Mensch die gleichen Chancen für seinen beruflichen Werdegang haben soll. Und weil man überzeugt ist, daß die spätere Karriere schon in der Ausbildung des Abc-Schützen festgelegt wird, muß die Chancengleichheit selbstverständlich schon in der Schule beginnen.

Also hinein mit den Kindern möglichst früh und möglichst lang in möglichst gleiche Schulen, womit wieder einmal zugunsten der Gleichheit die Freiheit beschnitten wird: In diesem Fall jene durch nichts zu ersetzende Freiheit, die ein Mensch nur in den Jahren seiner Jugend voll ausschöpfen kann und die in ihrer Bedeutung für die entscheidende Phase der persönlichen Entwicklung gar nicht zu überschätzen ist.

Niemand weiß so recht, wie es geschah, aber mit vereinten Kräften schafften unsere west-östlichen Bildungspolitiker, Pädagogen und Elternbeiräte ein Schulsystem, das man ohne Übertreibung an die Spitze aller lebensfremden Institutionen der Welt stellen darf: Die Schule als eine öffentliche Anstalt, die Wissen vermittelt, ohne daß junge Menschen Wesentliches lernen; ein überfütterter Informationsvermittlungsapparat, der aus lauter Selbstüberschätzung inzwischen schon die simple Tatsache leugnet, daß die entscheidenden Dinge des Lebens noch nie in der Schule gebüffelt, sondern nur in der Praxis des Alltags erfahren werden konnten.

Durch Verbannung in die sterile Brutkastenatmosphäre hörsaalähnlicher Einrichtungen für Jahre von der Nabelschnur des Lebens abgetrennt, verlieren die meisten Kinder, die unser gegenwärtiges Schulsystem «durchlaufen», die Selbständigkeit des Denkens und Handelns. Ihre «schulischen Leistungen» sind eine Form der Selbstaufgabe, sind perfekte Anpassung an Lehrplan-Reglement, Lehrermeinungen und -launen.

Eltern, deren Kinder es in diesem System ständig zu guten oder gar sehr guten Zensuren bringen, müssen sich ernsthaft fragen, ob mit Erbanlagen und Erziehung alles in Ordnung ist. Besondere Lebenstüchtigkeit oder gar reelle Überlebenschancen in Extremsituationen (wie sie uns in den nächsten Jahrzehnten bevorstehen) darf man bei solchen Kindern wohl nur in Ausnahmefällen erwarten.

«Dieser Roman», schrieb Heinrich Spoerl an den Anfang seines Buches *Die Feuerzangenbowle*, «ist ein Loblied auf die Schule, aber es ist möglich, daß die Schule es nicht merkt.» Und seien wir ehrlich, wir haben es damals, in den dreißiger und vierziger Jahren, tatsächlich nicht gemerkt. Damals, als wir selbst noch Pennäler waren und mit unendlichem Vergnügen die herrlichen Streiche des falschen Abiturienten Pfeiffer nachzuahmen versuchten. Wir hielten das Buch für die treffendste Veralberung der Schule, wie wir sie kannten. Und unsere Lehrer reagierten noch entsprechend böse, wenn wir in der Chemiestunde wollüstig an einem harmlosen Reagenzglas schnupperten und dabei murmelten: «Nor einen wenzegen Schlock.»

Die Lehrer kannten das Buch natürlich genausogut wie wir. Einige hatten genügend Humor, mit uns darüber zu lachen, andere nicht. Aber keiner, weder Lehrer noch Schüler, hätte es damals für möglich gehalten, daß es ein knappes halbes Jahrhundert später diese «Penne» nicht mehr gibt. Sie nicht mehr, die Lehrer und auch die Schüler nicht mehr.

Spoerls Buch – das wird uns heute erst bewußt – *ist* ein Loblied! Und es ist möglich, daß der Autor ahnte, welches Denkmal er einer unwiederbringlichen Erscheinungsform menschlicher Kultur gesetzt hat. Jene Schulerinnerungen, die da im Dunst einer Feuerzangenbowle wach wurden, sind mehr als eine melancholische Reminiszenz, sie sind der gern vergessene oder beiseite geschobene Beweis, daß gute Laune mit Fortschritt so wenig zu tun hat wie Freude und Leid mit mehr oder weniger Geld.

Heute geht es in keiner Schule mehr darum – um welchen der verschiedenen Schultypen sich die Politiker auch streiten mögen –, die Zeit des Jungseins noch mit all dem Spaß zu füllen, den das Leben dem Erwachsenen in gleicher Unbeschwertheit immer vorenthalten wird. Heute geht es schon für die Sextaner um die pflichtschuldige Erfüllung der von den Erwachsenen für gut befundenen Parolen: um *Leistung*; um den richtigen *Einstieg in das Berufsleben*; um die *Basis für den späteren materiellen Wohlstand*!

Bei all dem ist die *Chancengleichheit* ungeheuer wichtig. Wären diese Ziele allerdings nur eine Farce, so wäre die Chancengleichheit ein schlechter Witz.

In Wahrheit ist gleich der erste Begriff – «Leistung» – bei jungen Menschen nur mit Vorbehalt anzuwenden. Zwar stellt jeder Lernprozeß an sich schon eine gewisse Leistung dar, aber die Konzentrations- und Aufnahmefähigkeit schwankt nun mal bei jungen Menschen, und gerade die am vielseitigsten Interessierten erbringen darum oft die ungleichmäßigsten Leistungen. Und weil auch schon junge Leute eben nicht gleich sind, fällt es dem einen Schüler erst in seinem 12. Lebensjahr leicht, etwas zu begreifen, was dem anderen ohne jede Schwierigkeit schon als Zehnjährigem einging. Welcher erbringt nun die höher zu wertende Leistung? Der Zwölfjährige, der sich zwei Jahre länger bemühen mußte? Oder der Zehnjährige, der das Glück (ist es ein Glück?) hatte, ein bißchen frühreif zu sein?

Den richtigen «Einstieg ins Berufsleben» haben gerade unter den Großen der Weltgeschichte viele erst in späteren Jahren gefunden. Heute erwartet eine moderne Schmalspurpädagogik von den Sechzehnjährigen, die kaum allein denken, geschweige denn sich richtig entscheiden können, sie sollen wissen, was sie 20 Jahre später einmal sein werden.

Die «Basis für den materiellen Wohlstand» aber ist nichts weiter als eine Neufassung der alten amerikanischen Legende «Vom Tellerwäscher zum Millionär». Märchen sind offensichtlich auch für «erwachsene Kinder» beruhigend, selbst wenn sie alle wissen, daß in Wahrheit so wenige Tellerwäscher Millionäre wurden wie Examenseinser wohlhabende Leute werden. Ein an rein materiellen Gütern reiches Leben – und es gibt viele, die das für erstrebenswert halten – gewinnt man normalerweise nicht auf der Schulbank, sondern durch Fähigkeiten, die in der Schule, wenn überhaupt, dann höchstens einmal durch Zufall ausgebildet werden.

Um die Notwendigkeit der Chancengleichheit doch noch zu belegen, werden dann oft Statistiken angeführt, aus denen hervorgeht, daß früher im Verhältnis weniger Bauern- und Arbeiterkinder studierten als Kinder aus wohlhabenden Familien. Das ist ohne Zweifel richtig, beweist aber lediglich, daß die Menschheit ihren vielgepriesenen Fortschritt auch ohnedies bewerkstelligen konnte. Man kann nicht hochrechnen: 10 000 Studenten = 1 Genie, 1 Million Studenten = 100 Genies. Geniale Begabungen lassen sich nicht statistisch multiplizieren, sie haben sich, wie wir aufgrund zahlreicher Beispiele annehmen dürfen, schon in frühesten Zeiten und auch unter widrigsten Umständen durchgesetzt: Johannes Kepler (1571–1630) wurde als Sohn eines Söldners und einer Kräutersammlerin geboren, und Isaac Newton (1643–1727) wuchs als Bauernjunge auf.

Umgekehrt aber ist leicht zu erkennen, wie schwer es ungewöhnliche Begabungen in unserer Zeit, in einem wohlgeordneten Bildungswesen – wie dem der Bundesrepublik Deutschland – haben können. Nicht erst der Durchbruch zur Größe, nein, schon die Basis hierfür zu schaffen, würde etwa einem Edison, der praktisch keine höhere Schulbildung, oder einem Einstein, der nur eine abgebrochene Gymnasialbildung hatte, heute im Rahmen der sogenannten Chancengleichheit schwer, wenn nicht gar unmöglich gemacht.

Justus Liebig (1803–1873) gehörte zu jenen Ausnahmen, die schon recht früh ihren Beruf – wobei man in solchem Fall wohl von Berufung sprechen muß – erkannt haben. Er wurde einer der Begründer der modernen Chemie, aber auch bei ihm hätten die Chancen, seinen wissenschaftlichen Rang zu erreichen, in der zweiten Hälfte unseres Jahrhunderts schlecht ausgesehen. Weil er nämlich alles andere als ein guter Schüler war. Er spielte zwar gern in dem kleinen Laboratorium seines Vaters herum, der eine Drogen- und Materialienhandlung hatte, aber das Darmstädter Gymnasium behagte dem Vierzehnjährigen wenig. Da ging er lieber in die Lehre bei einem Apotheker in Heppenheim, brach aber auch diese nach kurzer Zeit ab.

Keinen Schulabschluß, keine Ausbildung, dann nach heutigen Begriffen arbeitslos. Was sollten Eltern in unserer Zeit mit solch einem Jungen wohl anfangen? Damals gab es eine interessante Möglichkeit: Liebigs Eltern schickten den Sechzehnjährigen Ende 1819 zum Studium der Chemie an die Universität nach Bonn.

Aus all dem ergibt sich, daß die Chancengleichheit an Wesentlichem vorbeigeht, weil sie das Wesen des Menschen nur streift. Man kann sie bestenfalls als propagandistische Nettigkeit bezeichnen und die gute Absicht anerkennen, denn sicher ist es erfreulich, wenn mancher großen Begabung ihr Weg zum Erfolg erleichtert werden kann. Allerdings sollte die Möglichkeit, daß schicksalsbedingte schwerere Wege – wie sie bei einigen der großen Forscher und Denker nachweisbar sind – wesentlich zu deren Charakterbildung beigetragen haben, nicht außer acht gelassen werden.

Und nicht übersehen sollte man auch, daß sich alle hier erwähnten Schlagworte mit dem Leben des späteren Erwachsenen, seinen Berufsaussichten, seinem Fortkommen, seinem Wohlstand befassen, keines aber die Erlebniswelt der Jugendlichen – um die es doch angeblich bei der Chancengleichheit geht – auch nur streift. Wollen die heute Sechzehnjährigen denn wirklich alle soviel lernen und arbeiten und in zehn Jahren so Gewaltiges leisten, daß sie damit nicht nur sich selbst und eventuell eine Familie versorgen können, sondern auch noch eine Generation von Frührentnern und Rentnern, die – wie wir wissen – nicht weniger werden.

In den letzten zwei Jahrzehnten ist die Zahl der über Fünfundsechzigjährigen in der Bundesrepublik um 50 Prozent gestiegen, die der Achtzigjährigen und älteren hat sich verdoppelt. So schön für diesen Personenkreis – von 60 Millionen Bundesbürgern sind fast 10 Millionen Senioren! – dynamische Renten und ein herabgesetztes Rentenalter sind, niemand spricht darüber, wie sich dies auf die Chancen unserer Kinder auswirkt, welche Zukunftsbelastung man damit der Jugend aufbürdet, die das morgen alles bezahlen soll. Jene Jugend, die man nun – notfalls auch gegen ihren Willen – bis zum Überdruß ausgebildet haben möchte. Mit absoluter Chancengleichheit – der Gleichheit von Schafen, die man zur Schlachtbank treibt.

Die Widersprüchlichkeiten zeitgemäßer politischer Aussagen – und keineswegs nur von Politikern der etablierten Parteien – sind auch für unbedarfte junge Menschen allmählich nicht mehr zu übersehen. Mit welch traumwandlerischer Blindheit steuern sogar die Grünen, die eine Befreiung der Natur von den Folgen der Industrialisierung als Programm haben, gleichzeitig die Höchstform industrieller Macht, die Versklavung des Menschen unter der Fuchtel des Staatskapitalismus an.

«Wir sind die Antipartei-Partei», sagte die Abgeordnete Petra Kelly und propagierte im gleichen Atemzug die Überpartei, in der die Partei alles und der einzelne nichts mehr zu sagen hat. Man spricht von Basis-Demokratie und stellt das Votum des Haufens gegen die Einsicht des Individuums. Sie nennen es demokratische Freiheit und verbieten ihren Abgeordneten die eigene Meinung. Und ausgerechnet mit derart abgeschmackten Begriffsverfälschungen soll der heranwachsenden Generation der Weg in eine «bessere Zukunft» geebnet werden.

So grün können die Grünen gar nicht sein, daß nicht die Klügeren unter ihnen langsam rotsehen. Man ist einfach unglaubwürdig, wenn man bei Fröschen und Bäumen für natürliche Entfaltung kämpfen, den Menschen aber mit der ideologischen Planierraupe egalisieren will. Allein schon ihre Parole «Rotationsprinzip» steht im Widerspruch zur natürlichen Entwicklung. Man sollte auch einem demokratischen Abgeordneten die Zeit lassen, sich in seine Aufgabe einzuleben. Dort wo er eine Individualität entwickelt, die ihn vielleicht sogar gelegentlich in Widerspruch zu seiner Fraktion bringt, hat die Demokratie, haben seine Wähler gewonnen.

Wer ausgerechnet bei seinen Mitmenschen jeden freien Trieb beschneiden will, qualifiziert sich nicht als Naturfreund, sondern marschiert, die Reihen fest geschlossen, hinter der Fahne der «Technokratie», die sich ja längst nicht mehr auf Technik oder Wissenschaft, West oder Ost beschränkt: als zeitgemäßes System fortschrittlicher Unmenschlichkeit hat sie weltweite Verbreitung gefunden. «Es ist mehr als kennzeichnend», sagt Löbl, «daß die Technokraten des Westens als militanteste Gegner des Sowjetmodells, von einem vollkommen entgegengesetzten Ausgangspunkt ausgehend, ein analoges System entwerfen, das in seiner Unmenschlichkeit und Uneffektivität mit dem Sowjetmodell konvergieren wird.»

Auch die liebenswerte Farbe Grün wandelte sich also leider zu einem Schlagwort, das heute schon jedem Bürokraten, dem Prototyp des Gleichmachers, leicht von den Lippen geht. Und die Heranwachsenden stehen vor «dem großen Abenteuer des Lebens», das sich auf eine Expedition von

Amtsschalter zu Amtsschalter reduzierte; zur Gratwanderung über eine asphaltierte Ebene an der kurzen Leine behördlicher Schutzvorschriften. Sehnsüchte der Jugend wurden angepaßt an Rentenbezugsnachweise und Pensionsberechtigungen. Bunte Wiesen wurden umgepflügt, und angesät wurde englischer Rasen. Alles gleich: gleich grün und beruhigend, gleich kurz und ermüdend, gleich grau und verstaubt. Die Trostlosigkeit wurde zur Norm. *Bonjour Tristesse*!

Im Jahr 1954 stellte Françoise Sagan mit diesem Titel ihres berühmten Romans das neue Lebensgefühl vor: Tristesse. Und die Welt öffnete die Tür und Tristesse trat ein.

Wie ein Sprengsatz mit Lunte

Der vor 800 Jahren ausgestreute Samen der «Gleichheit» reifte zu Früchten des Bösen. Junge Menschen kredenzen heute die Forderung nach Gleichheit wie ein Gift. Sie genießen es, böse zu sein, und sind todunglücklich dabei. Der englische Biologe Gordon R. Taylor berichtet von einer Diskussion, in der ein Professor seinen Studenten die Frage stellte, ob es ihm, wenn die jungen Damen und Herren morgen die Führung im Staat übernehmen würden, noch erlaubt sei, seine eigene, in vielem wohl abweichende Meinung zu haben und zu vertreten?

Eine Studentin erwiderte: «Wir würden Sie umerziehen.» Er sei schon ein bißchen alt, entgegnete der Professor und wollte wissen, was wohl geschehen würde, wenn er nun nicht mehr umzuerziehen wäre? Ernst und eisig kam die Antwort: «Wir würden Sie eliminieren.»

Alle Forderungen nach politischer oder rechtlicher Gleichheit rühren jedoch bei weitem nicht jene tiefsten emotionalen Bereiche auf wie die nach völkischer und rassischer Gleichberechtigung. Die Parole «rassische Gleichberechtigung» wirkt in einigen Völkern wie ein Sprengsatz, an dem ständig die Lunte brennt. Den Zunder liefert jene Begriffsverwirrung, die Gleichheit mit Gleichwertigkeit gleichsetzt.

Der Wert, den sich eine Rasse innerhalb der Menschheit zuordnet, wird bestimmt durch ihre eigene kulturelle Tradition. Wenn sich jemand über Rassismus beklagt, kann er also nur meinen, daß Menschen einer Rasse denen einer anderen ihren Wert absprechen wollen. Das geschieht von Zeit zu Zeit und ist aus vielerlei Gründen zu verurteilen. Absolut töricht wäre es jedoch, die Tatsachenfeststellung der Verschiedenfarbigkeit und -artigkeit von Menschen als Rassismus zu diskriminieren. Ebensogut könnte man die Anwendung der Farbenlehre verbieten.

Warum soll ein Europäer nicht bewußt ein Weißer sein? Warum sollte ein amerikanischer Neger nicht meinen dürfen, «black is beautyful»? Selbst wenn ein Neger Schwarzafrika für die Schwarzen reklamiert, so kann dies alles mögliche, muß aber keineswegs Rassismus sein. Man wirft ihn ja auch nicht Chinesen und Japanern vor, nur weil sie schon sehr früh den Wunsch hatten, in Ruhe gelassen zu werden und jeden Kontakt mit der übrigen Welt, insbesondere mit den Weißen, zu vermeiden.

Zu Recht kam niemand auf die Idee, Mao Tse-tung als Rassist an den Pranger zu stellen, als sich China unter seiner Führung aller Fremdrassigen entledigte (in einem Ausmaß, das weit über einen spontanen Volkszorn wegen einiger kolonialistischer Aktivitäten der Weißen hinausging). Und unbestritten ist auch das Recht eines Inders, zu sagen: «Alle Fremden haben – außer vielleicht einigen Touristen und Kaufleuten – nichts in meinem Land, meiner Stadt, meinem Dorf zu suchen.» Das entspricht dem natürlichen Gefühl jedes eingeborenen, über viele Generationen seiner Vorfahren aus einem Land stammenden Menschen, gleichgültig ob er Asiate oder Indianer, Afrikaner oder Australier – oder eben Europäer ist.

Wenn heute die Nachkommen der australischen und der amerikanischen Ureinwohner aufgrund der gegebenen Machtverhältnisse und Bevölkerungsstrukturen in ihren Ländern kaum die Chance haben, ihre Heimat für sich zu beanspruchen und alle Fremden hinauszuwerfen, so kann dies sicher nicht bedeuten, daß nun darum andere Völker auf anderen Kontinenten – zum Beispiel die Japaner in Japan, die Engländer in England – nicht wenigstens diesen Wunsch äußern dürften.

Eine besondere Problematik ergibt sich für den Weißen, der wie keine andere Rasse in den vergangenen Jahrhunderten fremde Erdteile und Länder für sich in Anspruch nahm. Nun rücken ihm überall in Europa – vor allem in England und Frankreich, aber auch in Rußland – die fremdrassigen Angehörigen ehemaliger Kolonialvölker auf den Leib. In Südafrika steht der Weiße zur Zeit gegen eine wachsende Mehrheit der Eingeborenen, die durchaus eine Chance sehen und eines Tages vielleicht auch haben, ihn wieder loszuwerden.

Die weißen Kapländer haben das Land, das ihre Vorfahren eroberten, durch ihre Arbeit und ihr Blut zu ihrem Eigentum gemacht. Ein Vorgang, wie er sich so schon hundertfach in der Geschichte abspielte. Oft blieb es dabei: Die einstigen Eroberer integrierten sich und wurden – wie die Normannen in England – Teil des Volkes, das sie einst beherrschten. In anderen Fällen – vor allem, wenn völkische oder rassische Fremdheit eine Integration behinderten, wie bei den Arabern in Spanien – kam irgendwann, wenn auch mitunter erst nach Jahrhunderten, eine große, meist blutige Revision.

Wo sich verschiedenrassige Menschen mit der ganzen Fremdheit ihrer Mentalitäten und Lebensformen auf Tod und Leben gegenüberstehen, wo derartige Auseinandersetzungen in geschichtliche Dimensionen wachsen, wirken die Beschwörungen gegenwärtiger Gleichheitsideologen wie das Greinen eines unverständigen Kindes.

Es ist eine ernste Frage, ob man ein Volk, das möglicherweise dem Untergang geweiht ist, verurteilen will, weil seine Versuche, das ihm bevorstehende tragische Schicksal aufzuhalten, Erscheinungen zeitigen wie die Apartheid, das südafrikanische Rassentrennungsgesetz. Immerhin sollte, wer nicht mitschuldig werden will an einem möglichen neuen Völkermord, sehr genau überlegen, welches bessere Mittel er der weißen Minderheit im Süden Afrikas zur Abwehr oder Umsiedlung (wohin?) empfehlen möchte.

Ganz anders und in sich völlig verquer ist die Situation in Amerika. Insbesondere in Nordamerika sind die Indianer, die ursprüngliche einheimische Bevölkerung, durch die über Jahrhunderte betriebene Ausrottung in einer hoffnungslosen Minderheit. Statt dessen begegnen sich nun dort die streitbaren Haufen anderer Rassen: vor allem die Weißen und Schwarzen. Im Grunde genommen haben beide hier kein Hausrecht, erscheinen aber gerade deswegen gleichberechtigt, wenn auch eben nicht gleich (sonst gäbe es ja wohl keinen Streit).

Zu diesem Thema sind die Erkenntnisse von Cyrill D. Darlington aufschlußreich, der in seinem Buch *Die Wiederentdeckung der Ungleichheit* von den Auseinandersetzungen um den Schulbesuch im Süden der USA berichtet:

Im 14. Zusatzartikel zur Verfassung aus dem Jahr 1868 heißt es, daß alle Rassen gesetzlich und politisch gleich sind. «Zu dieser Zeit gab es im Süden jedoch keine öffentlichen Schulen. Als es die Schulen dann gab, mußte der Oberste Gerichtshof entscheiden, was Gleichheit bedeutete. In öffentlichen Schulen, so beschloß er 1890, sollten Schwarze und Weiße getrennt, aber gleich sein. Doch nach 60 Jahren wurde deutlich, daß getrennt nicht gleich sein konnte. Deshalb wurde das Urteil 1954 aufgehoben. Trennung war plötzlich als verfassungswidrig erkannt worden.

Hier nun ergab sich erneut ein praktisches Problem. Wenn die Gemeinschaften getrennt waren, würde man die Kinder künstlich und zwangsweise mischen müssen. Am Ende hatte man jedoch zwei wichtige gesellschaftspolitische Lektionen gelernt: Erstens, daß Erziehung zu Hause beginnen muß ... und Gleichheit insofern nie in einer familienorganisierten Gesellschaft erreicht werden kann; und zweitens, daß erzwungene Integration, die einen Konflikt beseitigen helfen soll, häufig nur dazu führt, den Konflikt zu wecken.»

Nun ist es eine Binsenweisheit, daß sich aus der Distanz und bei Nichtbetroffenheit leichter urteilen läßt, als wenn man mit einem Problem hautnah konfrontiert ist. Man kann leicht Vorschläge machen, wie ein ferner Brand zu löschen wäre; alles sieht jedoch anders aus, wenn der eigene Dachstuhl in Flammen steht. Da erregen sich Bundesbürger über die Diskriminierung von Minderheiten in Nordamerika und Mehrheiten in Südafrika, dabei ist der Tag nicht mehr fern, an dem in der Bundesrepublik der Kampf für und gegen Integration, für und gegen die rechtliche und politische Gleichstellung der einstigen Gastarbeiter zu blutigen Auseinandersetzungen führen kann.

Schon ist das Schlagwort «Ausländerfeindlichkeit» als Vorwurf gegen viele unserer Mitbürger in zahlreichen Publikationen zu finden. Wir sollten jedoch allmählich begreifen, daß solche Parolen nichts als Modeerscheinungen sind, die morgen durch genau gegenteilige Begriffe abgelöst werden können (1944 kreidete man einer deutschen Bäuerin, die sich mit ihrer polnischen Magd gut verstand, noch ihre «Ausländerfreundlichkeit» an). Es wäre besser, anstelle von Schlagworten unser Gedächtnis zu gebrauchen und uns zu erinnern, wie sich die Entwicklungen vollzogen haben, für die wir und unsere Kinder demnächst bezahlen müssen.

Wie sag ich's meinen Kindern?

Seit den Tagen des deutschen Wirtschaftswunders erlebte die Bundesrepublik einen bis in die beginnenden achtziger Jahre nicht abreißenden Zustrom an Ausländern. Viele kamen, insbesondere aus Ländern des Ostens, um Zuflucht zu suchen vor den Unmenschlichkeiten der Diktaturen. Doch die Zahl dieser Flüchtlinge und Asylsuchenden ist, an der Gesamtheit eines Sechzig-Millionen-Volkes gemessen, unbedeutend. Gleichzeitig mit ihnen aber drängten Millionen andere Ausländer aus rein wirtschaftlichen Gründen auf die 248 577 Quadratkilometer bundesrepublikanischen Bodens, der ohnehin schon zu den dichtestbesiedelten der Welt zählt. Dadurch wird – und das ist eine der tragischsten Nebenerscheinungen dieser Entwicklung – weiteren Flüchtlingen die Aufnahme in unserem Land erschwert, wenn nicht unmöglich gemacht.

Der weit überwiegende Teil der Ausländer wurde – und dies ist die besondere, wahrscheinlich kaum je tilgbare Schuld der bundesdeutschen Regierungen und Wirtschaftsbehörden der vergangenen drei Jahrzehnte – als Gastarbeiter ausdrücklich angeworben. Wie einst Rußland, Rumänien und Ungarn Tausende deutscher Bauern mit ihren Familien ins Land riefen, so holten wir Millionen Italiener, Spanier, Jugoslawen und Türken in die Bundesrepublik, wobei letztere inzwischen die größte Zahl stellen.

Knapp fünf Millionen Ausländer waren 1982 in der Bundesrepublik registriert, von denen mehr als die Hälfte in zwei Bundesländern lebten: in Nordrhein-Westfalen (31,1 Prozent) und in Baden-Württemberg (20,2 Prozent). Man rechnete im Sommer 1982 damit, daß die Zahl der Ausländer bis zum Jahr 2000 auf mehr als sieben Millionen ansteigen würde. Jeder zehnte Einwohner der Bundesrepublik wäre dann kein Deutscher mehr.

Es wurde und wird behauptet, das deutsche Wirtschaftswunder wäre ohne die große Zahl der Gastarbeiter gar nicht möglich gewesen. Den Wohlstand, den sich die Deutschen in der Bundesrepublik bis Ende der siebziger Jahre erworben haben, verdanken sie zum großen Teil Heerscharen fleißiger Ausländer. Das «Institut der deutschen Wirtschaft» erklärte im Dezember 1982, die Bundesrepublik könne auch bei der gegenwärtigen Krise auf ausländische Arbeitnehmer nicht verzichten, ihre Rückkehr in die Heimatländer würde wegen des hohen Ausländeranteils in zahlreichen Branchen zu ernstlichen wirtschaftlichen Schwierigkeiten führen. Zudem wären deutsche Arbeitslose kaum bereit, die Tätigkeiten der meist un- und angelernten Ausländer zu übernehmen.

Das sind erschütternde Bekundungen derjenigen, die das Desaster mit verursacht haben. Denn selbstverständlich geht es gegen Ende dieses Jahrhunderts – viele der ausländischen Familien leben dann bereits mehr als vier Jahrzehnte, also in der zweiten Generation, in der Bundesrepublik – um die menschliche und politische Gleichberechtigung dieser «Neudeutschen». Die absolute Gleichstellung der dann «ehemaligen Ausländer» aber bedeutet bei einem Verhältnis von insgesamt 1:10 (örtlich auch schon 1:4) eine Umwälzung in der Bevölkerungsstruktur, wie sie Mittel- und Nordeuropa seit Beginn geschichtlicher Aufzeichnungen nicht erlebt hat.

Ob man den durch Leichtfertigkeit, Gedankenlosigkeit und eine Politik der Bequemlichkeit herbeigeführten Vorgang der Eingliederung von Millionen Ausländern in das Arbeitsleben unseres Landes nun unter nationalen Gesichtspunkten bedauern oder unter gesamteuropäischen Aspekten begrüßen will, Tatsache bleibt, daß sich die Mehrheit eines jeden Volkes gefühlsmäßig gegen eine derartige Überfremdung wehrt. Damit ergeben sich für die heranwachsende Generation Probleme, die sie wieder einmal nicht selbst verursacht hat. Mit Recht wird sie fragen, ob es wirklich notwendig war, ihr eine Situation aufzuzwingen, die in absehbarer Zukunft zu bürgerkriegsähnlichen Zuständen führen kann.

Diese Frage ist mit einem klaren Nein zu beantworten. Das deutsche Wirtschaftswunder begann ohne Ausländer. Es wurde mindestens 48 Stunden in der Woche hart gearbeitet, und es war keiner für keine Arbeit zu gut. Ein Journalist, der sich an einem Tag arbeitslos meldete, fand sich eventuell zwei Tage später mit einer Schaufel in der Hand auf einer Baustelle. Es gab Angestellte, die als Müllkutscher fuhren, und Facharbeiter, die den Fabrikhof fegten.

Es gibt heute hervorragend geführte Meisterbetriebe, deren Chefs vor 30 Jahren noch als Lehrlinge der Meisterin beim Geschirrspülen halfen. Um jedem Mißverständnis vorzubeugen: Dies soll kein Loblied auf eine «gute alte Zeit» sein. Im Gegenteil, es soll zeigen, wie hart und sozial ungepolstert jene Zeit noch war, in der trotzdem – manche sagen: erstaunlicherweise – kaum jemand sich ausgebeutet fühlte und die Arbeit Spaß machte.

Aber das änderte sich. Die Löhne und Gehälter wurden erhöht und vor allem: Die Arbeitszeit wurde verkürzt. «Am Samstag gehört Papi mir!» plakatierten die Gewerkschaften, und ein Jahr später gab es am Samstagvormittag in den meisten Betrieben nur noch Telefon- und Notdienst, bis auch das verschwand. Ein Jahrzehnt weiter, in den sechziger Jahren, begann dann für viele Arbeitnehmer das Wochenende schon am Freitagmittag.

Um es unseren Kindern deutlich zu sagen: Wir liefen der Arbeit davon und sahen nicht, daß es eigentlich nur zwei Möglichkeiten gab: Entweder wir arbeiteten weniger und reduzierten mit den Einnahmen der Betriebe auch unsere, oder wir wollten die steigenden Einnahmen, das eigene Auto, den Kühlschrank, die Waschmaschine, den Urlaub auf Teneriffa und alles, was das Wirtschaftswunder uns bescherte, dann aber hätten wir mehr und nicht weniger arbeiten müssen.

Wir aber wollten beides: mehr Geld und weniger Arbeit. Die Gewerkschaftsfunktionäre sagten uns, das sei möglich. Und die Funktionäre der Wirtschaft und Politik machten es möglich. Sie holten die Gastarbeiter ins Land; Gäste, die uns nie wieder verließen. Man sagte uns, das sei nur zeitweilig;

Automatisierung und Rationalisierung würden die Gastarbeiter schon in kurzer Zeit überflüssig machen.

Nun hat unsere Industrie seit mehr als 20 Jahren rationalisiert und automatisiert, dennoch haben wir fünf Millionen Ausländer im Land, und das «Institut der deutschen Wirtschaft» versichert uns, sie seien nicht zu entbehren. Und die Zahl unserer Arbeitslosen beträgt «nur» 2,5 Millionen. Mit anderen Worten, wir wurden belogen: Die Gastarbeiter wurden nicht überflüssig, die Automation ersetzte keine fünf Millionen Arbeitskräfte und unsere Funktionäre behaupten immer noch, wir würden zuviel arbeiten.

Viele junge Arbeitnehmer glauben ihnen das heute. Damals, als die Gastarbeiter ins Land geholt und unsere Wochenarbeitszeit von 48 auf 40 Stunden herabgesetzt wurde, haben wir den Funktionären auch geglaubt. Wir haben wirklich geglaubt, daß man etwas bekommen könnte, ohne dafür zahlen zu müssen. Wir waren in diesem Punkt so dumm wie jede Generation vor und wahrscheinlich jede Generation nach uns.

Der Mensch glaubt immer gern, was ihm angenehm erscheint. Aber der Zahltag ist nur verschoben. Denn ob Integration oder gewaltsame Abschiebung der Ausländer, zurückbleiben werden immer Völker voller Aufgewühltheit und Not. Eine alle Seiten befriedigende Lösung gibt es nicht, die Schuld ist zu groß: Dem eigenen Volk gegenüber, dem man eine ungeheuerliche Überfremdung aufbürdete, und ebenso den Ausländern gegenüber, die man ihrer Heimat entfremdet hat.

Die junge Generation wird sich überlegen müssen, wie sie diese Schuld ihrer Väter tilgen will. Sie wird erfahren, daß es auf Dauer nichts gibt, was man für sich wollen und gleichzeitig seinem Nachbarn verweigern kann. So wie wir älteren allmählich begreifen, daß man nicht weniger arbeiten und gleichzeitig mehr verdienen kann.

Viele der Mitbürger der Wirtschaftswunder-Generation

werden den Zahltag nicht mehr erleben. Und manche, die ihn vielleicht noch erleben werden, schreckt er nicht einmal allzusehr. Sie kennen, was auf sie zukommt, aus ihrer Jugend.

Die Schriftstellerin Luise Rinser schrieb Weihnachten 1981: «Denke ich an unsere nächste Zukunft, so spüre ich keine Angst vor dem, was uns da abverlangt werden wird: die Armut. Ich habe sie 1945 erlebt, und es ließ sich mit ihr leben, schwer, das wohl, aber auch schön, denn sie lehrte uns den Menschen mehr zu lieben als den Besitz.»

Und willst du nicht mein Bruder sein . . .

Von den drei Parolen «Liberté, Egalité, Fraternité» fehlt uns noch die «Brüderlichkeit». Sie fehlt uns ganz allgemein, nicht nur als Parole. Von der wird ab und zu Gebrauch gemacht, von der Brüderlichkeit kaum. Das ist auch einer der Gründe, warum wir manchmal einen Notausgang aus dieser Welt suchen, den es leider nicht gibt.

Ohne Freiheit kann der Mensch immerhin existieren, um seine Freiheit kann er kämpfen. Gleichheit ist in der Natur ohnehin nicht zu beobachten, und jeder Wunsch nach Gleichheit stößt sich an einem nach Ungleichheit; ein Mensch, der zwei anderen begegnet, mag beim ersten das Bedürfnis fühlen, ihm gleichgeachtet zu werden, schon beim zweiten wird er oft in seinem Herzen das pharisäerhafte Gebet sprechen, «ich danke dir, Gott, daß ich nicht bin wie dieser» (Lukas 18/11).

Brüderlichkeit dagegen kann man nicht erkämpfen, und weil man nicht als Schwächling gelten will, mag man sie nicht einmal erbitten. Man kann sie eigentlich nur empfinden und gewähren. Trotzdem ist sie als politische Forderung in die Geschichte eingegangen. Wenn auch praktisch nur mit Negativbeispielen. Selbst wenn man davon ausginge, daß Brüderlichkeit nicht dem Glaubens- oder Klassen- oder Rassen- oder sonstigen Feind, sondern nur den Freunden gelten soll (was eine tragische Verfälschung und Sinnentleerung des Wortes darstellen würde), scheiterte bis heute noch fast jeder Versuch, sie in Tagespolitik umzusetzen.

Was sich da als Brüderlichkeit geriert, ist nichts weiter als ein opportunes Mittel politischen Taktierens und basiert oft auf der Feindschaft zweier gegen einen Dritten. Endet die Feindschaft, so sind auch schnell die entsprechenden Verbrüderungen vergessen. Amerikaner und Russen, die sich noch 1945 beim Kampf gegen Deutschland brüderlich die Hand reichten, waren im Oktober 1962 schon von so tiefem gegenseitigem Mißtrauen erfüllt, daß sie wegen der Kuba-Krise fast einen dritten Weltkrieg ausgelöst hätten.

Und selbst innerhalb des sozialistischen Blocks sind die Bruderküsse, die von den Regierenden bei ihren gelegentlichen Besuchen ausgetauscht werden, nur Zeremonie. Der wahre Kitt, der das System zusammenhält, ist nicht etwa brüderliche Verbundenheit («Proletarier aller Länder, vereinigt euch!»), sondern die Angst um die Erhaltung der Macht und gleichermaßen der Haß gegen jene «Andersgläubigen», die diese Macht bedrohen.

Nicht einmal mehr die ursprünglich einigende Ideologie des Marxismus-Leninismus ist stark genug, die Völker des Ostens auf dem Weg zum gemeinsamen Ziel der sozialistischen Weltrevolution zusammenzuhalten. Da müssen die freien Länder ständig als aggressiv, revanchistisch und kriegslüstern verteufelt werden, damit die Genossen bei der Stange bleiben. Und direkt tragikomisch wirken die aus den gleichen Gründen unternommenen Bemühungen, noch nach bald einem halben Jahrhundert einen Feind lebendig und höchst gefährlich erscheinen zu lassen, den es gar nicht mehr gibt: das nationalsozialistische Deutschland.

Eine greisenhafte Gestalt wie der einstige «Stellvertreter des Führers», Rudolf Heß, muß hinter Gittern gehalten werden, damit man immer wieder darüber reden, immer wieder die Erinnerung wecken und wenigsten noch einige Zeit den verbindenden Haß der alten Kommunisten wachhalten kann. Ein unübersehbares Indiz dafür, daß die kommunistische Verbrüderung an ihrer inneren Unwahrhaftigkeit – und dem russischen Imperialismus – zerbrochen und nur durch ein mühsam gekittetes Feindbild zu erhalten ist. Außer der gemeinsamen Angst vor dem Phantom einstiger und künftiger Angreifer nutzen die Sowjetfunktionäre sogar die gemeinsame Not der Ostblockvölker, indem sie den ebenfalls verbindenden Neideffekt schüren: Seht sie euch an, die auf Kosten der Hungernden in der dritten Welt lebenden satten Bürger des «goldenen Westens»!

Ungewollt demonstriert der Osten mit alldem seine eigene Erkenntnis: Ohne Haß auf einen gemeinsamen Feind scheitert die sozialistische Brüderlichkeit am Freiheitswillen der Völker, und ohne Neid auf die, denen es bessergeht, scheitern alle sozialistischen Vorstellungen an der Trostlosigkeit ihrer Verwirklichung.

Aber nicht nur in sozialistischen Staaten ist «Brüderlichkeit» ein fragwürdiger Begriff. Auch Völker, die irgendwann einmal von einer Kolonialmacht beherrscht wurden, mißverstehen Brüderlichkeit heute oft als gemeinsamen Haß gegen die einstigen wahren oder vermeintlichen Unterdrücker.

So finden wir die zweckgebundenen oder von Haß geprägten Formen politischer Verbrüderungen nur als eine häßliche Verzerrung der uralten Idee der Brüderlichkeit, die sich schon in den frühesten religiösen Vorstellungen von der Bindung des menschlichen, individuellen Schicksals an die Gemeinschaft der Familie und Sippe andeutete.

Selbst ihre mächtigen Götter dachten sich die Menschen vor- und frühgeschichtlicher Zeiten zusammenhängend in einer großen Familie: die Sumerer im 3. Jahrtausend v. Chr. genauso wie später die Ägypter, die Griechen, die Römer und die Germanen. Nicht anders überlieferten es uns von jenseits des Atlantiks die indianischen und die pazifischen Kulturen. Immer war die göttlich-menschliche Existenz eingebettet in die Familiengemeinschaft mit ihrer Mütterlichkeit, ihren mitunter schwankenden Vaterfiguren und den Neues gestaltenden Brüderpaaren (wie Romulus und Remus, die sagenhaften Begründer Roms; wie Hengist und Horsa, die legendären angelsächsischen Eroberer Englands).

Je nachdem, ob in der entsprechenden Religion das matriarchalische oder das patriarchalische Prinzip vorherrschte, setzte und setzt noch heute Brüderlichkeit die gemeinsame Mutter oder den gemeinsamen Vater voraus. Fast analog sagte es Jesus von Nazareth: «Denn wer den Willen tut meines Vaters im Himmel, der ist mein Bruder und meine Schwester und meine Mutter» (Matthäus 12/50). In diesem Wort klingt noch vernehmbar das urreligiöse Motiv der Familie durch.

Die christliche Botschaft einer durch die Vaterschaft Gottes geschenkten Brüderlichkeit war für die Dienenden und Unterdrückten eine Offenbarung. Denn nun waren sie in ihrem Sklavendasein nicht mehr den Tieren gleichgestellt, sondern in ihrer Menschenwürde bestätigt. Mochte ein Mensch in seiner körperlichen Existenz noch so sehr vergewaltigt werden, er blieb nun als Bruder seines Peinigers dennoch diesem gleich. Ja, er konnte sich in der überdeutlichen Unterworfenheit unter des Vaters Willen diesem näher fühlen und war somit dem unerleuchteten Bruder im wesentlichen des Menschseins, der Gottesnähe, paradoxerweise überlegen.

Die vermeintlich Mächtigen aber wurden im Licht dieser Erkenntnis als die eigentlich Armen entblößt: Sie waren nur noch in die Lieblosigkeit verstoßene Brüder, für die man beten sollte, auf daß sie den Weg zum Herzen des Vaters finden, um des Heils vielleicht doch noch teilhaftig werden zu können.

Es ist mit Sicherheit kein Zufall und auch nicht nur eine

Frage der zeitlichen Entwicklung, daß nicht das siegreiche, auf dem Höhepunkt seiner Macht befindliche Rom eines Augustus, sondern das geschlagene, seinem Untergang entgegensehende Imperium eines Theodosius am 24. Februar des Jahres 391 das Christentum zur Staatsreligion erhob.

«Selig sind, die da Leid tragen, denn sie sollen getröstet werden. Selig sind die Sanftmütigen, denn sie werden das Erdreich besitzen. Selig sind die Barmherzigen, denn sie werden Barmherzigkeit erlangen. Selig sind die Friedfertigen, denn sie werden Gottes Kinder heißen» (Matthäus 5). Das waren wahrhaftig keine Sentenzen für Sieger.

Eine abendländische Welt, die sich solch einem wahrhaft brüderlichen Glauben unterwarf, mußte – so sollte man meinen – aller Gewalt, aller Friedlosigkeit, aller Unbrüderlichkeit abgeschworen haben. Aber es kam anders: Das Christentum fand über die geschlagenen Römer seinen Weg zu den robusten Völkern des Nordens. Und dort war Dienen oder gar Sklaverei nie in dem Ausmaß praktiziert worden wie bei den südlichen Völkern: «Die Römer mit ihrer praktischen Energie haben der Sklavenhaltung jenen riesenhaften Stil gegeben, der für viele den Typus der antiken Wirtschaftsführung, Rechtsbildung und Lebensweise beherrscht und jedenfalls den Wert und die innere Würde der danebenstehenden freien Lohnarbeit gewaltig herabgesetzt hat», registrierte Oswald Spengler.

Wenn überhaupt, so mußte die nordische Wesensart also einen völlig anderen Zugang zum Christentum finden. Und dank der ehrgeizigen Bemühungen der Missionare und frühen Kirchenfürsten fand sie ihn. Die Germanen entdeckten durchaus Ansprechendes an dem neuen Glauben, zum Beispiel den mächtigen Gottvater, der ganz ihren herkömmlichen Vorstellungen entsprach, und speziell die germanischen Frauen waren von der Gottesmutter Maria angetan, die sie in einer ihrer Selbstachtung entsprechenden

Rolle an der Seite des Vaters hervorgehobener sahen, als es alle germanischen Göttinnen waren.

Andererseits aber hatten die germanischen Völker zu ihren Göttern ein Verhältnis, das weit entfernt war von Unterwerfung und Demut, und so brachten sie auch in das Christentum die Vorstellung ein, daß ein Gott als Gegenleistung für die Treue seiner Gefolgsleute den erbetenen Erfolg zu bringen habe. Daraus ergab sich dann später der Umkehrschluß, daß Gott mit den Erfolgreichen sei. Er wirkt bis in unsere Gegenwart hinein.

Ansonsten haben germanische Fürsten kaum einmal genau hingehört, wo es im Christentum um Friedensliebe und Brüderlichkeit ging. In dieser Beziehung ist beispielsweise die Geschichte der Franken so christlich wie die sieben Todsünden, von denen sie, ob Habgier oder Brudermord, kaum eine ausließen. Und so wie hier wurde schließlich in der gesamten christlichen Welt nach dem nordischen Vorbild – immerhin waren es ja fränkische und deutsche Kaiser, die jetzt regierten – die Brüderlichkeit des Christentums umfunktioniert in die Verbrüderung von Gleichgesinnten und politische Zweckbündnisse; aus den tiefschürfenden Überzeugungen des christlichen Glaubens wurden oberflächliche Formeln zur moralischen Bewältigung unmoralischen Verhaltens.

Kriege beginnen immer gestern

Schon das Beispiel von Kain und Abel wie tausend andere von Bruder- und Bürgerkriegen sollten eigentlich auch jene Parole «mehr Brüderlichkeit durch mehr Kontakte» als eine Illusion entlarven, mit der immer wieder die Hoffnung zum Ausdruck gebracht wird, alle großen Konflikte zwischen Menschen und Völkern wären zu verhindern, wenn nur die Menschen sich besser kennen würden. Damit wird die Utopie eines *Weltfriedens durch Welttourismus* suggeriert; während in Wahrheit die Menschheit nicht darum durch einen dritten Weltkrieg bedroht ist, weil die Menschen einander zu wenig, sondern eher, weil sie sich – wenn auch oft nur vermeintlich – zu gut kennen.

Im Französischen Erbfolgekrieg kam es am 11. September 1709 zum blutigsten Treffen des ganzen Jahrhunderts: der Schlacht bei Malplaquet. Auf beiden Seiten kämpften Schweizer Regimenter. Die in holländischen Diensten stammten aus den gleichen Gegenden, ja Ortschaften, wie die in französischen Diensten. So kam es auf dem Schlachtfeld zu der feindlichen Begegnung von Söhnen und Vätern, von Brüdern, Verwandten und Nachbarn:

«Sie hatten ihrer Fahne Treue geschworen, und obwohl sie der ganze Handel nichts anging, setzten sie diesen Eid über alle verwandtschaftlichen Bande. Sie schlugen aufeinander ein und brachten sich gegenseitig um», schreibt Albert Hochheimer in seiner desillusionierenden Geschichte der europäischen Söldner: *Verraten und verkauft.*

Und wie in ungezählten anderen Schlachten, so standen sich auch im Zweiten Schlesischen Krieg 1745 Brüder im Kampf gegenüber, darunter sogar ein sehr prominentes Brüderpaar: Herzog Ludwig von Braunschweig befehligte die Österreicher, während ihn sein jüngerer Bruder, Herzog Ferdinand, an der Spitze der preußischen Garde angriff. Genauso kämpften in den deutschen Befreiungskriegen nicht etwa nur Preußen gegen Bayern, sondern auch Württemberger und Hessen in den Freikorps gegen Württemberger und Hessen in den Regimentern Napoleons.

Man kommt der Wahrheit entschieden näher, wenn man bei den Gefühlen, die zum Streit, zu Kämpfen und letztlich zu Kriegen führen, statt einer dubiosen Unbrüderlichkeit die Empfindungen Haß, Mißgunst oder zumindest Ablehnung in Rechnung stellt. Solche Emotionen entladen sich immer irgendwann in irgendwelchen, anfänglich meist nur akustischen Formen der Aggressivität: in bösen Worten. Aber eines Tages eskalieren Worte zur Anwendung von Gewalt, und dann . . .

Ein Krieg beginnt nicht damit, daß ihn jemand erklärt. Er beginnt, wenn es noch niemand vermutet, mit einer ersten Äußerung der Antipathie: damit, daß man jemanden oder etwas nicht mag: wie die Deutschen der Weimarer Republik das Diktat von Versailles (und seine Verfasser, und die Nationen, denen sie angehörten). Eines Tages will man dann das, was man nicht mag, notfalls auch mit Gewalt beseitigen (und wählt dazu einen «Führer»). Das Empfinden wird jetzt – endlich – abgelöst durch das Handeln, die Aktion der einen danach notwendigerweise ergänzt durch die Reaktion der anderen Seite.

Irgendwo fällt schließlich der erste Schlag. Jetzt sagt man, der Krieg habe begonnen. Aber in Wahrheit begann er lange vorher. Allein diese eine Tatsache macht sie so unaufhaltsam: Kriege beginnen immer gestern!

Überspitzt formuliert könnte man sogar behaupten: Es löst keinen Krieg aus, wenn Menschen einander sehr fremd sind, es kann ihn höchstens verhindern. Wobei wir allerdings hinzufügen sollten, daß Menschen nicht deshalb einander fremd sind, weil sie verschiedenen Nationen angehören (oder aber verwandt, weil in einer Nation zusammengeschlossen). Nationen sind künstlich geschaffene Gebilde und nehmen auf die Stammes- oder Volkszugehörigkeit ihrer Bevölkerung meistens wenig Rücksicht.

Alemannen wie die Elsaß-Lothringer, die sich in ihrer ganzen Geschichte, eineinhalb Jahrtausende lang gegen die Unterdrückung durch die Franken wehrten, mußten doch im Zweiten Weltkrieg wieder – wie zuvor schon 1870/71 – als französische Soldaten gegen ihre alemannischen Vettern auf deutscher Seite kämpfen. Es war nicht viel anders wie bei der zuvor erwähnten Schlacht von Malplaquet. Nur schossen diesmal Straßburger auf Karlsruher, die von Rastatt auf die von Sessenheim und die von Colmar auf die von Freiburg. Und jeweils umgekehrt.

Zur Zeit führen die Alemannen auf der fränkischen Seite des Rheins einen verzweifelten, in der Öffentlichkeit kaum beachteten Kampf um die Erhaltung ihrer Sprache und Eigenart gegen den Pariser Zentralismus. Wenn sie diesen vielleicht letzten – glücklicherweise nur mit den Waffen des Geistes geführten – Krieg gegen die Franken auch noch verlieren, dann könnte es allerdings geschehen, daß ihre Nachkommen den Vettern auf der deutschen Seite des Rheins in einigen Generationen wirklich Fremde sind. So fremd wie heute die Menschen der Bourgogne ihren burgundischen Vorfahren in der Gegend von Worms.

Angesichts der geschichtlichen Fakten gehört erhebliche Ignoranz dazu, Alemannen oder Gascogner und Bretonen nur als Franzosen zu sehen; als ob sie nicht untereinander ebensoviel trennen würde wie bei den Deutschen etwa die Bayern von den Holsteinern oder die Pfälzer von den Schlesiern. Und als ob umgekehrt den Fischer aus der Normandie mit dem aus Ostfriesland nicht vielleicht mehr verbinden könnte als einen Bauern aus den Allgäuer Bergen mit einem von der Pommerschen Seenplatte, oder einen Lothringer mit einem Basken.

An genau dieser Ignoranz und Fehleinschätzung menschlicher Bindungen scheiterte bis heute und scheitert auch in Zukunft das Vereinigte Europa. An jenem Tag, an dem Frankreichs Staatspräsident de Gaulle das neue Schlagwort vom «Europa der Vaterländer» kreierte, starb Europa als politische Einheit. Was Adenauer, Schuman und de Gasperi unter dem befreiten Aufatmen und der hoffnungsfrohen Zustimmung von fast 650 Millionen Europäern – oder doch zumindest der Jugend in Europa – konzipiert hatten, das einige Europa ohne nationale Grenzen, wurde von den staatlichen Bürokratien auseinanderverwaltet und durch die von de Gaulle mit besonderer Effizienz vertretene nationale Politik ad absurdum geführt.

Statt daß in Straßburg Abgeordnete aus Vorarlberg, dem Allgäu, aus Luzern und der Franche-Comté mit jenen aus Hautes-Pyrénées und dem nördlichen Navarra ihre gemeinsamen Interessen gegenüber den Abgeordneten der Normandie und von Cornwall, der Küstenregionen Belgiens und der Niederlande, Niedersachsens und Jütlands vertreten, streiten sich in Brüssel die Vertreter aus Paris, London, Bonn und den anderen Hauptstädten über nationale Fischereirechte, Subventionen für die jeweilige nationale Landwirtschaft und sonstigen staatlichen Protektionismus.

Auch diese Denkweise in zentral- und nationalstaatlichen Kategorien ist ein Erbteil der Französischen Revolution. Bis dahin wurden die Nationen von keiner Seite so ernst genommen, daß sie die Entwicklung einer gemeinsamen europäischen Kultur hätten behindern können – einer Kultur, in der ein preußischer König französisch dachte und schrieb, in deren Opern von Paris bis Petersburg italienisch gesungen wurde, deren Wissenschaftler sich lateinisch verständigten und die im 18. Jahrhundert etwas ganz Unglaubliches zuwege gebracht hatte: die Humanisierung des Krieges!

Wir erinnern uns an die von Friedrich dem Großen und den Abgesandten der jungen amerikanischen Demokratie verfaßte Entschließung, wonach die Zivilbevölkerung von jeglichem kriegerischen Geschehen unberührt bleiben sollte (siehe Seite 140). Und sogar die Heere jener Zeit kämpften, wie jüngste Studien nachgewiesen haben, nach gewissen taktischen Übereinkommen. Die Schlacht bei Zorndorf (1758), bei der sich die russischen Soldaten mit unendlicher Tapferkeit der preußischen Kavallerie entgegenstellten, galt bei den Zeitgenossen als «entsetzlich».

Üblicherweise versuchten die Feldherren zu jener Zeit, die Truppen des Gegners auszumanövrieren. Wo dies gelungen war, da genügte ein Scharmützel, die gegenseitige Kampfbereitschaft zu demonstrieren, danach retirierte die in ungünstiger Position befindliche Armee, und beiderseits vertagte man die Schlacht auf eine bessere Gelegenheit. Das hatte nicht das geringste mit Brüderlichkeit oder Humanität zu tun, für diese Handlungsweise gab es keine Parolen, sondern nur ein überzeugendes Argument: Zweckmäßigkeit. Söldner, Pferde und Kanonen kosteten Geld. Der sparsamste Feldherr, der gleichzeitig noch der erfolgreichste war, galt nach «standesgemäßer» Auffassung als der beste.

Auch das änderte sich, als die französischen Revolutionsarmeen, ungeschulte Krieger, die sich an keine überlieferte und bewährte Taktik hielten, gegen noch so günstig plazierte feindliche Armeen mit einer neuen Parole anstürmten: «Vive la patrie!» – «Es lebe das Vaterland!» So geschehen bei der berühmten «Kanonade von Valmy» 1792. Der Heerführer der Preußen, der Herzog von Braunschweig, zeigte sich irritiert: «Hier schlagen wir nicht», und ließ seine Truppen abrücken. Hellsichtig notierte der Schlachtenbummler Johann Wolfgang von Goethe, der diesen Vorgang als Gast des Herzogs beobachtet hatte, in seinen Aufzeichnungen: «Von hier und heute geht eine neue Epoche der Weltgeschichte aus.»

Wenn es dem bösen Nachbarn nicht gefällt

Diese neue Epoche hat die Menschheit inzwischen leidvoll zu spüren bekommen. Und sie ist noch nicht zu Ende: Der Osten hat, das können wir jeden Tag aus Zeitungen und Illustrierten entnehmen, im Rundfunk hören und im Fernsehen sehen, heillos aufgerüstet. Natürlich nur, «um sich vor dem westlichen Imperialismus zu schützen». Die Zahlen sind beeindruckend. So war im Sommer 1982 zu erfahren, daß den 2,6 Millionen Mann im Mittelabschnitt der NATO knapp 5 Millionen Soldaten des Warschauer Pakts gegenüberstehen. Daß er über mehr als die dreifache Zahl an Panzern und Artillerie, Panzerabwehr- und Flugabwehrwaffen verfügt und mit 7500 modernsten Jagdbombern und Abfangjägern (gegen 1950 der NATO) auch in der Luft zahlenmäßig überlegen sei.

Zur See kommen, so hörte man, auf ein westliches U-Boot sieben sowjetische, auf eine Lenkwaffenfregatte der NATO neun Lenkwaffenkreuzer der Sowjetunion (1981 bauten die Sowjets 23 neue Atom-U-Boote, die USA bauten zwei). Gelegentlich wurden und werden die Zahlen revidiert; je nachdem, ob sie von Friedens- oder militärischen Forschungsinstituten, vom US-Verteidigungsministerium oder von der NATO veröffentlicht werden.

Eine Grundtatsache aber scheint unbestritten und blieb offensichtlich sogar 1983 bei dem *Spiegel*-Interview mit dem im Februar 1984 verstorbenen sowjetischen Regierungschef Jurij Andropow unwidersprochen: daß die Vereinigten Staaten es verschlafen haben, ihren zur Zeit der Kuba-Krise noch bestehenden Rüstungsvorsprung zu halten.

Das bedeutet nun mit Sicherheit nicht, daß die Sowjetunion morgen über Westeuropa herfällt. Sie wird gegenwärtig weder von einem Napoleon noch von einem Hitler geführt. Und es entspricht viel mehr der russischen Mentalität, sich Zeit zu lassen. Selbst Franz Josef Strauß, dem man gewiß keine «Entspannungs»-Euphorie nachsagen kann, äußerte die Überzeugung: «Die Kreml-Führung ist sehr risikobewußt und sehr risikoscheu.»

Also brauchen wir – so schließen westliche Militärtheoretiker und Politiker messerscharf – nur genügend Atomraketen aufzustellen (in Europa «nachzurüsten»), um Ruhe zu haben. Das ist für einen Amerikaner mehr als einleuchtend, für einen Europäer allerdings unter Umständen tödlich. Denn selbst wenn man dem bundesdeutschen Verteidigungsminister Manfred Wörner zustimmt, daß auch ein konventioneller Krieg für Deutschland «verheerend» wäre, Atombomben wären es mit Sicherheit noch um einiges mehr.

Aber Atombomben sollen ja gar nicht eingesetzt werden,

sondern nur zur Abschreckung dienen. Eine bestechende Lösung dieses Problems, solange sie funktioniert. Es muß dabei nur die Frage gestellt werden, ob sie – die atomare Abschreckung – unter allen denkbaren Umständen auch in den nächsten drei Jahrzehnten so zuverlässig sein kann wie in den vergangenen?

Eine Chance ist sicher gegeben. Immerhin nannte Andropow in dem erwähnten Interview Gespräche über Kernwaffen «lebenswichtige Fragen . . . auf Leben und Tod eines jeden Landes». Von dieser Seite her müßte die Abschreckung also vernünftigerweise auch in Zukunft wirken. Aber es gibt immer einen Punkt, wo Vernunft aussetzt. Zum Beispiel, wenn die Existenz bedroht erscheint. Und die Existenz der sowjetischen Funktionärskaste wäre in zwei Fällen akut bedroht:

Erstens, wenn die Rüstungsanstrengungen der USA und der NATO den errungenen Vorsprung der Sowjetunion wieder zunichte machen würden. Ein Funktionär, der dies zuließe, wäre morgen keiner mehr. Anderseits ist es absolut undenkbar, daß sich die USA ein «Fenster der Verwundbarkeit» leisten, oder daß die NATO einen Zustand des Ungleichgewichts zu ihren Ungunsten im west-östlichen Rüstungswettlauf bestehen läßt, weil sie damit im Poker der Macht von vornherein der Verlierer und somit jederzeit erpreßbar wäre. Also kommt irgendwann der Tag, an dem die friedliche Vernunft vor der kriegerischen Vernunft kapitulieren muß.

Zweitens, wenn die ökonomische und ökologische Entwicklung auch in der Sowjetunion ein so katastrophales Ausmaß erreicht, daß die sprichwörtliche Geduld des slawischen Menschen überfordert ist und Funktionärskaste samt Kommunismus, Marxismus-Leninismus und aller sogenannten sozialistischen Errungenschaften durch eine Revolution bedroht sind. In diesem Fall ist die Sowjetführung gezwungen, die drohende Auseinandersetzung im Inneren durch eine rechtzeitige Abreaktion – das heißt Krieg – nach außen zu lenken.

In aller Unschuld beschloß die US-Regierung im Jahr 1982 jegliche revolutionären Bestrebungen im Sowjetstaat künftig mit offiziellen und inoffiziellen Mitteln, vor allem aber mit Nachdruck zu unterstützen. Gott schütze sie, denn sie wissen nicht, was sie tun.

Gott schütze auch uns, daß die Sowjetführung nicht eines Tages selbst glaubt, was sie ihren Soldaten einzureden versucht: daß sie – wenn sie in ein durch Atombombenabwurf radioaktiv verseuchtes Gebiet vordringen – in ihren Panzern «relativ geschützt» wären, und daß die einzige größere Schwierigkeit nur die wegradierten Straßenschilder und Markierungspunkte seien (so das UdSSR-Verteidigungsministerium in dem 1982 erschienenen Lehrbuch für *Panzer und Panzertruppen*).

Als Aufmarschgebiet der Roten Armee hat die Bundesrepublik normalerweise gute Chancen, von einem Atomangriff verschont zu bleiben, weil jeder General – auch ein Sowjetgeneral – wahnsinnig sein müßte, ein vorgesehenes Durchzugsgebiet durch radioaktive Strahlung unpassierbar (oder ein Schlachtfeld von vornherein für die eigenen Truppen zum Gräberfeld) zu machen.

Ein US-Präsident allerdings, dem das amerikanische Hemd näher sein muß als die europäische Jacke, könnte ohne weiteres in einer solchen Situation zu dem Schluß kommen, daß es aus strategischen Gründen zwingend erforderlich ist – um die Rote Armee nicht über den Rhein vorstoßen zu lassen –, sie auf dem Gebiet der Bundesrepublik mit Atomwaffen zu bekämpfen.

An jenem Tag werden Menschen wieder beten lernen. Generale werden beten, Gott möge die Atomsprengköpfe aus ihrem Befehlsbereich verschwinden lassen. Politiker und Wirtschaftsführer werden beten, es möge in ihrer Nähe keine Atomkraftwerke geben. Friedensfreunde werden beten, ihre fahrlässige Opposition gegen Bunker und Schutzbauten möge unbeachtet geblieben sein. Und die «Mediziner gegen die atomare Bedrohung» werden beten, sich nie dem Katastrophenschutz und Rettungsdienst verweigert zu haben.

An diesem Tag wissen wir dann vielleicht endlich, ob ein dritter Weltkrieg nun trotz atomarer Abschreckung oder aufgrund atomarer Abschreckung ausgebrochen ist. Möglicherweise aber wissen wir es noch nicht einmal dann genau. Wir sollten uns darum jedoch nicht allzuviel Sorgen machen. Spätestens in 100 Jahren wird jemand erklären, wie es wirklich zu diesem Krieg gekommen ist, ja, kommen mußte – oder wie er hätte verhindert werden können.

Aber vielleicht – und diese Hoffnung bleibt uns – ist die Menschheit dann doch ein bißchen reifer geworden.

Epilog
oder
Auch die Zukunft geht vorbei

Welttheater:
Auf der Bühne wird es wieder einmal dunkel.
Viele sind schon abgetreten, viele werden noch abtreten.
Das große Abschminken hat bereits begonnen.
Nur – manche haben es noch nicht gemerkt.

Das ist unsere Situation – der Wohlstand, gepaart mit der Angst, ihn zu verlieren; die Annehmlichkeiten des Lebens, bedroht von den gleichen technischen Errungenschaften, denen wir sie verdanken. Wir – die Bevölkerung der westlichen Industrieländer – haben den Gipfelpunkt einer Zivilisation nicht nur erreicht, wir haben ihn überschritten. Es geht dem Tal entgegen. Zurück in den harten Alltag der Menschheitsgeschichte, zu der eben nicht nur die Höhen, sondern auch die Tiefen gehören.

Wir müssen Abschied nehmen wie von einer schönen Ferienzeit. Genießen wir die letzten Stunden. Nehmen wir noch einmal alles, was schön, bequem und wohltuend ist, bewußt in uns auf, damit wir in unserer Erinnerung davon zehren können wie von der Wärme sonniger Urlaubstage in den langen Nächten eines kalten Winters.

Natürlich stellt man sich immer wieder die Frage, ob es nicht doch ein Rezept gibt, wie man dem Desaster entkommen, oder wie man es am besten überstehen kann? Ob man nichts ändern sollte in seinem Leben, in seiner Umgebung? Zum Beispiel indem man sich anders verhält als bisher? Oder indem man Widerstand leistet gegen dies und jenes?

Ja und nein! – Es gibt keinen Weg, auf dem man seiner Zukunft zu entkommen vermag, aber es gibt vieles, was uns hilft, zu überleben:

Menschen, die sich auf sich selbst verlassen, haben bessere Chancen als alle, die sich immer erst umschauen, was andere machen. Menschen, die sich mit einem Minimum an Medikamenten gesund halten, haben bessere Chancen als jene, die ihren Körper von Mitteln abhängig machen, die es eines Tages möglicherweise nicht mehr gibt. Menschen, die weite Strecken marschieren können, ohne zu ermüden, haben bessere Chancen als jene, denen nach wenigen Kilometern der Atem versagt. Und wem von Zeit zu Zeit ein Stück «trocken Brot» genügt, fröhlich seinen Hunger zu stillen, der wird auch nicht verzweifeln, wenn ihm andere Nahrung einmal abgehen sollte.

So gibt es tausend Tips, die eigentlich jeder kennt, die aber bei vielen in Vergessenheit geraten sind. Sie bewirken nichts Großes, sie verändern nicht die Welt, sie geben nur dem einzelnen in jenem entscheidenden Augenblick die Möglichkeit zum Weiterleben, in dem er sie braucht. Und was noch wichtiger ist: In Gedanken vorbereitet zu sein auf das, was kommen kann, gibt uns jene psychische Elastizität, mit der wir Schicksalsschläge besser «abfedern» können.

Wer eine Gefahr kennt, verhält sich anders als einer, der sie nicht kennt, denn gewiß verändert das, was man weiß, auch das, was man tut.

Widerstand leisten? Nun, mancher Gewalt kann man sich entziehen, mancher muß man widerstehen; es gibt Momente, in denen dieses, und andere, in denen jenes sinnvoll ist. Aber mitunter muß man Widerstand leisten, koste es, was es wolle. Richtig zu erkennen, wann das eine, wann das andere erforderlich ist, bedarf es jener Mischung von Erfahrung, Gefühl und Vernunft, aus der die Weisheit erwächst.

Es gibt Prüfungen des Lebens, bei denen andere Eigenschaften gefragt sind als die blutleere Intelligenz. Die Prüfungen, denen wir entgegengehen, sind von dieser Art.

Wer meint, das Schicksal, das uns erwartet, sei ungerecht, dem sei gesagt: Das Leben ist ungerecht. Die Antwort auf die Frage, warum das so sein muß, steht schon im Buch Hiob des Alten Testaments: Weil Gott die Macht hat, es so zu wollen!

Und also wird nichts geschehen, im Großen wie im Kleinen, was nicht geschehen soll. Daß wir selbst durch unsere Entscheidungen – und seine Entscheidungsfreiheit hat jeder Mensch – dem gegenwärtigen Geschehen seine Zwangsläufigkeit verliehen haben und weiter verleihen, ist dabei nicht zu übersehen. Zu dieser Verantwortung sollten wir uns bekennen. Dann können wir – so meine ich – guten Mutes sein.

Kehren wir getrost zurück in den Alltag, der uns verheißen ist mit Schweiß, Blut und Tränen. Mag unsere Zukunft aussehen, wie sie will, auch sie geht vorbei. Gut oder schlecht, nichts bleibt ewig.

Das zu wissen, stimmt stets bei einem Abschied traurig. Das zu wissen, angesichts dessen, was uns bevorsteht, kann uns nur fröhlich stimmen.

Dank

Allen Bundes- und Landesbehörden, allen wissenschaftlichen und sonstigen Instituten, die mich bei der Arbeit an diesem Buch mit entsprechendem Material und freimütigen Auskünften unterstützt haben, gilt mein Dank; ebenso allen meinen Gesprächspartnern, die mit Auskünften und wertvollen Anregungen wesentlich zu seiner Aussage und Gestaltung beigetragen haben.

G. v. H.

Literaturverzeichnis

Adenauer, Konrad, *Erinnerungen*, Stuttgart 1965.

Anders, Günther, *Die Antiquiertheit des Menschen*, 2 Bde., München 1980.

Andreose, Mario (Hrsg.), *Il pianeta dell uomo*, 5 Bde., Verona 1975.

Ansprenger, Franz, *Auflösung der Kolonialreiche*, München 1966.

Aristoteles, *Werke*, 7 Bde., hrsg. v. Karl Prantl, Hermann Aubert u. a., Aalen 1978.

Atteslander, Peter, *Die Grenzen des Wohlstands*, Stuttgart 1981.

Barraclough, Geoffrey, *Tendenzen der Geschichte im 20. Jahrhundert*, München 1967.

Barz, Gerhard, in *Naturwissenschaftliche Rundschau*, Heft 12, 1980.

Beckmann, Heinz, «Erdöl», in Murawski, *Vom Erdkern . . .*

Berckhemer, Hans, «Erdkruste und Erdmantel», in Murawski, *Vom Erdkern . . .*

Bergmann, Rudij (Hrsg.), *Nachrichten vom Zustand des Landes*, Modautal-Neunkirchen 1978.

Berlitz, Charles, *Weltuntergang 1999*, Wien/Hamburg 1981.

Bertram, Hans, *Flug in die Hölle*, Berlin 1933.

Bibby, Geoffrey, *Faustkeil und Bronzeschwert*, Reinbek 1956.

Bischoff, Gerhard, *Der Griff ins Erdinnere*, Berlin 1961.

Blin, Maurice, *Die veruntreute Erde*, Freiburg i. Br. 1977.

Bohrer, Karl Heinz, *Ein bißchen Lust am Untergang*, München/Wien 1979.

Boschke, F. L., *Das Unerforschte*, Düsseldorf 1975.

ders., *Erde von anderen Sternen*, Düsseldorf 1965.

Breuer, Georg, *Wetter nach Wunsch*, Stuttgart 1976.

Brocks, Karl, «Wechselwirkung Ozean – Atmosphäre», in Dietrich, *Erforschung . . .*

Brüning, Heinrich, *Memoiren 1918–1934*, Stuttgart 1970.

Brunsden, Denys u. a. (Hrsg.), *Unruhige Erde*, Neumünster 1977.
Brzoska, Michael/Guha, Anton Andreas/Wellmann, Christian, *Das Geschäft mit dem Tod*, Frankfurt/M. 1982.
Burkhardt, Hans, *Verlorene Wirklichkeit*, München/Berlin 1980.

Caesar, Gaius Julius, *Der gallische Krieg*, ed. Georg Dorminger, Wiesbaden o. J.
Capra, Fritjof, *Wendezeit*, Bern/München/Wien 1983.
Carson, Rachel, *Der stumme Frühling*, München 1981.
Churchill, Winston, *Weltabenteuer im Dienst*, Reinbek 1951.
ders., *Geschichte*, 3 Bde., Bern 1957.
Cita, Maria B./Azzaroli, Augusto, *Geologia Stratigrafica*, Bd. 1 ff., Mailand 1963.
Claiborne, Robert, *Entscheidungsfaktor Klima*, Wien/München 1973.
Clarke, Robin, *La course à la mort*, Paris 1972.
Cobb, John B., *Der Preis des Fortschritts*, München 1972.
Cohen, Daniel, *Weltuntergang?*, Bergisch Gladbach 1974.
Cuvier, Georges de, *Le Regne Animal*, 11 Bde., Paris 1836–49.

Darlington, Cyrill D., *Die Wiederentdeckung der Ungleichheit*, Frankfurt/M. 1980.
Dehm, Richard, «Die Entwicklung des Lebens in geologischer Sicht», in Murawski, *Vom Erdkern ...*
Dieminger, Walter, «Hohe Atmosphäre der Erde», in Murawski, *Vom Erdkern ...*
Dietrich, Günter (Hrsg.), *Erforschung des Meeres*, Frankfurt/M. 1970.
Doebel, Günter, *Das Weltall und seine Entdeckung*, Köln 1968.
Döbler, Hannsferdinand, *Kultur- und Sittengeschichte der Welt*, München 1972.
Dolezol, Theodor, *Planet des Menschen*, Heidelberg o. J.
Dostojewski, Fedor Michailowitsch, *Die Dämonen* (1871), München 1980.
Durant, Will und Ariel, *Kulturgeschichte der Menschheit*, München 1977.
Duve, Freimut (Hrsg.), *Rüstungsjahrbuch 81/82* vom Stockholm International Peace Research Institut (SIPRI), Reinbek 1981.

Eberwein, Wolf-Dieter/Reichel, Peter, *Friedens- und Konfliktforschung*, München 1976.
Die Edda, 2 Bde., hrsg. v. Felix Genzmer, Düsseldorf 1979.
Eddington, Sir Arthur, *Space, Time and Gravitation*, Cambridge 1920.
Erdman, Paul, *Die letzten Tage von Amerika*, Hamburg 1982.
Erhard, Ludwig, *Wohlstand für alle*, Düsseldorf 1964.

Fell, Barry, *America B. C. – Ancient Settlers in the New World*, New York 1976.
Fernau, Joachim, *Halleluja, Die Geschichte der USA*, München 1977.
Fest, Joachim C., *Hitler*, Berlin/Wien 1973.
Fester, Richard, *Die Eiszeit war ganz anders*, München 1973.
Fischer-Fabian, S., *Die ersten Deutschen*, München 1978.
Fromm, Erich, *Haben oder sein*, Stuttgart 1976.
Fromm, Kurt/Hartmann, Olaf/Schmucker, Ulrich, «Erdmagnetismus», in Murawski, *Vom Erdkern ...*
Fucks, Wilhelm, *Formeln der Macht*, Stuttgart 1965.

Galbraith, J. K., *Die Arroganz der Satten*, Bern/München 1980.
Gaspari, Christof/Millendorfer, Hans, *Konturen einer Wende. Strategien für die Zukunft*, Köln 1978.
Gerwin, Robert, *Die Welt-Energieperspektive*, Stuttgart 1980.
Glass, Billy/Heezen, Bruce C., *Influence of Alyssal Circulation on Sedimentary Accumulations in Space and Time*, Amsterdam 1977.
Glotz, Peter, *Die Beweglichkeit des Tankers*, München 1982.
Greiling, Walter, *Chemie und Elektronik verändern die Welt*, Düsseldorf/Wien 1971.

Haber, Heinz, *Planet im Meer der Zeit*, Stuttgart 1976.
Hacker, Friedrich, *Aggression. Die Brutalisierung der modernen Welt*, Wien/München/Zürich 1971.
Hackett, Sir John, *Der Dritte Weltkrieg*, München 1978.
Haßler, Gerd von, *Noahs Weg zum Amazonas*, Hamburg 1976.
ders., *Rätselhaftes Wissen*, Hannover 1977.
ders., *Wenn die Erde kippt*, Bern/München 1981.
ders., «Alle reden von Ökologie», in Frevert, Hans (Hrsg.), *Signal. Das Buch für junge Menschen*, Baden-Baden 1982.
ders., «Ein Paukenschlag auf die Erdkruste», in Le Blanc, Thomas (Hrsg.), *Fomalhaut*, München 1983.
Hempel, Gotthilf, «Das Meer als Nahrungsquelle», in Dietrich, *Erforschung ...*
Herbig, Jost, *Das Ende der bürgerlichen Vernunft*, München 1974.
Heuss, Theodor, *Erinnerungen 1905–1933*, Tübingen 1963.
Hill, Scott/Playfair, Guy Lyon, *Die Zyklen des Himmels*, Wien 1979.
Hochheimer, Albert, *Verraten und verkauft*, Stuttgart 1967.
Hoinkes, Herfried, «Wir leben in einer Eiszeit», in Murawski, *Vom Erdkern ...*
Holtz, Hans-Achim, *Die Gesellschaft von morgen*, Bonn o. J.

Huber, Joseph, *Die verlorene Unschuld der Ökologie*, Frankfurt/M. 1982.
Huppert, Walter, *Sozialpolitik – Stolz der Nation*, Zürich 1982.

Jaenecke, Heinrich, *Die weißen Herren*, Hamburg o. J.
Jaspers, Karl, *Wohin treibt die Bundesrepublik?*, München 1966.
ders., *Antwort zur Kritik meiner Schrift ‹Wohin treibt die Bundesrepublik?›*, München 1967.
Joly, Maurice, *Macht contra Vernunft*, München 1968.
Jung, C. G., *Der Mensch und seine Symbole*, Olten 1968.
Jungblut, Michael, *Je mehr er hat, je mehr er will*, Zürich 1981.
Jungk, Robert, *Menschenbeben*, München 1983.
ders., *Die Zukunft hat schon begonnen*, Bern/München 1963.
ders., *Heller als tausend Sonnen*, Bern/München 1963.
ders., *Strahlen aus der Asche*, Bern/München 1963.

Kahn, Herman, *Angriff auf die Zukunft*, Reinbek 1975.
ders. und Redepenning, Michael, *Die Zukunft Deutschlands*, Wien/München/Zürich/New York 1982.
ders. und Wiener, Anthony, J., *Ihr werdet es erleben*, Wien/München 1968.
King, Alexander, *Der Zustand unseres Planeten*, Stuttgart 1977.
Klose, Werner, *Generation im Gleichschritt*, Oldenburg/Hamburg 1964.
Koch, Egmont R./Vahrenholt, Fritz, *Im Ernstfall hilflos?*, Frankfurt/M. 1982.
Koestler, Arthur, *Der Mensch – Irrläufer der Evolution*, Bern/München 1978.
Krauß, Wolfgang, «Ozeanographie», in Murawski, *Vom Erdkern ...*
Kuehnelt-Leddihn, Erik R. v., *Freiheit oder Gleichheit?*, Salzburg 1953.

Laqueur, Walter (Hrsg.), *Zeugnisse politischer Gewalt*, Kronberg/Ts. 1978.
Lejeune, Jérôme, *Biologie wider die Natur*, Stuttgart 1977.
Leonhard, Wolfgang, *Völker hört die Signale*, München 1981.
Leutwein, Friedrich, «Geochemie», in Murawski, *Vom Erdkern ...*
Lippolt, Hans Joachim/Simon, Wilhelm, «Isotopische Zeitmessung und Erdgeschichte», in Murawski, *Vom Erdkern ...*
Lissner, Ivar, *Wir sind das Abendland*, Olten 1966.
Löbl, Eugen, *Gespräche mit den Ratlosen*, Wien/Düsseldorf 1970.
Löbsack, Theo, *Die letzten Jahre der Menschheit*, München 1983.
Lohbeck, Rolf, *Selbstvernichtung durch Zivilisation*, Würzburg 1966.
Longone, Pierre, *Demographische Schrecken*, Stuttgart 1977.
Loon, Hendrik van, *Die Geschichte der Menschheit*, Zürich 1947.
Lovelock, Jim E., *Unsere Erde wird überleben*, München 1982.

Lutz, Dieter S., *Weltkrieg wider Willen?*, Reinbek 1981.
Lyell, Sir Charles, *Principles of Geology*, 3 Bde., London 1830–33; dt. Leipzig 1857/58.

Malthus, Thomas Robert, *Versuch über das Bevölkerungs-Gesetz*, 2 Bde., Altona 1807.
Marc Aurel, *Selbstbetrachtungen*, übers. v. Wilhelm Capelle, Stuttgart 1957.
Martin, Paul C., *Sachwert schlägt Geldwert*, München 1983.
Marx, Karl, *Das Kapital*, Stuttgart 1957.
Matz, Ulrich, *Betrachtungen über den Untergang der Demokratie*, Stuttgart 1977.
Meadows, Dennis L. und Donella, *Das globale Gleichgewicht*, Stuttgart 1974.
Menzel, Heinz, «Die Erforschung submariner Strukturen», in Dietrich, *Erforschung* . . .
Meyer-Larsen, Werner, *Der Untergang des Unternehmers*, München 1978.
Mikoletzky, Hanns Leo, *Der Weg aus dem Gestern*, Wien 1962.
ders., *Vom Altertum zur Gegenwart*, Wien 1957.
Mühlfeld, Richard, «Weltraumgeologie», in Murawski, *Vom Erdkern* . . .
Müller-Karpe, Hermann, *Geschichte der Steinzeit*, München 1974.
Murawski, Hans (Hrsg.), *Vom Erdkern bis zur Magnetosphäre*, Frankfurt/M. 1968; darin vom Hrsg. selbst: «Tektonik».

Nannen, Henri (Hrsg.), *Die himmlischen Verführer*, Hamburg 1979.
Naumann, Kurt (Hrsg.), *Kraftwerk 2000*, Stuttgart 1975.
Neher, André, *Moses*, Reinbek 1964.
Neuffer, Martin, *Die Erde wächst nicht mit*, München 1982.
Neumann, John von, *Die Rechenmaschine und das Gehirn*, München 1980.
Nitti, Francesco, *Das friedlose Europa*, Frankfurt/M. 1921.
ders., *Der Niedergang Europas – Die Wege zum Wiederaufbau*, Frankfurt/M. 1922.

Orwell, George, *1984*, Berlin 1981.

Paarmann, Heinz, *Die wahre Demokratie*, Bonn o. J.
Parkinson, C. Northcote, *Parkinsons Gesetz*, Stuttgart 1958.
Paturi, Felix R., *Zeugen der Vorzeit*, Düsseldorf 1976.
Pentzlin, Heinz, *Arbeitslos – Los der Zukunft?*, Zürich 1977.
Pestalozzi, Hans A./Schlegel, Ralf/Bachmann, Adolf (Hrsg.), *Frieden in Deutschland*, München 1982.

Pfannenstiel, Max, «Das Relief der Ozeanböden», in Murawski, *Vom Erdkern ...*
Pflug, Hans Dieter, «Entstehung und Frühzeit des Lebens», in Murawski, *Vom Erdkern ...*
Plagemann, Stephen H./Gribbin, John R., *The Jupiter Effect*, London 1975.
Platon, *Timaios. Kritias*, Darmstadt 1972.
Plessner, Helmuth, *Grenzen der Gemeinschaft*, (1924) Bonn 1972.
Plinius der Ältere, *Naturgeschichte*, 37 Bde. hrsg. v. R. König u. G. Winkler, München 1973 ff.
Prause, Gerhard, *Niemand hat Kolumbus ausgelacht*, Düsseldorf/Wien 1966.
Proske, Rüdiger, *Auf der Suche nach der Welt von morgen*, München 1968.
Pschyrembel, Willibald, *Klinisches Wörterbuch*, Berlin/New York 1972.

Rahn, Otto, *Kreuzzug gegen den Gral*, Stuttgart 1964.
Rathjens, Carl, *Die Formung der Erdoberfläche unter dem Einfluß des Menschen*, Stuttgart 1979.
Reimer, Hans, *Müllplanet Erde*, Hamburg 1971.
Rheinheimer, Gerhard, «Die Selbstreinigung des Meeres», in Dietrich, *Erforschung ...*
Richter, Horst E., *Flüchten oder Standhalten*, Reinbek 1976.
Rifkin, Jeremy, *Entropie*, Hamburg 1982.
Rommel, Manfred, *Abschied vom Schlaraffenland*, Stuttgart 1981.
Roth, Günter, *3000 Jahre Soll & Haben*, Düsseldorf/Wien 1969.
Rousseau, Jean-Jacques, *Discours sur les arts et les sciences*, Paris 1750.
Ruppe, Harry O., *Die grenzenlose Dimension: Raumfahrt*, Bd. 1: *Chancen und Probleme*, Düsseldorf 1980.

Schell, Jonathan, *Das Schicksal der Erde*, München 1982.
Schelsky, Helmut, *Funktionäre*, Stuttgart 1982.
Schmidt, Klaus, «Die alten Kerne der Erdkruste», in Murawski, *Vom Erdkern ...*
Schmidt, Matthias, *Albert Speer*, Bern/München 1982.
Schmidt-Thomé, Paul, «Gebirgsbildung», in Murawski, *Vom Erdkern ...*
Schneider, Götz, *Naturkatastrophen*, Stuttgart 1980.
Schneider, Stephen H., *Klima in Gefahr*, Frankfurt/M. 1978.
Schultze-Westrum, Thomas, *Biologie des Friedens*, München 1974.
Schumacher, E. F., *Das Ende unserer Epoche*, Reinbek 1980.
Schwarzbach, Martin, *Das Klima der Vorzeit*, Stuttgart 1974.
Sethe, Paul, *Schicksalsstunden der Weltgeschichte*, Frankfurt/M. 1952.

Sieburg, Friedrich, *Napoleon*, Stuttgart 1956.
Siefarth, Günter (Hrsg.), *Forscher proben die Zukunft*, Würzburg 1974.
Siegert, Heinz, *Wo einst Apollo lebte*, Düsseldorf 1976.
Sloterdijk, Peter, *Zur Kritik der zynischen Vernunft*, Frankfurt/M. 1983.
Solschenizyn, Alexander, *August 1914*, München 1971.
Speer, Albert, *Erinnerungen*, Frankfurt/M./Berlin 1969.
Spengler, Oswald, *Der Untergang des Abendlandes*, Bd. 1: *Gestalt und Wirklichkeit*, Bd. 2: *Welthistorische Perspektiven*, München 1918/22.
ders., *Jahre der Entscheidung*, München 1933.
Stein, Werner, *Der große Kulturfahrplan*, München 1978.
Steinbuch, Karl, *Die rechte Zukunft*, München/Berlin 1981.
ders., *Mensch, Technik, Zukunft*, Stuttgart 1971.
ders., *Programm 2000*, München 1971.
ders., *Die informierte Gesellschaft*, Stuttgart 1966.
Sterling, Claire, *Das internationale Terror-Netz*, Bern/München 1981.
Stille, Hans, *Grundfragen der vergleichenden Tektonik*, Berlin 1924.
Sullivan, Walter, *Warum die Erde bebt*, Frankfurt/M. 1977.
Suttner, Bertha von, *Die Waffen nieder*, München 1982.

Tacitus, Publius Cornelius, *Germania*, übers. v. Wilhelm Harendza, München 1957.
Taylor, Gordon Rattray, *Zukunftsbewältigung*, Hamburg 1976.
ders., *Das Experiment Glück*, Frankfurt/M. 1973.
Teilhard de Chardin, Pierre, *Der Mensch im Kosmos*, München 1959.
Toffler, Alvin, *Der Zukunftsschock*, Bern/München 1970.
Tributsch, Helmut, *Wenn die Schlangen erwachen*, Stuttgart 1978.

Ulrich, Johannes, «Großformen des Meeresbodens», in Dietrich, *Erforschung . . .*
United Nations, *Die UNO-Studie: Kernwaffen*, München 1982.
Urey, Harold C., *The Plants*, New Haven 1952.

Venohr, Wolfgang (Hrsg.), *Die deutsche Einheit kommt bestimmt*, Bergisch Gladbach 1982.
Voigt, Karsten, *Wege zur Abrüstung*, Frankfurt/M. 1981.

Wannenmacher, Walter, *Der zerdachte Staat*, Stuttgart 1979.
Wegener, Alfred, *Die Entstehung der Kontinente und Ozeane*, hrsg. v. A. Vogel, Wiesbaden 1980.
Wegener, Günther S., *6000 Jahre und ein Buch*, Kassel 1958.
Weizsäcker, Carl Friedrich von, *Wege in der Gefahr*, München/Wien 1976.

Weller, Bernhard, *Arbeitslosigkeit und Arbeitsrecht*, Stuttgart 1969.
Wendt, Herbert, *Ich suchte Adam*, Reinbek 1965.
Wenskus, Reinhard, *Stammesbildung und Verfassung*, Köln 1977.
Werner, Victor, *Die letzte Warnung*, Stuttgart 1974.
Wirths, Willi, *Ernährungssituation. 2. Datenanalyse zur Versorgung der Erdbevölkerung*, Paderborn 1978.
Wunderlich, Hans Georg, *Das neue Bild der Erde*, Hamburg 1975.

Zweig, Stefan, *Joseph Fouché*, Stockholm 1948.

Personenregister